西南地区典型矿床成矿规律与找矿预测丛书

滇东南红石岩-荒田地区多类型矿床成矿规律与找矿预测

韩润生　任　涛　李文昌　黄仁生等　著

科学出版社

北　京

内 容 简 介

本书阐述了滇东南红石岩-荒田地区存在加里东早期海底火山喷流沉积型铅锌铜多金属成矿系统与燕山期中酸性岩浆热液型钨多金属成矿系统，揭示了多类型矿床成矿规律和成矿作用机理。在此基础上，综合应用矿床成矿模型、矿田地质力学理论与方法、构造-蚀变岩相学填图等找矿技术方法组合，圈定8个重点找矿靶区，在50km^{2}的勘查区内相继发现和评价了红石岩大型铅锌铜银矿床、荒田大型白钨矿-萤石矿床及大锡板中型锑矿床，在滇东南地区多矿种、多类型矿床找矿中取得了新突破。

本书可供矿产普查与勘探、矿田构造学、矿床学等专业的研究生和科研人员、从事矿山地质勘查的技术人员参考阅读。

审图号：GS京(2023)0619号

图书在版编目(CIP)数据

滇东南红石岩-荒田地区多类型矿床成矿规律与找矿预测／韩润生等著．—北京：科学出版社，2023.3

（西南地区典型矿床成矿规律与找矿预测丛书）

ISBN 978-7-03-074439-5

Ⅰ.①滇…　Ⅱ.①韩…　Ⅲ.①多金属矿床-成矿规律-研究-云南 ②多金属矿床-成矿规律-研究-云南　Ⅳ.①P618.2

中国版本图书馆CIP数据核字（2022）第253682号

责任编辑：焦　健　张梦雪／责任校对：何艳萍

责任印制：吴兆东／封面设计：北京图阅盛世

科学出版社 出版

北京东黄城根北街16号

邮政编码：100717

http://www.sciencep.com

北京中科印刷有限公司 印刷

科学出版社发行　各地新华书店经销

*

2023年3月第一版　开本：787×1092　1/16

2023年3月第一次印刷　印张：11 3/4

字数：278 000

定价：158.00元

（如有印装质量问题，我社负责调换）

主要作者名单

韩润生　任　涛　李文昌　黄仁生　黄建国　易友根
王方权　袁　勇　王　雷　李志强　王学焜　吴久芳
昌毓兴　吕豫辉　梁徐文　文德潇　邱文龙　田　云
李佩书　刘学龙

前　　言

矿产资源是人类经济社会发展的物质基础，是工业化、城镇化、国防现代化的“粮食”和主要动力来源，战略性矿产资源安全保障是经济社会发展的必然选择。预计未来数十年，全球对矿产资源的需求将高速增长，资源竞争将更加激烈，我国对矿产资源的需求居高不下，截至2018年，43种主要矿产资源中有32种消费量居世界第一，24种消费量占比超过全球的40%，18种大宗和关键金属矿产对外依存度达40%~99%，中国未来矿产资源储量总体增量不足、供需矛盾突出、长期依赖进口的局面难以得到根本改善，“立足国内、利用境外”仍将是保障我国资源安全的基本途径。

滇东南地区地处滨太平洋构造域与特提斯构造域交界的扬子陆块、华南褶皱系、三江褶皱系的结合部位（云南省地矿局，1994），是我国最重要的锡、钨、铜、铟多金属成矿区之一，成矿区内个旧、薄竹山、老君山三大复式花岗岩体呈NW向大致等间距展布，围绕岩体分布有世界著名的个旧锡铜多金属矿田、白牛厂银多金属矿田、南秧田钨矿田、都龙锡锌铟多金属矿田及一系列大型-超大型矿床（曾志刚等，1998；张洪培等，2006；毛景文等，2008）。近些年来，滇东南老君山岩体内部和近周缘的找矿勘查均取得了一系列重要进展，先后勘查探明了南秧田夕卡岩型大型钨矿、官房夕卡岩型大型钨矿等多个重要矿床，展示出该区具多期、多成因、多矿床类型的强烈成矿作用和巨大的找矿潜力。然而，老君山岩体外围的空白区工作程度低，找矿面临诸多科学技术难题，主要表现在：①矿床类型多、认识难度大，成矿背景复杂、矿种多（钨、铜、铅、锌、锑、萤石等）、矿床类型多（火山成因块状硫化物型、岩浆热液型、热水沉积-改造型等），成矿的主控因素难以识别，成因机制不明、成矿规律不清；②矿体主体隐伏、找矿难度大，地形条件复杂，区内“绿地”覆盖强，物化探异常强度弱，传统的找矿理论和技术难以奏效。

自2009年，福建省闽西地质大队、昆明理工大学、文山州大豪矿业开发有限公司组成产学研合作项目团队，充分汲取国内外成矿理论和找矿技术方法的新进展，在国家自然科学基金项目和产学研合作项目的支持下，通过产学研深度融合，开展了老君山岩体外围的红石岩-荒田地区多类型矿床成矿规律研究和找矿预测工作。首先在约50km^{2}的探矿区内福建省闽西地质大队勘查发现了红石岩铅锌铜银矿床，在矿床评价中，项目团队理论联系实际，敏感捕捉了矿区内存在的各类矿化信息，通过深入调研和勘查，又相继发现和勘查评价了荒田白钨矿-萤石矿床和大锡板锑矿床。该研究不仅对阐释滇东南钨锡多金属成矿带的成矿规律、建立合理的成矿模式具有重要的科学意义，而且为该区资源勘查提供了有力的理论支撑。通过调查研究和勘查评价，取得如下主要成果。

（1）深入剖析了红石岩-荒田地区的地层结构和原岩沉积序列，识别了寒武系田蓬组（$\epsilon_2 t$）发育火山喷溢-热水沉积铅锌铜成矿作用，创新应用矿床模型与火山沉积相分析等技术方法组合，发现并勘查评价了红石岩大型铅锌铜矿床。

滇东南红石岩-荒田地区分布Sn、B、W、Pb、Hg、Sb、Zn、Ag、Mo、Au、F元素地球化学异常，加之地表分布零星铅锌矿化点，为此文山州大豪矿业开发有限公司登记了包含红石岩-荒田地区的“云南省西畴县香坪山铜多金属矿区普查”“云南省西畴县兴龙寨矿区铅锌多金属矿普查”两个探矿权，委托项目团队开展找矿和勘查工作。项目团队立足于成矿理论研究前沿，在以往工作的基础上，对该区开展了系统的地质调查，发现红石岩地区处于与裂谷有关的成矿地质环境，中寒武统田蓬组（$\epsilon_2 t$）为一套浅变质岩系，主要由千枚岩、大理岩、板岩、硅质岩及少量片岩等岩类组成，其菱铁矿硅质岩与千枚岩、菱铁矿硅质岩与透辉绿帘石岩组合的原岩为一套基性火山岩系，是裂谷盆地火山喷溢-热水沉积的产物。其中，绿帘石岩类为火山热液与围岩发生夕卡岩化的产物。研究认为，该区中寒武统田蓬组具有形成火山成因块状硫化物（VMS）铅锌铜矿床的构造环境和岩性组合，基于“成矿地质背景分析与调查选区→火山喷流沉积岩相组合分析+矿床成矿规律剖析+成矿模式构建→重点找矿靶区圈定→靶区验证与矿床评价”的工作程序，开展了隐伏矿预测和找矿靶区圈定，提出了工程验证方案，研究布置的第一个钻孔见到了四层矿体，实现了红石岩铅锌铜银矿床的找矿突破。经勘查评价，铅锌矿达大型规模，并伴生银、镓、铟、镉；预测铅锌金属资源量为 9.5 万 t。

（2）首次提出老君山岩体外围发育具有萤石-白钨矿组合的中低温岩浆热液型钨矿床的新认识，重点针对发现的萤石矿化露头开展了钨矿找矿工作，创新运用矿床构造解析和构造-蚀变岩相学填图等技术方法组合，勘查发现了荒田大型白钨矿-萤石矿床。

老君山中酸性岩浆侵入活动不仅在其周缘形成强烈的铅锌钨锡铜成矿作用，而且广泛发育（远程）夕卡岩有关的钨成矿作用。项目组在充分研究区域成矿背景和矿化信息的基础上，认为老君山岩体向深部隐伏，岩浆热液活动广泛作用于荒田-田冲地区的推覆构造带、层间滑脱带及其碎裂岩带中。在开展红石岩铅锌铜矿的研究和勘查评价过程中，项目团队发现萤石矿化主要出现于中寒武统龙哈组（$\epsilon_2 l$）碎裂岩中，研究后认为，该类矿化可能源于老君山岩体向北东侧伏隐伏岩体的热液作用，受控于推覆-滑脱构造系统中，萤石是白钨矿矿化的宏观标志，基于“区域地质条件和物化探异常分析→控矿构造解析与构造地球化学剖面测量→构造-蚀变岩相分带与流体地球化学研究→工程验证和勘查评价”过程，通过赋存于中寒武统龙哈组中层间滑动带、碎裂岩带的白钨矿识别和找矿预测工作，取得深部找矿突破，勘查评价控制和推断钨矿和萤石矿资源量均达到大型规模。

（3）改变大锡板锑矿为石英脉型锑矿的传统认识，提出了脉状、细脉状锑矿受层位（岩性组合）-构造控制的新认识，开展了隐伏矿预测，实现了找矿新突破，勘查评价出大锡板中型锑矿床，且资源潜力大。

与大锡板锑矿相连的小锡板锑矿一直以硅化砂岩-石英脉型矿体为开采对象，矿体呈脉状斜交甚至垂直地层产出。通过对该类矿床成矿规律的研究，提出了地层+细网脉复合成矿的新认识。研究表明，在海西早期，富含 SiO_2、Sb、Cu、Pb、Zn、Ba 等成矿物质的热水溶液沿该区的同生断层上升，形成初始矿源层（硅质岩系）；在燕山晚期，远程岩浆热液活动促使矿源层中 Sb、Pb、Zn、Cu 等元素活化，并在该层位的构造裂隙中富集成矿，形成石英-辉锑矿组合。不论矿体呈细网脉状、大脉状还是似层状，矿化均受控于下泥盆统翠峰山组下段第二亚段的蚀变硅质岩中，严格受该地层层位（岩性组合）和构造控制。因此，该矿床经历了海西早期热水沉积成岩成矿期和燕山晚期热液成矿期，其矿床成因属热水沉积-

改造型锑多金属矿床。通过对隐伏含矿层位实施钻探，控制3个主要矿体，在香坪山探矿权内，探获控制和推断锑矿资源量具中型规模（未封边），具有大型矿床远景。

（4）揭示了三类多金属矿床成矿规律，建立了两大成矿系统多类型矿床成矿模型，圈定了8个多金属找矿靶区，对指导区内找矿部署和勘查评价具有重要意义。

红石岩铅锌铜银矿床属火山成因块状硫化物矿床。其成矿地质体是中寒武世海底火山喷流沉积建造。在4个火山喷流沉积亚旋回中赋存4层铅锌铜银矿体，以第二、第三沉积亚旋回为主，5个火山喷流中心断续分布；主要的成矿结构面为菱铁矿硅质岩与千枚岩、菱铁矿硅质岩和透辉绿帘石岩的岩性/岩相界面。成矿流体具有中低温、低盐度的特点。主要的成矿作用过程为火山喷流成矿期，可分为火山喷流沉积成矿阶段［蛋白石、石髓（后变成石英）-菱铁矿-闪锌矿-方铅矿阶段：成矿流体均一温度为203～222℃，盐度为7.3%～8.3% $NaCl_{eq}$］、夕卡岩成矿阶段（绿帘石-透辉石-石榴子石-磁铁矿-黄铜矿-闪锌矿-方铅矿阶段：均一温度为150～210℃，盐度为3.2%～8.1% $NaCl_{eq}$）及低温热液成矿阶段（石英-方解石-方铅矿阶段：均一温度为130～170℃，盐度为0.9%～9.2% $NaCl_{eq}$），进而建立了“火山热液间歇式脉动成矿”模型。

荒田白钨矿-萤石矿床属典型的中低温岩浆热液矿床。该矿床的成矿地质作用为岩浆热液作用，其成矿地质体为矿区深部及外围的隐伏花岗岩与F_{0-1}、F_{0-2}断裂带夹持的褶皱-层间断裂带、矿化蚀变体的组合；其成矿构造系统为构造推覆作用产生的褶皱-层间断裂裂隙系统，其成矿结构面为褶皱-层间断裂带与岩性转化结构面的组合，且直接控制了白钨矿-萤石矿体的形态和产状。红石岩-荒田地区的构造主要表现为四期，其中，EW构造带（构造体系）是主要的成矿构造体系；萤石化、方解石化、硅化是最主要的热液蚀变类型，且具有平面、垂向分带规律。成矿流体具中低温-中低盐度特征，其成矿期可分为三个阶段：石英-萤石（-白钨矿）阶段（均一温度为202～277℃，盐度为0.4%～10.2% $NaCl_{eq}$）；白钨矿-石英-方解石（-萤石）阶段（均一温度为164～185℃，盐度为0.5%～8.8% $NaCl_{eq}$）；方解石-黄铁矿-石英（-白钨矿）阶段（均一温度为102～169℃，盐度为0.2%～5.6% $NaCl_{eq}$），进一步建立了“构造-岩浆流体-断褶带成矿”模型。

大锡板锑矿床为热水沉积-改造型锑矿床。该矿床受地层岩性组合和断褶构造的双重控制，在锑初始富集的基础上，历经构造热液活化和富集过程发生成矿作用。成矿热液选择性交代并充填于硅化砂岩层中的层间断裂带中，进而建立了“热水沉积-改造成矿”模型。

通过综合找矿方法的创新应用，在红石岩-荒田地区圈定了8个重点找矿靶区，在红石岩、荒田、大锡板勘查区依次为莲花塘乡德者村东侧、山后村及其东侧、新寨村及其东侧、坳上南侧一带的Pb-Zn-Cu-Ag靶区；小河沟断裂带、大坪子村、小法郎W靶区；狮子山南部Sb靶区。该地区找矿潜力巨大，基于产学研紧密合作和共同努力，通过对主要靶区进行工程验证和勘查，发现“两大一中”多金属矿床，取得了显著的找矿效果。

本书是基于“滇东南西畴红石岩-荒田矿田多金属矿床成矿规律”研究报告，经充实完善和综合归纳而成。各章具体分工如下：前言由韩润生、李文昌撰写；第1章绪论由韩润生、任涛撰写；第2章成矿地质背景由黄建国、黄仁生、李文昌、任涛撰写；第3章红石岩铅锌铜矿床及其成因由任涛、黄仁生、黄建国、韩润生、易友根、袁勇撰写；第4章荒田白钨矿-萤石矿床及其成因由韩润生、任涛、黄仁生、易友根、黄建国、袁勇撰写；第5章大锡板锑矿床及其成因由黄仁生、任涛、韩润生、李文昌撰写；第6章成矿系统与找矿预测由韩润生、黄仁生、黄建国、任涛、易友根撰写；结论由韩润生撰写；绘图由任涛、黄建国完成。专著经韩润生、王学焜、任涛校改，最后经韩润生、任涛统一定稿。

在项目研究过程中，得到了文山州大豪矿业开发有限公司汤秀豪董事长、谢永生总经理、陈跃升总经理，福建省闽西地质大队张琰书记、方黎闵队长等领导和技术人员的大力支持和帮助；在项目研究和地质勘查中，易友根、王方权、王雷、李志强、袁勇、吴久芳、昌毓兴、吕豫辉、梁徐文、文德潇、邱文龙、田云、李佩书、刘学龙等参加了野外调研和综合研究工作；中国地质科学院、中国地质大学（北京）毛景文院士，中国科学院地球化学研究所胡瑞忠院士，中国铝业集团总地质师王东波教授级高工，中国地质大学（武汉）蒋少涌教授，中国有色桂林矿产地质研究院院长杨国高教授级高工，有色金属矿产地质调查中心总工程师方维萱研究员，云南省有色地质局副局长、总工程师崔银亮教授，云南省地质调查局局长卢映祥教授级高工，以及昆明理工大学的有关领导和专家给予宝贵的指导和帮助，在此，作者向上述专家领导及未列出的各位同仁一并致谢！

目　　录

第1章　绪　论

1.1　研究意义

矿产资源是我国经济社会发展必不可少的物质基础，各类重要矿产资源消耗量随着经济高速发展而大幅增加，现阶段我国正处于实现现代化和城镇化的关键时期，急需充足的矿产资源做后盾，尤其是具有重大战略意义的钨、锡、铜、铅、锌、锑等金属资源。

铜、钨、锡是十分重要的战略性关键金属矿产。2008年国土资源部发布的新一轮《全国矿产资源规划（2008～2015年）》，对钨、锡、锑、稀土等矿产资源实行保护与限制开发，以解决优势矿产资源过量开采、过量出口、战略性资源消耗过快、保有资源量逐年减少等问题。早在2013年，美国在发布的《关键和战略性矿产威胁美国制造业的报告》中，将钨、锡在内的35种矿产列为战略性关键矿产。2016年11月，国务院批复通过的《全国矿产资源规划（2016～2020年）》，将钨和锡在内的24种矿产列为我国的战略性矿产（毛景文等，2019，2020a；蒋少涌等，2020）。在“中国制造2035”国家战略中，钨、锡是洁净能源、信息产业、航天航空和国家安全等许多重要高新技术领域不可或缺的关键金属。我国钨、锡储量和产量长期居世界首位，但老矿山深部、外围及空白区找矿难度加大，目前钨、锡保有资源已难以适应经济快速发展的需求（毛景文等，2020b；蒋少涌等，2020）。2003～2010年，我国钨储量从140.47万t减少到125.95万t，下降了10.3%，基础储量从287万t减少到221万t，下降了23.0%；锡储量也从80.69万t减少到51.47万t，下降了36.2%，基础储量从179万t减少到138万t，下降了22.9%（于银杰等，2012）。这些数据表明，钨、锡等矿产资源形势不容乐观。2019年，全球消费铜2457万t，其中我国消费达1208万t，全球占比超过49%，是全球最大的铜消费国。美国是全球第二大铜消费国，其消费量仅为我国的1/7。2019年我国铜资源的对外依存度已从7年前的60.93%上升至78.09%（周平等，2012）。因此，在重点成矿（区）带开展钨锡铜多金属成矿系统研究、总结矿床成矿规律、加大找矿勘查力度，是实现我国突破战略性关键矿产资源瓶颈的必然选择。

我国钨矿床（点）主要分布于相邻构造带的边界附近（图1.1），主要集中分布在华夏陆块，其次是扬子陆块，尚有一些钨矿床分布在天山兴蒙造山带、华北陆块、塔里木陆块和秦岭-祁连山-昆仑山造山系的边界处。华南地区是我国钨矿的主要集中区，主要与中生代花岗岩有成因联系（华仁民等，2005a；毛景文等，2007）。截至目前，世界范围内已发现20多种钨矿物，其中白钨矿和黑钨矿是自然界中钨的主要来源，白钨矿多产于夕卡岩型矿床中，而黑钨矿常产于花岗岩体顶部或近接触带的围岩中。前人研究认为，钨矿床的主要类型包括夕卡岩型、石英脉型、斑岩型、伟晶岩型、层控型、角砾岩筒型等，世界钨资源量的80%～90%产于前两种类型。其中夕卡岩型钨矿床是世界上最重要的钨矿类型，其储量约占总储量的一半，矿石储量较集中，易形成大型矿床，著名的夕卡岩型钨矿床有加拿大的

Cantung 和 Mactung、美国的 Pine Creek、澳大利亚的 King Island、朝鲜的 Sangtong、土耳其的 Uludag、我国的柿竹园、新田岭、瑶岗仙、大湖塘、香炉山等矿床（汪劲草等，2008；王旭东等，2008；曹晓峰等，2009；王登红等，2009）。

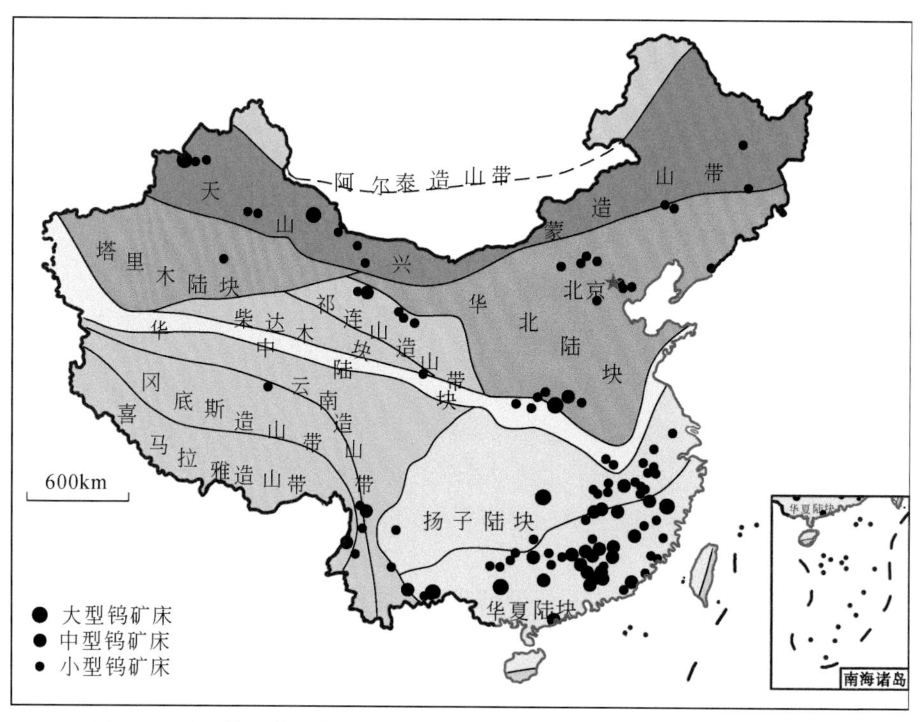

图 1.1　我国钨矿床分布图（据潘桂堂等，2009；石洪召等，2009 修改）

锡矿资源的空间分布极不均匀（图 1.2），常集中产出于一定区域，形成锡成矿省或锡成矿带。全球主要锡成矿带集中分布于东南亚锡成矿带、玻利维亚锡成矿带、中国华南地区、俄罗斯远东锡成矿省、东澳大利亚地区以及巴西罗迪尼亚和美国亚马孙锡成矿省等。

我国是世界上锡矿资源最丰富的国家之一，已探明锡储量约占世界锡储量的 31.9%（USGS，2014）。从空间分布来看，我国锡矿资源分布广泛但不均匀，主要分布在云南、广西、湖南、广东和内蒙古 5 省（区）内，区内查明的锡资源量占全国锡资源总量的 90.9%（夏庆霖等，2018）。目前具有重要工业意义的锡矿资源集中分布在滇、湘、桂地区（图 1.2），以云南个旧、都龙，广西大厂，湖南柿竹园等世界级超大型锡多金属矿床最为著名（Mao et al.，2013）。我国原生锡矿床的成矿时代跨度较大，最老的锡成矿作用可追溯到新元古代，如广西宝坛矿床（约 830Ma）（Zhang et al.，2019）

滇东南老君山钨锡多金属矿集区位于云南省文山壮族苗族自治州东南部，地处特提斯成矿域和环太平洋成矿域的叠合部位（图 1.3），次一级大地构造单元位于华南褶皱系、哀牢山褶皱系、越北陆块与扬子陆块交会处（图 1.4）。大致平行于哀牢山构造带，依次分布个旧岩体、薄竹山岩体、老君山岩体，并伴随有大型-超大型矿床（个旧锡矿、白牛厂银多金属矿、都龙锡锌矿），构成了我国重要的滇东南钨锡多金属成矿带。

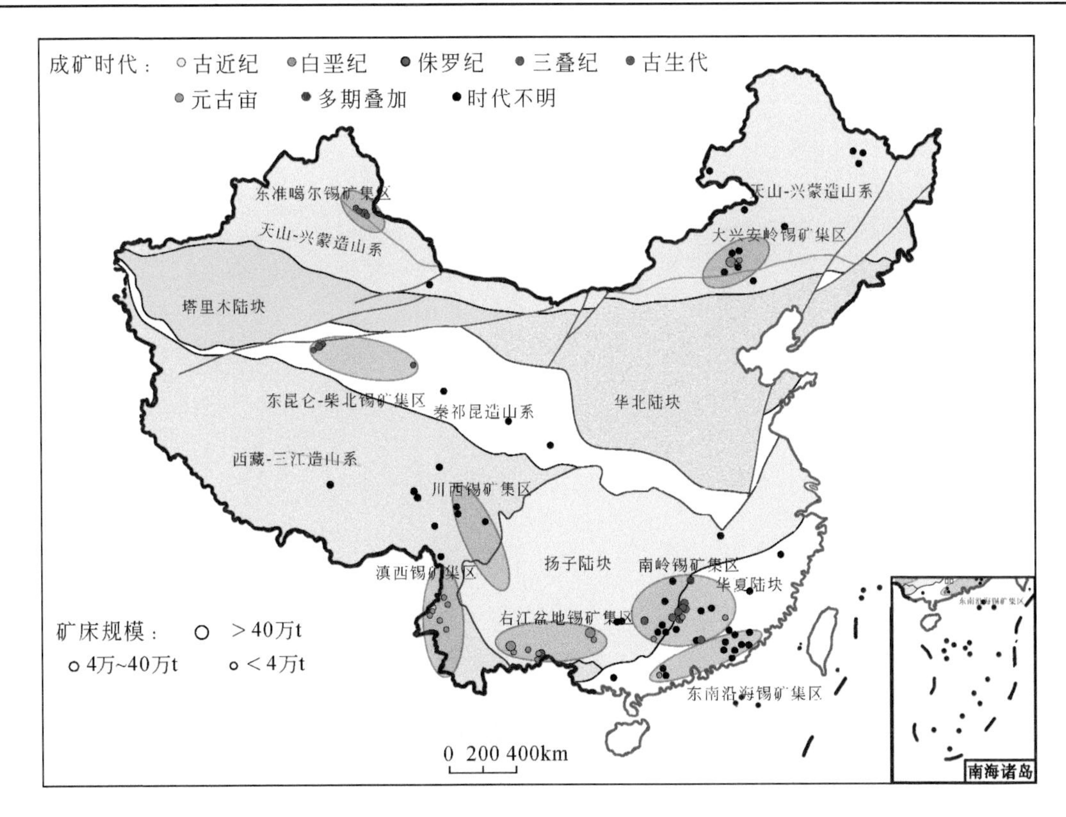

图 1.2　中国主要锡矿床分布图（据曹华文，2015 修改）

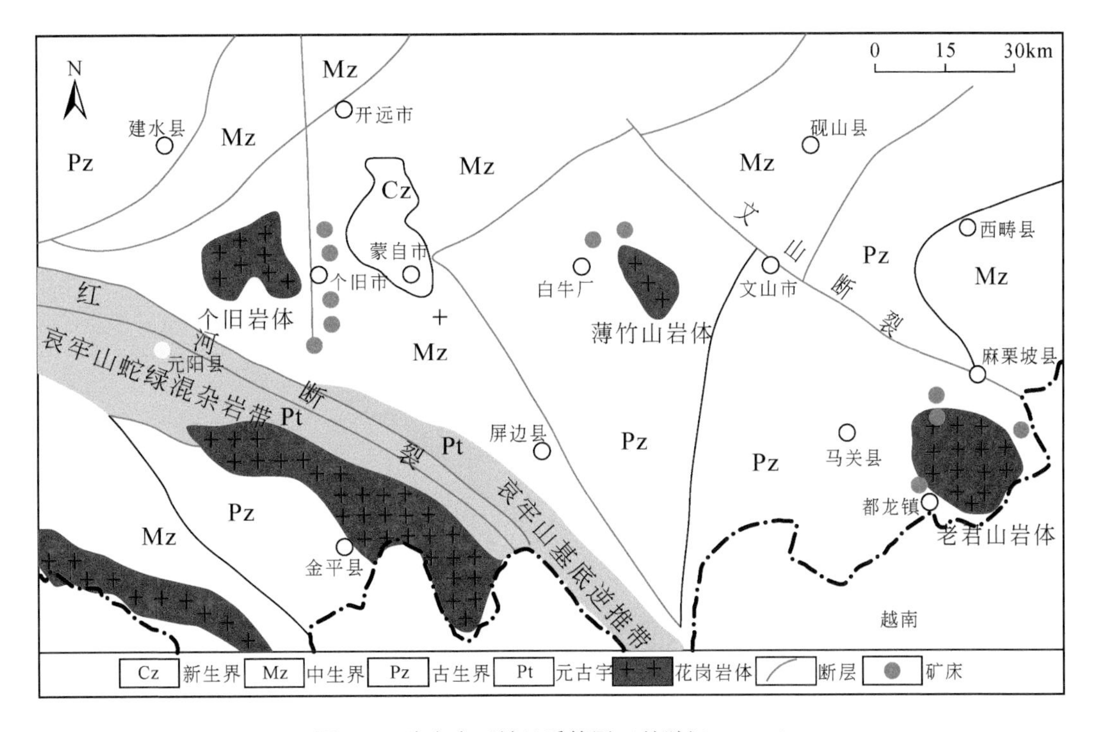

图 1.3　滇东南区域地质简图（杜胜江，2015）

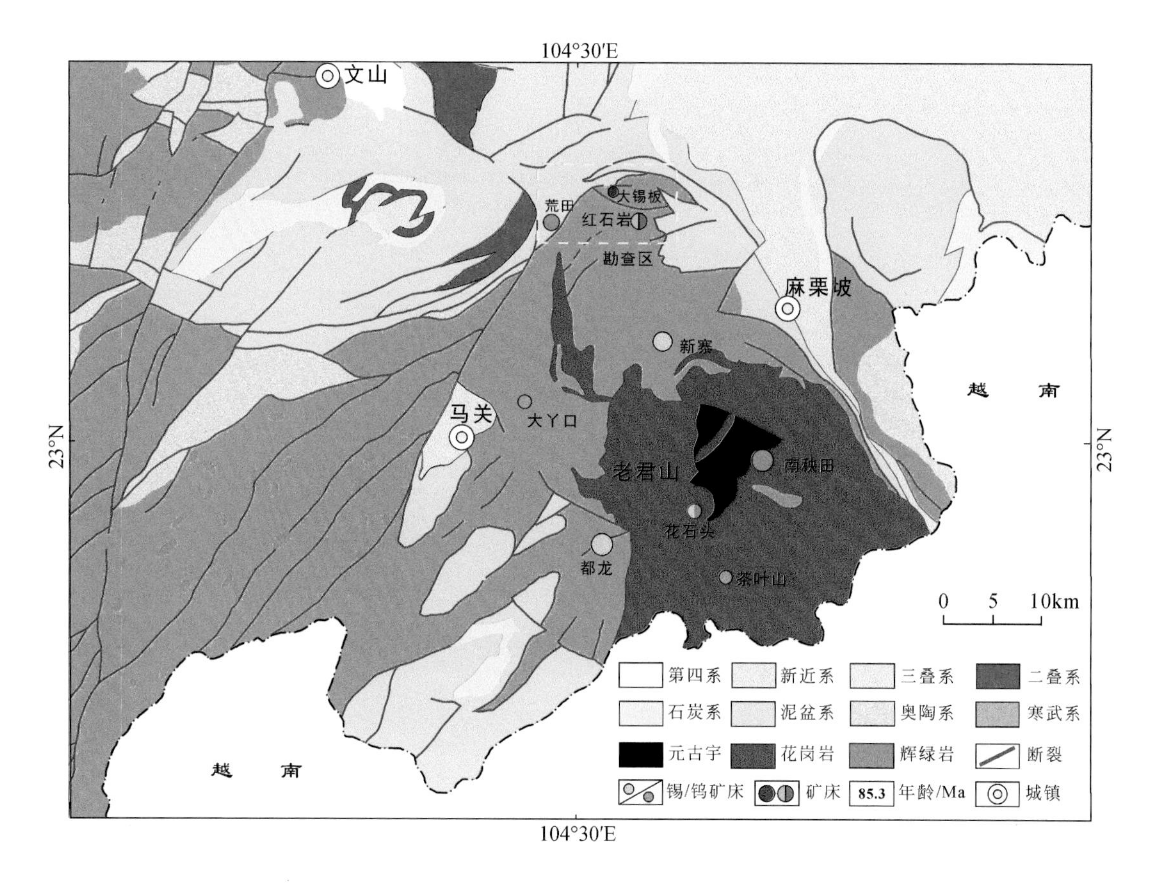

图 1.4　老君山区域地质简图（据毕珉烽，2015 修改）

老君山花岗岩体周缘分布有多个锡、铜、铅、锌等多金属矿床，以花岗岩内部及其内接触带为核心，向外带依次形成伟晶岩-云英岩型、夕卡岩型和热液脉型矿床组合。伟晶岩-云英岩型高温热液矿床位于老君山岩体的内接触带，伟晶岩型铍铌矿床分布在瓦渣地区，花石头云英岩型锡矿床产于多期花岗岩体接触带上；夕卡岩型矿床产出于花岗岩体外接触带，是区内最重要的钨锡多金属矿床产出地段，成矿元素组合以 Sn、W、Cu、Pb、Zn 为主，其典型矿床包括都龙锡锌铟多金属矿床、南秧田钨多金属矿床及铜厂坡小型夕卡岩型铜矿床；热液脉型矿床产于花岗岩体外围，成矿元素以 Sn、W、Pb、Ag 为主，其典型矿床包括南当厂浅成低温热液型铅银矿床、法瓦石英脉型钨矿床、坝脚热液脉型铅锌矿床、新寨热液脉型-夕卡岩型锡矿床、荒田-田冲萤石-石英脉型钨矿床、四角田和大坪萤石脉型钨矿床（图 1.4）。荒田白钨矿-萤石矿床位于老君山花岗岩体北部，该矿床的发现一方面反映与老君山花岗岩有关的岩浆热液成矿范围大于 30km，另一方面也证明了岩体外围特别是其北缘具有巨大的找矿潜力。

1.2　VMS矿床研究现状

1.2.1　概述

火山成因块状硫化物（VMS）矿床是世界上铜、铅、锌的重要来源。它是指产于海相火山岩系中，与海相火山岩+侵入岩浆活动有关的，在海底环境下由火山喷气（热液）作用形成的硫化物矿床（叶天竺等，2017）。该类矿床在各个地质时代的海底岩石中均有发现。大多数VMS矿床具有典型的“T”型“上层下脉”结构，其矿化包含两个具体过程（Lydon，1988；Herzig and Hannington，1995）：①一个或多个层状-层控硫化物矿体并列或堆放；②下伏的、向下变窄的漏斗状或层控的网脉状或细脉状+富含浸染状硫化物被认为是上涌热液的原始通道。网脉状矿化的围岩由热液蚀变的火山岩或沉积岩组成，并显示蚀变矿物分带规律。

VMS矿床形成的主要构造背景包括洋中脊、加厚洋壳和大陆边缘裂谷等，多种多样的弧裂谷环境包括初期弧、原始火山弧、成熟火山弧及大陆弧（Ohmoto and Skinner，1983；Galley and Koski，1999）。基于矿床类型与构造环境，将VMS矿床划分为塞浦路斯型、黑矿型、别子型和诺兰达型。

VMS矿床分布范围广泛，除南极洲外，世界上其他地区均有发现，而且成矿时代跨度大，从太古宙到新生代均有发育，主要成矿期为太古宙、古元古代—中元古代、古生代、中生代、新生代；我国VMS矿床形成时代跨度也较大，从太古宙到中生代均有产出，其中古生代是VMS矿床最重要的成矿期。按照地质背景和含矿岩系的特征，已识别出多个古生代VMS成矿带：祁连成矿带（白银厂、小铁山、石青硐矿床）、华北地台南缘-秦岭成矿带（水洞岭、二郎坪矿床）、特提斯成矿带（德尔尼、呷村矿床）等，以及近年来新发现的东天山成矿带（卡拉塔格、小热泉子矿床）。

1.2.2　矿床的分带性

1.2.2.1　矿化类型分带

VMS矿床具有典型的双层结构：上部为块状、层状矿石组成的层状、似层状带；下部为与上部矿带垂直交切的网脉状、浸染状矿石。侯增谦等（2003）在研究四川呷村矿床时发现该矿床具有明显的元素分带性，从上到下明显分为3个带：①层纹状硫化物矿石，成矿元素由Pb-Zn-Ag-Cu组成，分布于海底系统；②块状硫化物矿石或脉状-网脉状硫化物矿石，前者由Zn-Ag-Cu等成矿元素组成，分布于蚀变岩筒的顶部，后者主要由Pb、Zn等成矿元素组成，分布于蚀变岩筒中；③脉状硫化物矿石，由Cu-Pb-Zn等成矿元素组成，分布于蚀变岩筒中下部。

1.2.2.2　蚀变分带特征

前人通过对火山成因块状硫化物矿床热液蚀变的研究发现，VMS矿床通常发育有上盘和下盘两个蚀变带：下盘蚀变带主要为整合矿体下方的不整合蚀变岩筒，但较为少见。最常见为层状蚀变带，蚀变分带从内到外依次是：强硅化-黄铁矿化±绢云母化±绿泥石化的硅质核和绿泥石化-黄铁矿化±碳酸盐化带；绢云母化-绿泥石化-黄铁矿化带；绢云母化-石英-黄铁矿化带（Ohmoto and Skinner，1983；Galley and Koski，1999）。上盘蚀变带通常以硅化和绿泥石化为主要特征，日本黑矿的蚀变岩筒上部以强烈的硅化蚀变为特征，四川呷村矿床的蚀变分带自下而上为绿帘石化带-绿泥石化带-硅化+绢云母化带（侯增谦等，2003）。“黑矿型”块状硫化物矿床围岩蚀变垂直分带明显，以硅化、绢云母化和重晶石化为主。

1.2.3 成矿物质和流体来源

1.2.3.1 成矿物质来源

成矿物质来源是该类矿床长期存在争议的问题之一。目前认为成矿金属主要有两种来源：一是受深部热源加热的循环海水对赋矿火山-沉积岩系及下伏基底物质的淋滤；二是深部岩浆房挥发分通过释气作用直接释放。同时，前人研究认为Pb、Zn、Ag等元素主要来自海水对火山-沉积岩系的淋滤（Ohmoto and Skinner，1983；Galley and Koski，1999），而Cu、Sn、Bi、Mo等难溶元素主要源自岩浆（Ohmoto and Skinner，1983；Galley and Koski，1999）。现代海底VMS矿床赋矿岩石中富含金属的熔融包裹体较为发育，认为这种岩浆为VMS矿床提供了大量的成矿物质。洋壳中的基性岩、超基性岩富含Cu和Zn，主要形成的矿化类型为Cu-Zn型；而陆壳的“双峰式”火山岩中Zn、Pb含量较高，Cu含量相对较少，主要形成Zn-Pb-Cu矿化类型。因此，赋矿岩石和基底岩石类型不同，形成的矿化类型也有较大差异。

1.2.3.2 成矿流体来源

流体地球化学和同位素地球化学研究表明，VMS矿床的成矿流体以加热的海水为主，并有岩浆水参与，海水受深部热源的影响发生流体之间、流体与岩石之间的反应，并进行对流循环，流体中Cl、S离子含量较高，有利于成矿元素以络合物的形式迁移。在冲绳海槽（JADE）区，海底之下1～1.5km处探测到长英质岩浆房，导致该区出现异常的高热流体，长英质的赋矿火山岩中富含大离子活动性元素，因其强活动性，致使这些元素易被流体活化、迁移，对流循环的加热海水与长英质火山岩系发生了强烈的水-岩反应。

侯增谦等（2003）对白银厂和呷村VMS矿床的流体包裹体研究发现，成矿流体至少有5种端元：①低温（<150℃）高盐度（>12% $NaCl_{eq}$）卤水；②高温（>320℃）高盐度（>14.5% $NaCl_{eq}$）流体；③高温（>350℃）中盐度（10%～16% $NaCl_{eq}$）富气流体；④低温（0～100℃）低盐度（2%～5% $NaCl_{eq}$）流体；⑤中温低盐度流体。

1.2.4 矿床成矿规律简述

1.2.4.1 矿床成矿控制因素

（1）构造背景：伸展的构造背景是控制火山活动和喷流沉积作用发生的重要因素，区域性乃至全球性断陷盆地或大陆裂谷环境及大洋中脊部位是喷流沉积发生的理想部位。

（2）区域火山活动或地幔柱活动可以为矿床提供必要的成矿物质和热源，如云南大红山、四川拉拉铜铁多金属矿均发育在和含矿岩层同时代的火山岩层中。

（3）岩相、地层、构造组合：显生宙以来的绝大部分块状硫化物矿床位于碎屑岩相向碳酸盐岩相过渡部位，部分矿床位于碳酸盐岩相与碎屑岩相过渡部位或正常沉积岩相与火山岩过渡部位。

（4）成矿流体喷流时的压力、温度、氧逸度、硫逸度、盐度决定了矿化类型。

1.2.4.2 “三位一体”成矿规律简述

王玉往等（2017）基于时间、空间、物质关系，以及岩浆活动与成矿关系的综合研究，认为VMS矿床的成矿地质体为海相火山岩和相应的火山机构；成矿构造系统主要为火山机构、火山断裂和同生断裂，成矿结构面类型为岩相带构造、蚀变岩筒构造、断裂构造及岩体侵入构造，形成了典型的“上层下脉”结构、层状矿体内和脉状矿体的上下或左右结构；成矿作用特征标志除矿体、矿物特征外，包括矿化蚀变分带、矿体和矿石化学成分、成矿物化条件、成矿物源等方面，进一步综合构建了找矿预测地质模型。

1.3 钨矿床成因研究现状

1.3.1 成因概述

根据该类矿床地质特征，结合当前矿床成因认识，蒋少涌等（2020）将原生的钨矿床分成四类（表1.1）：斑岩型、云英岩型、夕卡岩型和石英脉型。斑岩型钨矿床的形成主要与花岗质岩浆活动有关，矿体主要分布于花岗斑岩体内部及接触带附近（蒋少涌等，2020）；云英岩型钨矿床形成于岩浆晚期的浆-液过渡阶段，主要为岩浆期后流体在花岗岩体顶部被围岩屏蔽的情况下，导致花岗岩发生自蚀变作用，形成云英岩及钨矿化（蒋少涌等，2020）；夕卡岩型钨矿床较为常见，该类矿床的矿体主要呈似层状、透镜状及细网脉状产于花岗岩与碳酸盐岩地层的内、外接触带中，由含矿热液交代围岩作用而形成（蒋少涌等，2020）；石英脉型钨矿床，研究者提出岩浆期后热液充填-交代（卢焕章等，1977）、岩浆晚期残余熔体结晶（陈毓川等，1989）、长英质岩浆液态分离（王联魁等，2000）等成矿机制。

表1.1 我国钨矿床的主要类型、成矿元素组合、地质特征及典型矿床（蒋少涌等，2020）

主要类型	成矿元素组合	主要地质特征	典型矿床
斑岩型	W、Sn、W-Sn	矿体主要分布于花岗斑岩体内部及接触带附近；以细脉浸染状为主；围岩蚀变以硅化、钾化、绢英岩化等为主	江西阳储岭钨矿床 广东莲花山钨锡矿床
云英岩型	Sn-W-Nb-Ta	矿体主要呈不规则团块状、包壳状产于花岗岩体顶部内接触带，矿物组合为白云母、石英、锡石、白钨矿	湖南香花岭锡钨铌钽矿床

续表

主要类型	成矿元素组合	主要地质特征	典型矿床
夕卡岩型	W、Sn、W-Sn	似层状、透镜状及细网脉状矿体产于花岗岩与碳酸盐岩地层的内、外接触带中，主要金属矿物为锡石、白钨矿	湖南新田岭钨矿床 湖南柿竹园钨锡铋矿床
石英脉型	W、W-Sn	矿体以石英脉状分布于含矿花岗岩外接触带地层中，矿脉具五层楼分布模式	江西西华山钨矿床 江西漂塘钨矿床

华南地区钨的大规模成矿作用与花岗岩侵入作用存在明显时差，可能反映了它们在物质来源、地质构造背景和形成机制上的根本性差异（华仁民，2005）。但是，也有研究者（丰成友等，2011a，2011b）指出，赣南地区钨锡大规模成矿在时间上和与其成因密切相关的花岗岩类的侵入时代较为一致，岩体和矿床应在统一的成岩成矿系统下形成。

我国北方的夕卡岩型和斑岩型白钨矿矿床在成因上多与I型或过渡型（I-S型）花岗岩有关，如甘肃的塔尔沟钨矿床（毛景文等，2000）、吉林的三家子等钨矿床（任云生等，2010），因而具有不同于华南花岗岩的物质源区和成岩成矿机理。

众多学者总结了华南地区钨矿床与花岗岩的关系，认为钨矿床的成矿物质来源于花岗岩（王联魁等，1982；徐克勤和程海，1987；陈毓川等，1989；华仁民等，2005b），该观点一直处于主导地位。翟裕生（2002）认为华南地区的含矿花岗岩类是富钨、锡的硅铝质地壳长期演化、多期次构造、流体作用“熔炼”的结果。还有一些学者认为成矿物质来源于地层，这类钨矿多为沉积变质型钨矿床。

有关资料显示，从元古宙至早古生代曾发生过全球范围的壳幔分异作用，从地幔中分异出的物质以海底火山活动的方式在基性火山-沉积岩层中发生钨的初步富集，即形成了钨的初始矿源层（刘英俊，1982）。国内外许多研究也表明，元古宙火山-沉积变质岩系是钨矿床的矿源层（岩）之一，世界上有许多层控型或层状夕卡岩型白钨矿矿床，如欧洲阿尔卑斯一带的白钨矿矿床、奥地利的 Mittersill 和 Bohemian 白钨矿矿床等。我国华南地区中-新元古代的四堡群、板溪群、双桥山群等均有较高的钨含量，是地壳克拉克值的数倍至数十倍，可能是华南众多钨矿床的矿源层（刘英俊，1982；徐克勤和程海，1987；毕承思，1987；刘英俊和马东升，1987）。近年来，越来越多的专家学者认为成矿物质来源于岩体和地层，体现了成矿多因、矿质多源的观点。在层控型白钨矿矿床发育地区，岩浆作用对钨矿化的制约作用主要表现在两个方面（石洪召等，2009）：一是提供部分钨等成矿物质，叠加富集在原始的矿源层上；二是提供热能，使地层中的成矿物质活化迁移在成矿有利部位富集成矿。

近年来，众多学者对我国具代表性的夕卡岩型钨矿床、石英脉型钨矿床开展了深入的成矿流体研究（毛景文等，2007；王旭东等，2008，2010，2012a，2012b，2013；胡东泉等，2011；魏文凤等，2011；冯佳睿等，2011；汪群英等，2012，2015；项新葵等，2013；张亚辉，2013；吴胜华等，2014；张彬等，2016；双燕等，2016），取得了一系列重要成果，总结出我国夕卡岩型、石英脉型钨矿床成矿流体的基本特征。

夕卡岩型钨矿床：①原生包裹体类型主要包括气液两相包裹体、含 CO_2 多相包裹体及少量的含子矿物多相包裹体；②早阶段夕卡岩形成的温度多为350～500℃，晚阶段夕卡岩和硫化物形成的温度范围大致为200～350℃，白钨矿的沉淀温度为200～320℃；③成矿流体盐度可分为低盐度和高盐度两部分，低盐度为3%～15% $NaCL_{eq}$，高盐度为30%～40% $NaCl_{eq}$；④流体包裹体均一温度和盐度均呈双峰式特征，表明大多数夕卡岩型钨成矿作用至少有两阶段或多阶段流体活动。

石英脉型钨矿床：①原生流体包裹体类型主要包括气液两相包裹体（占总数的80%以上）、含 CO_2 多相包裹体、含子矿物多相包裹体及单相包裹体；②黑钨矿形成温度主要集中于150～350℃，成矿流体的盐度普遍小于20% $NaCl_{eq}$，集中于2%～10% $NaCl_{eq}$。

在大部分矿床中，黑钨矿与白钨矿存在一定程度的分离，黑钨矿与石英脉共同产出，白钨矿发育于夕卡岩或云英岩中。徐克勤（1957）曾指出两类钨矿的形成与围岩岩性有关，当成矿花岗岩侵入碎屑岩时，形成石英脉型黑钨矿，当侵入在碳酸盐岩特别是灰岩时，形成夕卡岩型白钨矿。康永孚（1981）认为岩浆组分及其相对浓度、温度、压力及溶液的 pH、Eh 对钨的成矿作用都有影响，在溶液中具有钨成矿作用的必要条件下，Ca^{2+} 与 Mn^{2+}、Fe^{2+}、Fe^{3+} 的相对浓度在很大程度上决定形成白钨矿矿床或黑钨矿矿床类型，硅铝介质中的石英脉型钨矿床，硫的活度也不高，故形成黑钨矿，而在夕卡岩矿床中，矿化出现在夕卡岩形成后的热液蚀变阶段，其蚀变实际上是一种脱钙作用，溶液中 Ca^{2+} 活度较高，这个阶段 Fe^{3+} 活度也高，但同时 H_2S 的活度也很高，因黑钨矿不稳定而形成白钨矿。祝新友等（2010）认为花岗岩类型也与其有密切联系，如南岭地区的石英脉型黑钨矿成矿与第一期中粗粒斑状黑云母花岗岩有关，而夕卡岩型白钨矿成矿与第二期中细粒斑状花岗岩有关。

1.3.2 滇东南地区钨锡矿床成矿时代

滇东南地区位于华南板块西缘，且广泛分布燕山期花岗岩，并以巨量产出与燕山期花岗岩有关的钨锡多金属矿产为特色，其中最典型的矿床有个旧锡铜多金属矿床、白牛厂银多金属矿床、都龙锡锌多金属矿床及南秧田钨矿床等。因此，该区钨锡多金属矿床成岩成矿年代学研究是地质学家关注的热点，而且随着工作程度的提高和高精度年代学数据的不断积累，地质认识还在不断发展。

前人对老君山花岗岩开展了大量的年代学研究（表1.2，图1.5）。其中，利用锆石 U-Pb 法，蓝江波等（2016）报道的年龄为97.3～117.1Ma，张斌辉等（2012）报道的年龄为96Ma，李进文等（2013）报道的年龄为84.1±2.2～91.7±1.8Ma，刘艳宾等（2014）报道的年龄为88.9±1.1～93.9±2.0Ma，Xu 等（2016）报道的成岩年龄为86±0.5～90.1±0.7Ma，刘玉平等（2007b）报道的年龄为86.9±1.4～92.9±1.9Ma。同时，与老君山花岗岩体有密切关系的都龙锡锌多金属矿床和周边的钨矿床，前人亦积累了大量的成矿年代学数据，如 Xue 等（2010）、刘玉平等（2011）报道了大丫口钨铍矿床黑云母/白云母 Ar-Ar 年龄为119～124Ma，刘玉平等（2011）报道了花石头钨锡矿床白云母 Ar-Ar 年龄为84.8Ma，刘玉平等（2011）和谭洪旗等（2011）报道南秧田金云母 Ar-Ar 年龄为117～118.14Ma；对于都龙锡锌多金属矿床，获得石英和闪锌矿 Rb-Sr 年龄为79.8±9.11Ma（刘玉平等，1999），闪锌矿单矿物 Rb-Sr 年龄为76.7±3.3Ma（刘玉平等，2000a），锡石 TIMS 法加权年龄为79.8±3.2Ma 和等时线年龄为82.0±9.6Ma（刘玉平等，2007a），辉钼矿的 Re-Os 模式年龄为75.04±1.78～79.16±2.43Ma（李进文等，2013），锡石原位 LA-ICP-MS 年龄为87.2±3.9～

89.2±4.1Ma（王小娟等，2014），白云母 Ar-Ar 年龄为 85.3±1.6Ma（刘玉平等，2011）。程彦博等（2008，2009）获得个旧地区花岗岩锆石 U-Pb 年龄为 77.4±2.5～85±0.85Ma，其成矿年龄包括云母 Ar-Ar 法年龄和辉钼矿 Re-Os 法年龄，分别为 77.4±0.6～95.4±0.7Ma（秦德先等，2006；张娟等，2012；程彦博，2012）和 82.95±1.16～83.54±1.31Ma（杨宗喜等，2008）。程彦博等（2010）获得薄竹山地区花岗岩锆石 U-Pb 年龄为 86.51±0.52～87.83±0.39Ma，与该岩体有密切关系的白牛厂矿床成矿年龄为 87.4±3.7～88.4±4.3Ma（李开文等，2013）。

表 1.2 滇东南地区成岩成矿年代学数据统计

矿床（岩体）	岩（矿）石	矿物	测试方法	同位素年龄/Ma	参考文献
老君山	花岗岩	锆石	LA-ICP-MS $^{206}Pb/^{238}U$	97.3	蓝江波等（2016）
	花岗岩	锆石	LA-ICP-MS $^{206}Pb/^{238}U$	103.5	
	花岗岩	锆石	LA-ICP-MS $^{206}Pb/^{238}U$	117.1	
	花岗岩	锆石	LA-ICP-MS $^{206}Pb/^{238}U$	106.2	
	花岗岩	锆石	LA-ICP-MS $^{206}Pb/^{238}U$	96	张斌辉等（2012）
	花岗岩	锆石	SHRIMP $^{206}Pb/^{238}U$	92.9	刘玉平等（2007a）
	花岗岩	锆石	SHRIMP $^{206}Pb/^{238}U$	86.9	
	花岗岩	锆石	LA-ICP-MS $^{206}Pb/^{238}U$	93.9	刘艳宾等（2014）
	花岗岩	锆石	LA-ICP-MS $^{206}Pb/^{238}U$	91.59	
	花岗岩	锆石	LA-ICP-MS $^{206}Pb/^{238}U$	90.6	
	花岗岩	锆石	LA-ICP-MS $^{206}Pb/^{238}U$	89.21	
	花岗岩	锆石	LA-ICP-MS $^{206}Pb/^{238}U$	93.7	
	花岗岩	锆石	LA-ICP-MS $^{206}Pb/^{238}U$	88.9	
	花岗岩	锆石	LA-ICP-MS $^{206}Pb/^{238}U$	91.7	李进文等（2013）
	花岗岩	锆石	LA-ICP-MS $^{206}Pb/^{238}U$	87.6	
	花岗岩	锆石	LA-ICP-MS $^{206}Pb/^{238}U$	87.3	
	花岗岩	锆石	LA-ICP-MS $^{206}Pb/^{238}U$	85	
	花岗岩	锆石	LA-ICP-MS $^{206}Pb/^{238}U$	84.3	
	花岗岩	锆石	LA-ICP-MS $^{206}Pb/^{238}U$	90.1	Xu 等（2016）
	花岗岩	锆石	LA-ICP-MS $^{206}Pb/^{238}U$	89.7	
	花岗岩	锆石	LA-ICP-MS $^{206}Pb/^{238}U$	86	
	花岗岩	锆石	LA-ICP-MS $^{206}Pb/^{238}U$	86.66	Feng 等（2013）
	花岗岩	锆石	LA-ICP-MS $^{206}Pb/^{238}U$	86.72	
	花岗岩	锆石	LA-ICP-MS $^{206}Pb/^{238}U$	86.02	

续表

矿床（岩体）	岩（矿）石	矿物	测试方法	同位素年龄/Ma	参考文献
个旧	中细粒黑云母花岗岩	锆石	LA-ICP-MS $^{206}Pb/^{238}U$	85	程彦博等（2008，2009）和 Cheng 等（2013）
	等粒花岗岩	锆石	SHRIMP $^{206}Pb/^{238}U$	77. 4	
	似斑状花岗岩	锆石	SHRIMP $^{206}Pb/^{238}U$	83. 3	
	等粒花岗岩	锆石	LA-ICP-MS $^{206}Pb/^{238}U$	79	
	似斑状花岗岩	锆石	LA-ICP-MS $^{206}Pb/^{238}U$	82	
	似斑状花岗岩	锆石	SHRIMP $^{206}Pb/^{238}U$	82. 8	
	等粒花岗岩	锆石	SHRIMP $^{206}Pb/^{238}U$	83. 2	
薄竹山	花岗岩	锆石	LA-ICP-MS $^{206}Pb/^{238}U$	87. 54	程彦博等（2010）
	花岗岩	锆石	LA-ICP-MS $^{206}Pb/^{238}U$	87. 83	
	花岗岩	锆石	LA-ICP-MS $^{206}Pb/^{238}U$	86. 51	
	花岗岩	锆石	LA-ICP-MS $^{206}Pb/^{238}U$	91. 6	张亚辉（2013）
	花岗岩	锆石	LA-ICP-MS $^{206}Pb/^{238}U$	89. 06	李建德（2018）
	花岗岩	锆石	LA-ICP-MS $^{206}Pb/^{238}U$	90. 5	
	花岗岩	锆石	LA-ICP-MS $^{206}Pb/^{238}U$	91. 17	
	花岗岩	锆石	LA-ICP-MS $^{206}Pb/^{238}U$	87. 33	
	花岗岩	锆石	LA-ICP-MS $^{206}Pb/^{238}U$	89. 49	
	花岗岩	锆石	LA-ICP-MS $^{206}Pb/^{238}U$	88. 6	
大丫口	夕卡岩	白云母/黑云母	Ar/Ar	124	Xue 等（2010）
花石头	夕卡岩	黑云母	Ar/Ar	119	刘玉平等（2011）
南秧田	夕卡岩	白云母	Ar/Ar	84. 4	
	夕卡岩	金云母	Ar/Ar	117	
	夕卡岩	金云母	Ar/Ar	118. 14	谭洪旗等（2011）
都龙	含矿石英网脉	矿石单矿物	Rb-Sr	76. 7	刘玉平等（1999，2000a，2007a）
	含矿石英网脉	石英、闪锌矿	Rb-Sr	79. 8	
	层状夕卡岩	锡石	$^{206}Pb/^{238}U$ 加权年龄	79. 8	
	层状夕卡岩	锡石	$^{238}U/^{204}Pb$-$^{206}Pb/^{204}Pb$ 等时线年龄	82	
	层状夕卡岩	锡石	$^{207}Pb/^{206}Pb$-$^{238}U/^{206}Pb$	89. 4	赵震宇（2017）
	夕卡岩	辉钼矿	Re-Os 等时线年龄	88. 9	王礼兵和艾金彪（2017）
	二云母花岗岩	辉钼矿	Re-Os	75. 04	
	二云母花岗岩	辉钼矿	Re-Os	79. 16	李进文等（2013）
	夕卡岩	金云母	Ar/Ar	93. 6	
	石英脉	锡石	$^{206}Pb/^{207}Pb$-$^{238}U/^{207}Pb$	88	
	层状夕卡岩	锡石	$^{206}Pb/^{207}Pb$-$^{238}U/^{207}Pb$	89. 2	王小娟等（2014）
	石英脉	锡石	$^{206}Pb/^{207}Pb$-$^{238}U/^{207}Pb$	87. 2	

续表

矿床（岩体）	岩（矿）石	矿物	测试方法	同位素年龄/Ma	参考文献
个旧	夕卡岩	白云母	Ar/Ar	83.23	秦德先等（2006）
	夕卡岩	辉钼矿	Re-Os	82.95	杨宗喜等（2008）
	夕卡岩	辉钼矿	Re-Os	83.54	
	氧化矿	白云母	Ar/Ar	95.4	
	夕卡岩	白云母	Ar/Ar	89.7	
	云英岩	白云母	Ar/Ar	85.5	
	夕卡岩	金云母	Ar/Ar	92.3	
	氧化矿	白云母	Ar/Ar	85.6	
	夕卡岩	白云母	Ar/Ar	84.3	
	氧化矿	白云母	Ar/Ar	77.4	
	脉状矿	白云母	Ar/Ar	87.5	
	云英岩脉	白云母	Ar/Ar	79.5	
	玄武岩中层状矿	金云母	Ar/Ar	79.6	程彦博（2012）和Cheng等（2013）
	矿化玄武岩	金云母	Ar/Ar	85.5	
	蚀变玄武岩	金云母	Ar/Ar	79.55	张娟等（2012）
	云英岩	白云母	Ar/Ar	79.53	
		锡石（原位）	$^{206}Pb/^{207}Pb-^{238}U/^{207}Pb$	82.9	郭佳等（2015）
		锡石（原位）	$^{206}Pb/^{207}Pb-^{238}U/^{207}Pb$	84.4	
白牛厂		锡石（原位）	$^{206}Pb/^{207}Pb-^{238}U/^{207}Pb$	87.4	李开文等，2013
		锡石（原位）	$^{206}Pb/^{207}Pb-^{238}U/^{207}Pb$	88.4	

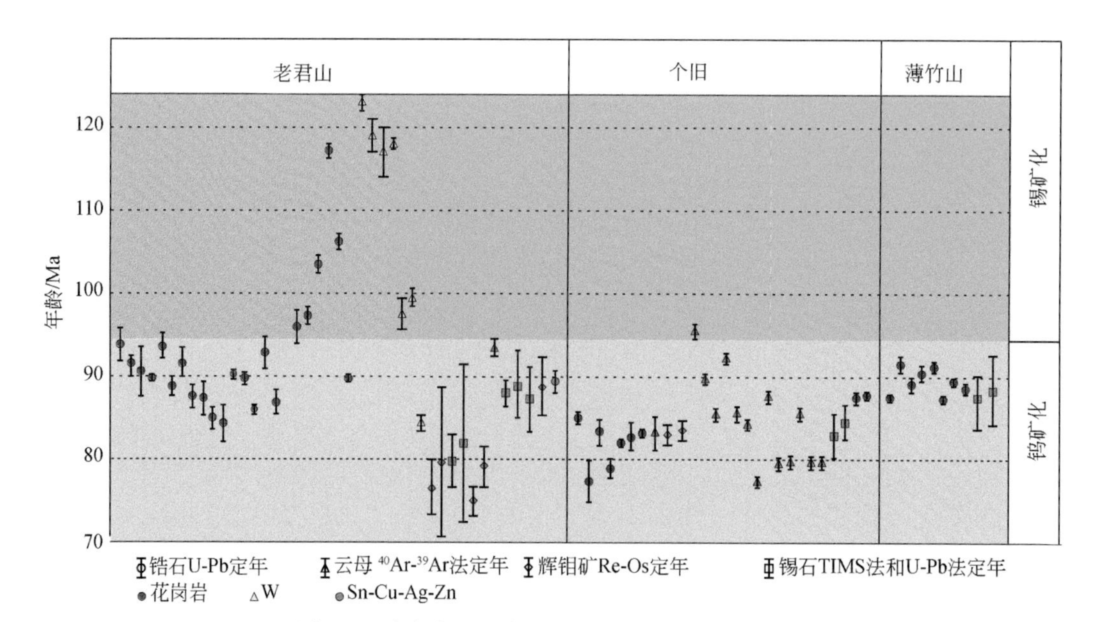

图 1.5　滇东南地区成矿及相关花岗岩年龄分布图

因此，滇东南地区广泛分布的花岗岩及其锡钨多金属矿床具有明显的时空关系，结合本次研究，认为该区至少存在两期重要的成矿事件：第一期为124～97Ma，与钨矿床的形成有关，矿床主要分布在老君山花岗岩体东侧，与老君山第一期花岗岩有关；第二期为95～75Ma，与Sn-Cu-Ag-Zn等成矿有关，主要分布在个旧、薄竹山和老君山三大花岗岩体的内外接触带上。众多研究表明，华南W-Sn-Cu-Mo多金属矿床成矿作用主要形成于晚三叠世（230～210Ma）、中-晚侏罗世（170～150Ma）和白垩纪（134～80Ma）（毛景文等，2004，2007，2008；华仁民等，2005b；李建康等，2013）。南秧田钨矿床位于华南板块的西南缘、南岭西段的W-Sn多金属成矿带上，其成矿时代为白垩纪，与南岭东段和中段的早白垩世钨矿床可进行类比研究（华仁民和毛景文，1999；李建康等，2013）。

1.4 锑矿床成因研究现状

1.4.1 概述

我国是世界上锑矿最丰富的国家之一，其他产锑国包括玻利维亚、泰国、俄罗斯等。世界上锑矿床主要分布于太平洋沿岸、地中海沿岸和亚洲大陆东西带。我国锑矿床分布具有明显的地域特点，主要分布于华南褶皱带和中央造山带（秦岭-昆仑/天山造山带）。

与沉积盆地中的大部分金属矿床类似，锑矿床的成因存在沉积-改造型矿床、（远源）岩浆热液型矿床的争论。尽管该类矿床成因争论较大，但是其分布与断裂和背斜有着密切的关系，预示了锑矿床与沉积盆地演化的关系更为密切。绝大部分锑矿床属于中低温矿床。

我国和世界锑矿床产出层位较多，从元古宇到三叠系均有分布，以上古生界为主，其次为元古宇、下古生界和中生界。从目前的成矿年龄来看，锑矿床的成矿时代主要是燕山期。一些矿床虽然形成于印支期，但在燕山期发生了强烈的叠加成矿作用。

根据赋矿围岩不同，锑矿床可分为四类：碳酸盐岩中锑矿床、变质岩中锑矿床、碎屑岩中锑矿床、火山岩中锑矿床。其中，碳酸盐岩中的层状、似层状锑矿床是我国最主要的工业类型，占全国锑金属储量的34%，以锡矿山锑矿最为著名；碳酸盐岩中的似层状、脉状锑矿床，虽然品位较低（共伴生矿），但规模大，占全国锑金属储量的29%，以广西大厂Sn-Pb-Zn-Sb多金属矿床为其典型代表；变质岩中的脉状锑钨、锑金矿床，占全国锑金属储量的9%，主要分布于湖南省；碎屑岩中的脉状、似层状锑矿床，占全国锑金属储量的8%，如贵州独山、云南木利锑矿；海相火山岩中的层状、似层状锑矿床，占全国锑金属储量的7%，如贵州晴隆大厂、云南富源老厂锑矿及勐腊新生锑矿等（解润，1995）；变质岩中脉状锑矿床约占全国储量的4%，如湖南板溪锑矿；变质岩中的似层状Au-Sb-W矿床约占全国储量的3.4%，如湖南沃溪锑钨矿。

锑矿床与构造关系密切，按控矿构造样式可将锑矿床分为两大类：伸展构造环境中的锑矿床和挤压构造环境中的锑矿床。前者以复式半地堑为特征，以贵州晴隆、独山-巴年、云南富源老厂锑矿为代表（胡煜昭等，2014）；而后者以冲断-褶皱构造为特征，以湖南锡矿山、云南木利锑矿床为代表（解润，1995）。

1.4.2 滇东南锑矿研究现状

滇东南地区锑矿床成因类型属沉积-强改造型，按矿体形态，可划分为似层状和脉状两种产出形式。脉状又细划分为单脉型（石英-辉锑矿脉）和网脉型，如表1.3所示（解润，1995）。

表1.3 滇东南地区锑矿床类型划分及主要特征（解润，1995）

地质特征	似层状	脉状	
		单脉型	网脉型
典型矿床	木利、里达	九克、革当、革夺、新庄柯、龙脑	金竹冲
矿床（点）分布	西畴弧形构造转折端，断裂交会处及岩相过渡部位	古隆起边缘，主断裂旁侧及断裂交会处	西畴弧形褶断区
赋矿层位	坡脚组、统歇场组、拖味组	坡脚组、板纳组、田蓬组	翠峰山组
含矿围岩	碳酸盐岩	泥岩、灰岩、砂泥岩	细砂岩
沉积环境	古隆起边缘	古隆起边缘	浅海盆地边缘滨岸相带
控矿构造	背斜+断裂	断层、裂隙、层间挤压破碎带	节理、裂隙
围岩蚀变	硅化、方解石化、黄铁矿化、重晶石化	硅化、黄铁矿化、毒砂化	硅化、黄铁矿化、绢云母化、重晶石化
矿体产出形态	似层状、层状、透镜状	脉状、条带状、板状	网脉状、脉状、不规则状
矿物组分	辉锑矿、黄铁矿	辉锑矿、黄铁矿、毒砂、方铅矿、铁闪锌矿、黄铜矿	辉锑矿、黄铁矿、黄铜矿
矿石类型及构造	石英-辉锑矿、方解石-辉锑矿、重晶石-辉锑矿。块状、角砾状、网脉状、菊花状等构造	石英-辉锑矿、辉锑矿-方铅矿-含铁闪锌矿-黄铜矿。块状、浸染状、脉状、角砾状、斑杂状等构造	石英-辉锑矿
矿石围岩组分、元素含量变化	矿石中富Si而贫CaO、MgO、Al_2O_3；As、Zn、Se含量增高，Co、Ni、Ga、Ba相对集中，Cu、Pb偏低	矿石中Sb、As、Zn、Pb、Cu正相关，An、Ba、Mo、V相对富集	矿石富硅，Zn、Cu明显增加，W、Bi、An、Mn相对集中
辉锑矿 $\delta^{34}S$/‰	-14.90 ~ -6.64	9.52 ~ 13.51	1.53 ~ 5.36

滇东南地区各时代地层中锑的平均丰度值为1.45～7.82ppm①，以下二叠统、下泥盆统含量最高（表1.4），锑矿床（点）主要产于上述层位。而且，在不同地区同一层位含锑丰度值也不相同，木利矿区及外围各时代地层锑含量普遍高于邻区，如木利矿区坡脚组页岩含锑6.25～325ppm，灰岩含锑0～250ppm，而丘北地区除上二叠统含锑略高外，其他时代地

① 1ppm = 10^{-6}。

层基本上不含锑。

表1.4　滇东南锑矿带中不同地层、岩石中锑元素含量值（解润，1995）

赋矿地层		赋矿岩石	样品数/个	锑含量/ppm
中-上寒武统		白云岩、灰岩	3	20～25
下奥陶统湄潭组		细砂岩	2	10～30
下泥盆统	翠峰山组	岩屑砾岩	14	5～200
		板岩、粉砂岩、细砂岩	20	2～24
	坡脚组	绢云母板岩	8	7～80
		硅化岩	100	812～1000
		碳酸盐岩、页岩	500	5～812
中泥盆统东岗岭组		灰岩	14	8～80
下二叠统茅口组		灰岩	38	20～100
上二叠统	玄武岩组	玄武岩	101	150～2000
	大厂组	凝灰岩	6	50～1500
		玄武质角砾岩	12	100～1500
	吴家坪组	灰岩		35～300
	长兴组	灰岩、泥灰岩		11～25
下三叠统龙丈组		泥岩、泥灰岩		10～25
中三叠统板纳组		砂岩、泥岩		3～25

锑在岩浆岩中含量均较低，如老君山花岗岩内锑低于检出线，富宁地区基性岩中锑含量也较低。木利锑矿区沿小普弄断裂侵入的辉绿玢岩脉含锑3～5ppm，但上二叠统玄武岩、玄武质凝灰岩含锑普遍较高（50～2000ppm）；广南拉宅者、开远果花、屏边马茨邑等锑矿点产于玄武岩的构造裂隙内。

木利似层状锑矿床中辉锑矿包裹体爆裂温度为220℃、340℃。石英中流体包裹体均一温度为220℃；革当、九克、革夺等脉状锑矿床辉锑矿包裹体爆裂温度为195～360℃，石英中流体包裹体均一温度为180～290℃。

现综合滇东南地区锑的富集规律如下。

（1）锑矿床主要分布于下泥盆统坡脚组，次为翠峰山组等层位，中上寒武统田蓬组、龙哈组白云质灰岩中亦有少量分布，但规模有限（图1.6）。滇东南33%的锑矿床（点）和74%锑储量产于碳酸盐岩内；32%的锑矿床（点）和10%的锑储量分布在砂岩中；17%的锑矿床（点）和16%锑储量产于泥岩中；4%锑矿点分布于玄武岩中（图1.7）；14%锑矿床（点）产于其他岩石中（解润，1995）。

（2）岩相古地理环境与锑富集作用。各类锑矿床（点）均产于加里东褶皱基底隆起边缘、古剥蚀面之上，晚古生代浅海盆地滨岸至滨外台地相的下泥盆统翠峰山组、坡脚组泥质碎屑夹碳酸盐沉积建造内，岩相变化大。网脉型锑矿床（点）仅局限于古隆起边缘剥蚀面之上、晚古生代浅海盆地滨岸相碎屑、泥质岩建造内。早-中三叠世的锑矿床（点）主要集中于台地相向广海盆地过渡、泥质碎屑沉积相向碳酸盐沉积相过渡部位。

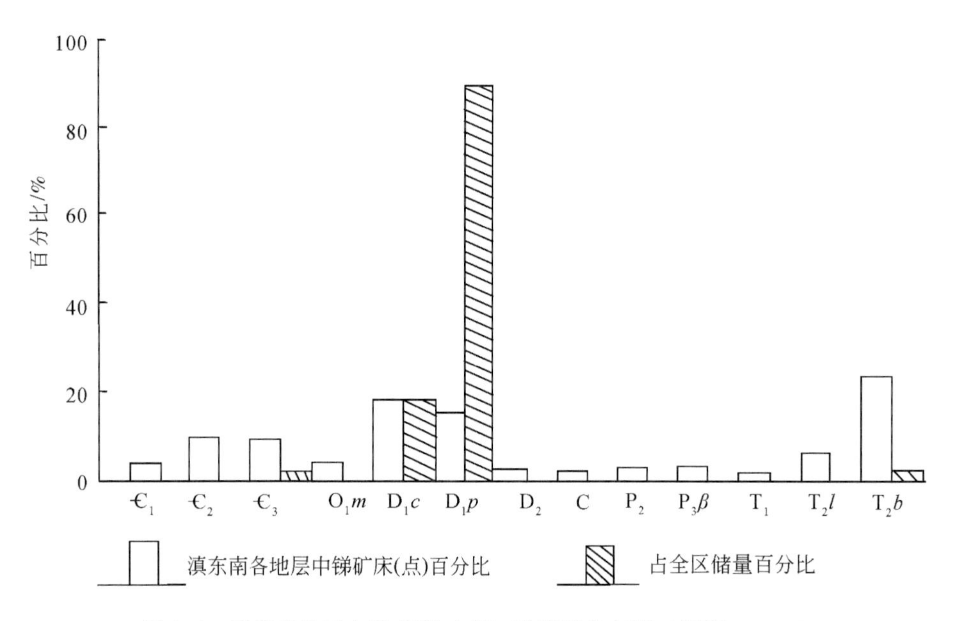

图 1.6　滇东南地层中锑矿床（点）及储量分布图（解润，1995）

$€_1$-下寒武统；$€_2$-中寒武统；$€_3$-上寒武统；O_1m-下奥陶统湄潭组；D_1c-下泥盆统翠峰山组；D_1p-下泥盆统坡脚组；D_2-中泥盆统；C-石炭系；P_2-中二叠统；$P_3\beta$-上二叠统玄武岩；T_1-下三叠统；T_2l-中三叠统龙丈组；T_2b-中三叠统板纳组

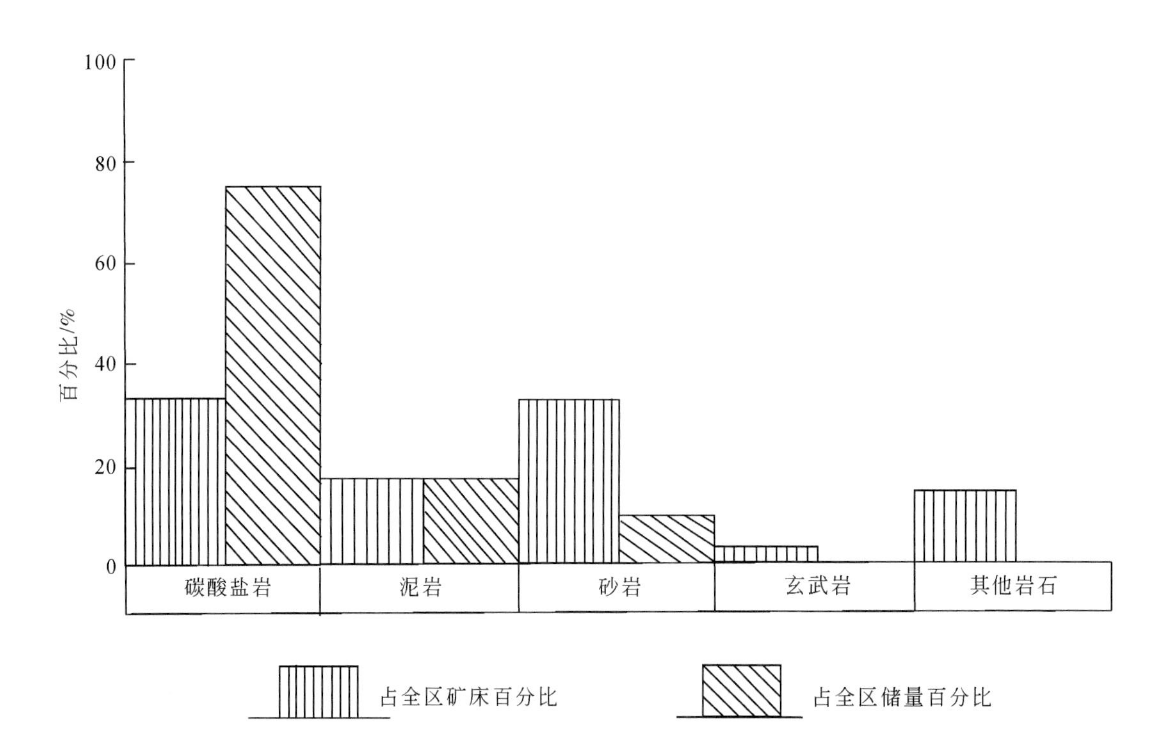

图 1.7　滇东南各岩性中锑矿床（点）及储量分布图（解润，1995）

1.5　深部矿床（体）预测理论和技术方法应用

深部矿床（体）定位预测是当前找矿预测学的科学前沿，也是矿床勘查领域的主要难题和研究热点之一，其找矿勘查技术方法具有间接性、高风险、高难度等特点。专家学者先后提出了一系列找矿预测理论和技术方法，在隐伏矿床勘查过程中发挥着重大作用。现主要简述在滇东南红石岩-荒田地区多类型矿床发现和找矿实践中涉及的矿床（体）预测理论及技术方法。

1.5.1　矿床预测理论

纵观矿床预测理论，具有代表性的预测理论有成矿预测的三大基础理论（相似类比理论、地质异常致矿理论、地质条件组合控矿理论；赵鹏大等，1983；赵鹏大和池顺都，1991；赵鹏大和孟宪国，1993；胡旺亮和吕瑞英，1995）、成矿系列理论（程裕淇等，1979，1983；陈毓川，1998）、综合信息评价理论（王世称和许亚光，1992）、成矿系统理论（翟裕生，1999）、矿床模型预测理论（毛景文等，2012）等。

成矿系统理论：将成矿的构造体系、流体系统和化学反应及矿床定位机制有机结合起来，从成矿作用动力学演化的角度，分析控制矿床形成、变化和保存的全部地质要素和成矿作用过程及所形成的矿床系列、矿化异常系列构成的整体。把整个找矿勘查工作视为一个包含众多子系统的大系统，既强调预测勘查大系统的完整性，又重视勘查子系统（不同勘查阶段，不同勘查技术方法的途径等）的独立性及相互依赖性，既重视勘查工作的循序渐进性，又充分考虑到不同找矿阶段在控矿因素、找矿标志、找矿方法上的差异性及特殊性，更有效地指导找矿预测工作（翟裕生，1999）。

矿床模型预测理论：针对不同矿种、不同类型的矿床开展成因模型研究，利用已知矿床成因模型开展未知区成矿预测并指导找矿勘查工作。以矿床成矿模型为基础，以成矿理论为依据，通过研究和总结成矿规律，达到预测和圈定找矿靶区的目的，这是矿床学研究迈向实用阶段的重要标志之一（毛景文等，2012）。

1.5.2　找矿评价理论与方法

主要的找矿评价理论与方法有“三联式”矿产预测评价理论与方法（赵鹏大和陈永清，1998；赵鹏大，2001）、“三部式”矿产资源评价方法（肖克炎等，2006）、固体矿产矿床模型综合地质信息预测理论和方法（叶天竺等，2007）及勘查区找矿预测理论与方法（叶天竺等，2014，2017）等。其中，《勘查区找矿预测理论与方法（总论）》的出版，标志着勘查区大比例尺找矿预测进入新阶段，其学术思想的核心是从时间、空间、物质等方面出发，依据国内外大量的地质事实和找矿实践，创新提出了勘查区“三位一体”（成矿地质体、成矿构造系统和成矿结构面、成矿流体标志）找矿预测的理论与方法，系统构建了主要类型矿床的找矿预测地质模型，为勘查区或危机矿山深部找矿预测提出了新方向。该理论和方法在全国矿产资源潜力评价、全国危机矿山深部找矿勘查、全国整装勘查综合研究中成功应用和推广，为勘查区或矿田（床）找矿突破发挥了重大作用，在矿产勘查领域产生了重要影响。该理论和方法在红石岩-荒田地区多类型矿床发现和找矿实践中得到应用，效果明显。

1.5.3 隐伏矿床（体）预测技术方法

随着矿床预测技术方法研发越来越深入，其技术方法也越来越多，主要包括地质学、地球物理勘探、地球化学勘探等，现已形成一系列寻找隐伏矿床（体）的方法，如 GIS 矿产预测（肖克炎等，2000）、预测普查组合（萨多夫斯基，1990）、构造岩相学与地球化学岩相学（方维萱，2012）、构造成矿动力学与隐伏矿预测方法（韩润生，2003）、矿床模型综合地质信息预测方法（叶天竺等，2007；叶天竺，2013）、酶浸提取法（Clarke et al.，1990）、元素有机态法（MPF）、活动金属离子法（MMI；Mann et al.，1998）、金属活动态法（MOMEO；谢学锦，1998）、地气法（Malmqvist and Kristiansson，1984）、生物地球化学法、离子晕法（沈远超等，1999）、地电化学方法（罗先熔，2005）、坑道重力、矿田（床）构造地球化学勘查技术（韩润生，2005，2013；Han et al.，2015）等。

近些年来，应用于隐伏矿预测的地球物理勘探方法除了传统的重力、磁法、电法外，出现了放射性测量、地面电磁法、高分辨率地震以及井中物探等新方法，可控源音频大地电磁测深法（CSAMT）、广域电磁探测（WFEM）、时频电磁探测（TFEM）、高分辨率反射地震探测、大深 度探测的电磁测深（MT）、大深度电磁法联合探测、空间域高精度坑道重力探测等，在寻找隐伏金属矿体中得到广泛应用，也取得了良好的找矿效果。同时，诸多专家学者通过物化探、地质勘探等资料联合探测，为矿集区深部构造、俯冲带动力学背景、矿田（床）深部找矿提供了重要依据（滕吉文等，2006；董树文等，2014；吕庆田等，2020）。随着深部资源探测技术的不断发展，这些技术在深部资源探测应用中必将取得重要成果。

昆明理工大学成矿动力学与隐伏矿预测创新团队经过近 30 年的不断探索和大量实践，逐渐形成了一套隐伏矿预测和勘查技术方法体系，且在本次研究中得到实际应用。现主要简述有关找矿技术方法，概述其理论基础、研究内容及应用过程等。

1.5.3.1 矿田（床）构造解析方法

在矿田（床）或勘查区控矿构造解析中，开展矿田（床）构造专项研究（图 1.8），着重研究构造要素及其对矿床（体）的控制作用，并开展找矿预测。现主要阐述矿田（床）构造要素或结构面、研究内容及其研究步骤。

1. 构造要素或结构面

主要关注与成矿构造有关的基本构造要素或结构面（矿脉、岩层、岩脉、接触带、热液蚀变带、捕虏体、岩浆包体等）、各类不同性质的断层、破碎带、节理、劈理、剪切带、不同规模的褶皱、各类线理、面理等及其他控制矿床、矿体（脉）的构造标志。

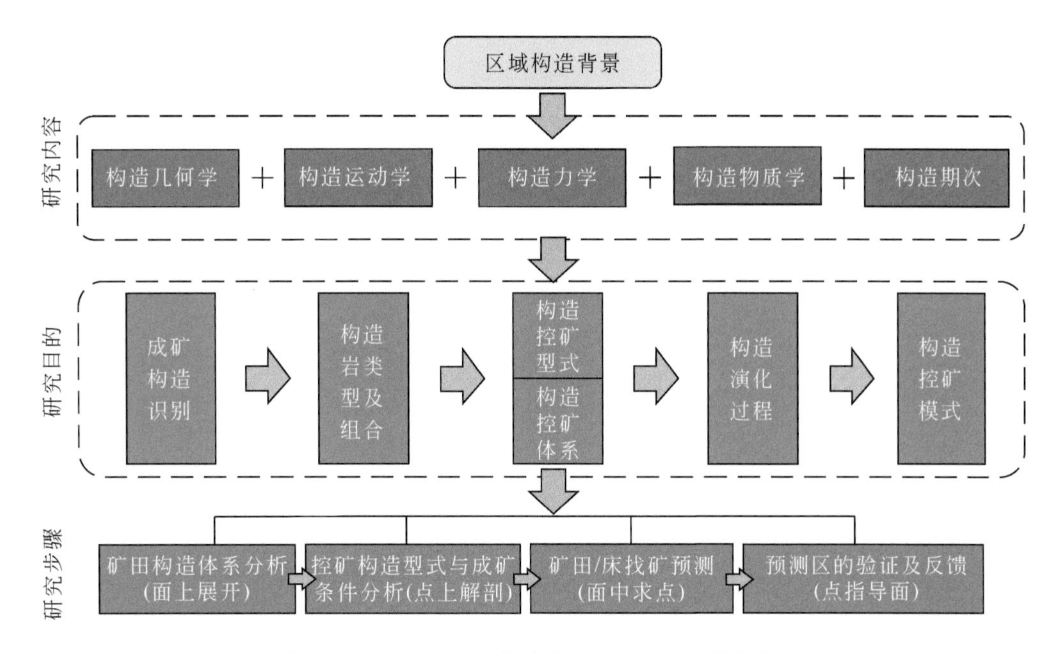

图1.8 矿田（床）构造专项研究的理论框架图

2. 构造专项研究内容

基于区域成矿构造背景研究，从控矿构造的几何学、运动学、力学、物质学、年代学、热力学、动力学特征等方面开展构造解析，重点识别出成矿构造，分析其空间分布特征；理清构造岩类型及其组合，确定构造岩物质组成及其组构；确定断裂运动方式和结构面力学性质；研究构造活动期次及其相关特征，确定成矿前、成矿期、成矿后构造；分析成矿构造与成岩构造、区域构造关系。在解析并厘定控岩控矿构造组合样式或控岩控矿构造型式的基础上，建立矿田成矿构造体系，揭示构造体系控岩控矿机理，进而构建构造控岩控矿模式，编制矿田（床）构造图。在岩浆热液成矿系统研究中，主要确定控岩控矿构造类型、空间组合关系及其空间变化规律，探讨不同类型构造组合对热液成矿系统及其不同成矿类型矿床（如热液脉型、夕卡岩型、斑岩型等）的控制作用，建立成矿构造体系及其控岩控矿模式，圈定成矿有利构造部位。

3. 构造专项研究步骤

主要包括四个具体步骤（图1.8）：①矿田（床）构造体系分析（面上展开），这是掌握矿田构造控矿规律的关键。通过矿田构造体系划分与构造型式的复合关系分析，从空间上掌握构造体系分布的规律，从时间上掌握构造体系发生和发展过程。②控矿构造型式与成矿条件分析（点上解剖），这是掌握构造体系控矿规律的前提。通过分析成矿条件与矿田构造体系发生、发展、复合、转变的成生联系，了解控矿改造与成矿建造之间的内在联系，掌握构造体系控制矿产形成和分布的规律，是开展找矿预测的先决条件。③矿田/床找矿预测（面中求点），从时间和空间两个方面综合分析控岩控矿构造组合样式或控岩控矿构造型式与矿田构造体系发生、发展、复合、转变的内在联系，总结不同级序控矿、构造体系复合控矿的规律，明确战役普查和战术勘探的方向；根据这些规律，从矿田构造体系展布格局出发，分析哪些高级初次构造带对矿产形成和分布起主导作用，哪些地区可能具有与已知矿床相似的控岩控矿构造型式存在；综合研究矿点、物化探异常的分布与矿田构造体系组合的关系及它们在矿田构造体系中所处的位置，找出成矿的有利地段，圈定战役普查和战术勘探的预测区，编绘矿田成矿预测图。④预测区验证及反馈（点指导面），依据构造控岩控矿规律，圈定成矿有利构造部位或有利找矿地段。

1.5.3.2　构造-蚀变岩相学填图方法

构造在热液矿床形成和演化中扮演着重要作用：为流体运移、沉淀就位提供通道及空间；为矿质活化萃取和流体运移提供动力和能量；控制矿床、矿体（脉）时空分布，并伴随与成矿密切相关的热液蚀变发生。因此，构造控岩控矿作用和构造驱动流体成岩成矿作用研究一直是热液矿床成矿规律研究和找矿预测的基础。

1. 方法的理论基础

研究发现，构造作用使地块岩石发生变形，形成断裂、褶皱、节理裂隙等各类构造形迹，同时产生矿物相变；构造变形与物质组分变化常同时发生，导致物质组分的分散与富集，引起一系列构造地球化学作用，不仅形成构造地球化学异常，而且产生构造-矿化蚀变岩相组合及其分带现象。因此，构造作用形成两种结果：一是形成不同级别的控岩控矿构造组合样式或控岩控矿构造型式，构造形迹有规律地排列组合构成构造体系；二是成矿流体在构造中迁移、沉淀富集作用形成构造-蚀变岩相组合分带及构造地球化学异常。在时间上，矿床是构造-物质运动在一定演化阶段构造转化的产物；在空间上，矿床分布于特定构造环境下构造-蚀变岩相组合和构造地球化学异常中。通过构造-蚀变岩相学填图（图1.9），可揭示构造作用下矿化-蚀变岩相分带规律，圈定矿化自然边界与矿化中心，进而揭示控矿控岩构造向深部延展的总体格局及矿床（体）空间展布规律，为深部找矿预测提供重要依据。

方维萱等（2012）提出了构造-岩相学填图新方法，认为构造-岩相学是在一定时间-空间结构上岩石组合类型及这些岩石特征所代表的构造-地质环境和条件的综合反映，并成功应用取得明显的找矿效果（方维萱和黄转盈，2019）。韩润生（2011）认为在热液体系中，随着物理化学条件发生变化，在有利的条件和空间形成自矿化中心向外部，不同蚀变岩类型及其组合的分布显示一定的分带性，其分布范围远远大于矿体的分布范围，易于被发现，可以通过构造-蚀变岩相学填图来展开找矿勘查，目前已取得良好的找矿效果。

2. 构造-蚀变岩相学填图

构造-蚀变岩相学填图（图1.9）主要包括四个阶段：①控矿构造解析阶段，基于构造精细解析，开展构造岩-岩相学及其控岩控矿特征研究；②热液蚀变测量阶段，确定矿化-蚀变岩类型及组合，揭示特征矿物组合、分布、产状及其变化规律；③蚀变岩相分带阶段，依据特征矿物标志确定各类蚀变岩形成环境（T、P、pH、Eh等），圈定不同蚀变岩相带，并研究矿化蚀变随深度的叠加作用，构建蚀变岩相分带模型；④深部矿体预测阶段，提取控矿构造-矿化蚀变岩相的深度和“相”指示标志（构造-矿物-元素等信息），编制大比例尺构造-蚀变岩相分带图，圈定热液矿化的自然边界和找矿远景区，推断控岩控矿构造深延格局，圈定热液矿化中心或找矿靶区。该方法可应用于岩浆热液型和非岩浆热液型矿床研究中。主要适用于井巷或半裸露-裸露岩石区（1∶10000～1∶500），剖析矿化-蚀变岩相分带规律，圈定找矿靶区。该方法可克服物化探找矿方法因异常多解性强导致矿床（体）难以定位的问题。该方法不仅在滇中易门三家厂铜矿（韩润生等，2011）和滇东北会泽、毛坪铅锌矿床等矿床深部及外围找矿预测中有效应用（韩润生等，2019a），而且在荒田白钨矿-萤石矿床取得了明显的找矿进展。

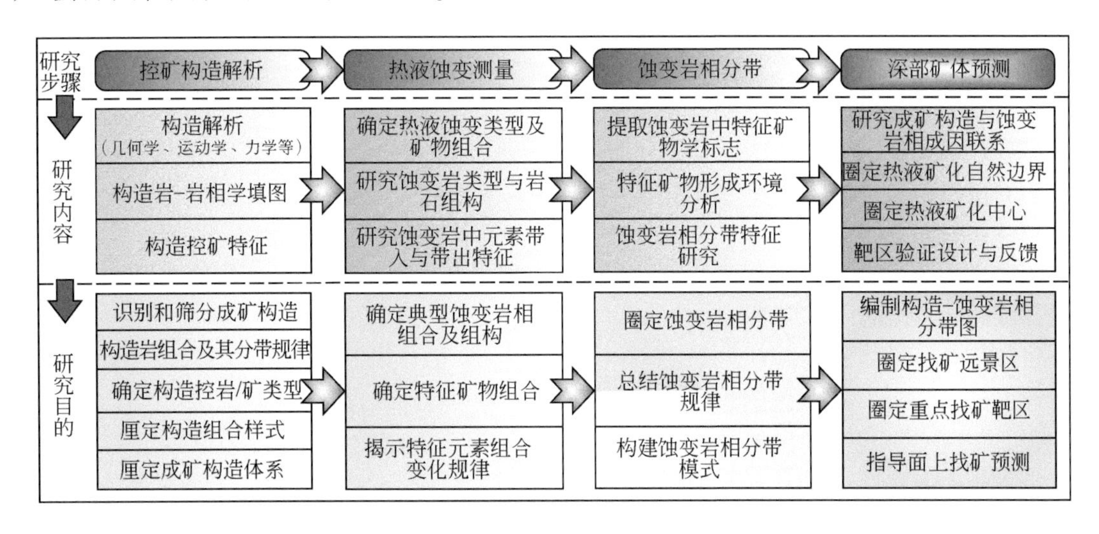

图1.9　矿田（床）构造-岩相学填图方法框架图（韩润生等，2014）

在热液矿床研究中，基于成矿末端效应原理（董树文等，2011），开展大比例尺构造-蚀变岩相测量，通过热液成矿系统时-空结构、物质组成及成矿物理化学条件等研究，综合分析控矿构造与蚀变类型（夕卡岩化、硅化、萤石化、绢云母化、碳酸盐化等）、矿物和元素组合分带与成矿流体物理化学条件的耦合关系，特别是探究垂向上从矿化蚀变根部（高温矿物组合）到矿化蚀变末梢（低温矿物组合）的距离，结合成矿后抬升剥蚀程度差异等特点，研究构造控制作用下热液成矿系统蚀变的发育程度、强度及其空间分带规律，揭示构造控岩控矿机制、控矿构造深延格局，以及深部矿体深部展布规律，进而圈定深部成矿有利构造部位。

1.5.3.3　矿田（床）构造地球化学勘查技术

1. 理论基础简介

构造地球化学是涂光炽（1984）最早倡导的研究领域之一。它是研究地质构造作用与地壳中化学元素的分配和迁移、分散和富集等关系的学科，一方面研究在构造作用中的地球化学过程；另一方面研究地球化学过程所引起的和反映出来的构造作用。构造地球化学是研究控矿构造复合转变及在一定地球化学条件下成矿元素空间分布规律，探讨构造应力场控制下成矿流体的运移规律及化学元素（同位素）的活化、迁移、分散与富集的演化过程，揭示物质组分在各种构造环境中的赋存规律。将其规律应用于找矿预测和矿产勘查中，现已发展成为矿田（床）构造地球化学勘查技术（韩润生等，2019a）。该技术的理论基础与构造–蚀变岩相学填图方法类似。在构造地球化学作用过程中，物质转移方式主要表现为力学转移、化学转移及能量转移，地质动力学、化学动力学及其有序演化是控制物质运动的基本因素。研究表明，构造地球化学研究不仅在认识地质构造与地球化学的关系、认识地壳中元素的分配和迁移对构造形成和发展的影响、提供矿床成因和成矿规律的信息方面均具有重要的理论意义，而且在探索元素在地壳中的运动特征及其分布规律与地壳构造发展的相互关系、危机矿山深部与外围找矿预测中发挥重要作用。

2. 主要研究现状

吕古贤（2011）回顾和展望了构造地球化学研究和应用，并基于“构造改变物理化学条件影响化学平衡”的学术思想，提出了构造物理化学研究新方向（吕古贤，2019）。钱建平（1994）和钱建平等（2020）研究了碳酸盐岩区层滑断裂构造地球化学特征，并取得了良好的找矿效果。Han 等（2015）总结提出了矿田（床）构造地球化学研究方法及其研究进展，认为成矿构造体系和地球化学元素的空间分布特征构成构造地球化学场。在热液体系中，在构造动力驱动下，流体运移主要以扩散作用、渗滤作用及热溶作用方式发生物质和能量传输，造成热液体系的不平衡状态，从而导致一系列构造地球化学作用。

矿田（床）构造地球化学勘查技术，在明显受构造控制的多金属矿深部及外围找矿预测与快速评价中效果显著。其突出进展表现在从元素异常圈定找矿靶区转变为成矿构造和元素组合异常联合圈定靶区，从地表和浅部、中比例尺为主转变为以立体、大比例尺为主，从传统经验模式转变为立体勘查模式，并形成了大比例尺构造地球化学精细勘查技术，提出了捕获深部矿化信息和判定隐伏矿体产状的新方法，也称为断裂带金属元素组合晕找矿方法（Han et al.，2015），并在滇东北富锗铅锌矿集区、滇中易门铜矿、滇西北保山核桃坪铅锌矿等矿山深部和外围取得了重大找矿突破和找矿新进展（韩润生等，2001，2010a，2010b，2019b；吴鹏等，2014）。

3. 勘查技术简介

基于近30年的矿田（床）构造地球化学研究，认为矿田（床）构造地球化学勘查，要紧密结合成矿改造与含矿建造、力学分析与变形史分析，探讨构造演化与流体迁移、聚散的成生联系，揭示构造作用下成矿元素组合、分布特点及成矿流体运移规律，并用其规律开展矿田（床）深部控岩控矿构造深延格局推断及隐伏矿床（体）定位预测。该勘查技术主要适用于明显受构造控制的矿床找矿预测，与传统化探技术不同，其特殊性主要表现在野外工作方法、样品采集、数据处理及综合研究方法上，不仅可以明显减少样品采集和分析的数量，而且通过构造地球化学异常解译，可判断隐伏矿体的有无、隐伏矿体的走向、倾向、大致倾角及侧伏方向等。

概括起来，该勘查技术流程可分为五个步骤（韩润生等，2006；韩润生，2013）：①矿田（床）构造精细解析，这是构造地球化学勘查的基础。通过深部控岩控矿构造识别并筛分，提出矿床深部或勘查区的找矿方向。②构造地球化学填图，这是构造地球化学勘查的关键环节。通过成矿前、成矿期不同级别、不同方向、不同序次断裂裂隙中构造岩样品的采集、加工和主微量元素含量分析，并将海量数据进行统计分析，编制构造地球化学异常图。③提取深部矿化信息，这是构造地球化学勘查技术难点之一。采用数据挖掘方法、断裂带金属元素组合异常及模糊综合评判模型，提取深部低弱矿化信息。④构造地球化学异常解释和构造地球化学找矿模型，这是构造地球化学勘查技术难点之二。依据构造地球化学异常空间展布特点，指示重点找矿靶区及具体靶位；推断控岩控矿构造的展布特征，勾勒出某些控岩控矿构造组合样式或控岩控矿构造型式；依据构造地球化学异常在平面和垂向上的延展特征及其变化规律，推断控岩控矿构造和隐伏矿体的大致产状，还可依据其异常“漂移”方向来判定深部矿体的侧伏方向；依据构造地球化学异常的前缘晕、近矿晕和尾矿晕分布特征推断成矿流体流向。⑤找矿靶区圈定和优选、工程验证决策及信息反馈是该技术的最终目标。通过工程验证、勘探及信息反馈，不断深化和提升该勘查技术，进而提高找矿成功率和效率。

1.5.3.4　大比例尺“四步式”深部找矿方法

针对热液矿床的大比例尺深部定位预测方法缺乏普适性的现状，韩润生等（2019b）提出了适用于热液矿床深部及外围隐伏矿体定位预测的大比例尺“四步式”深部找矿方法，在滇东北矿集区会泽、毛坪铅锌矿与湘南坪宝矿田铜锡多金属矿深部及外围取得了重大找矿突破和新进展。

1. 具体方法流程

大比例尺“四步式”深部找矿方法包括以下技术流程（韩润生等，2019a）：①通过成矿地质作用、构造成矿系统及流体成矿作用研究，确定矿床的成矿地质体、厘定成矿结构面、揭示成矿流体作用特征标志，构建找矿预测地质模型，提出找矿方向，实现找矿靶区的“空间择向”；②通过成矿构造精细解析与大比例尺蚀变岩相学填图，厘定成矿构造体系，揭示矿体定位规律，圈定矿化自然边界，筛选出有利找矿区段，实现其“面中筛区”；③通过构造地球化学精细勘查技术应用，圈定热液矿化中心，提出重点找矿靶区，实现其“区中选点”；④综合应用大比例尺地球物理勘查技术方法［坑道重力、音频大地电磁法（AMT）、瞬变电磁法（TEM）、激发极化法（IP）等］，优选重点（定位）找矿靶区，指出隐伏矿体的产状和埋深，实现找矿靶区的“点上探深”。最终通过验证和勘探，发现深部矿床（体）。

2. 综合勘查模型

总结前期研究成果，进一步建立了大比例尺“四步式”深埋藏矿床（体）综合勘查模型图（图1.10）（韩润生等，2019a），在此不再赘述。

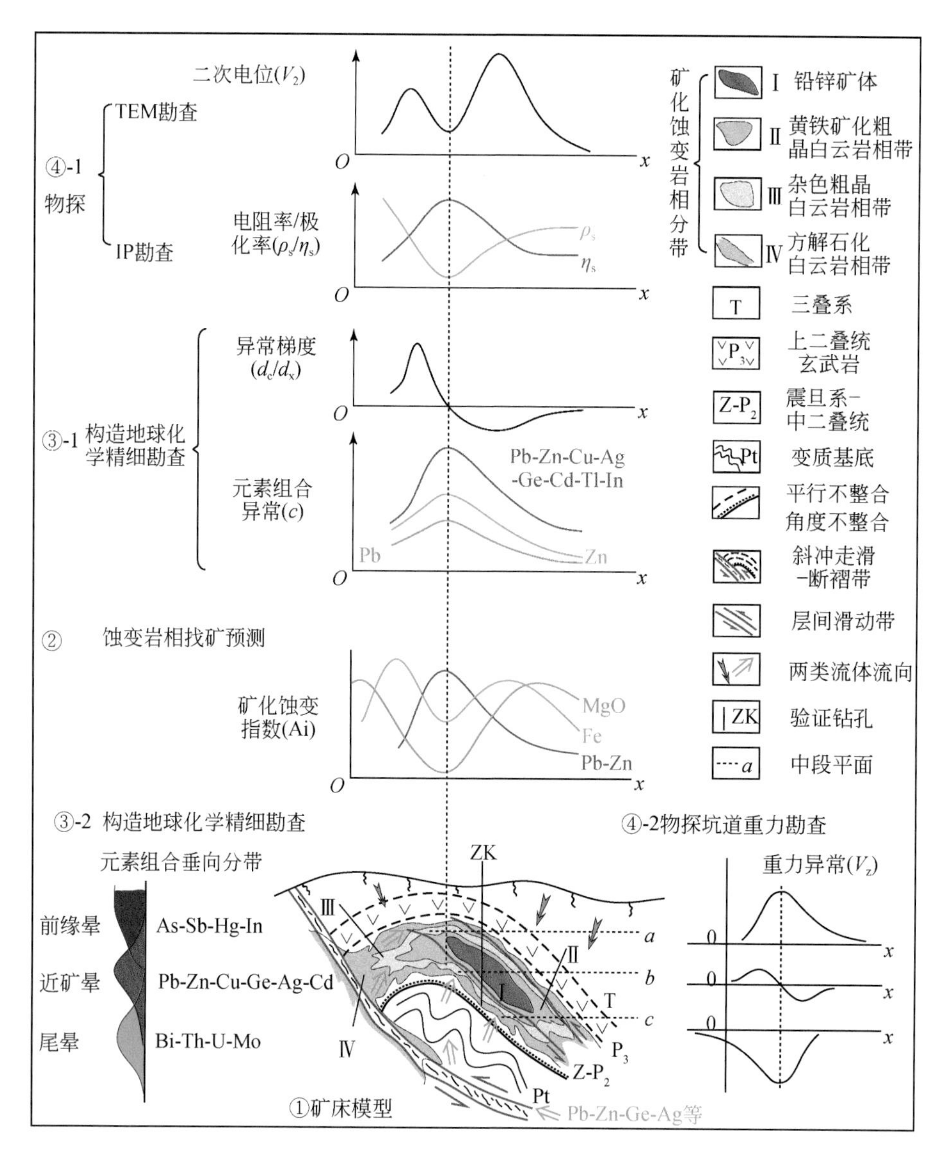

图 1.10　热液矿床大比例尺“四步式”深部找矿勘查模型图（韩润生等，2019a）

1.6　红石岩-荒田地区以往地质工作及主要成果概况

1.6.1　自然经济地理概况

红石岩-荒田地区位于滇东南文山壮族苗族自治州西畴县西南部，辖于西畴县莲花塘乡，研究范围面积约为 50km^2。该区位于滇东南高原岩溶区，总体属溶岩峰丛洼地低中山地貌类型，地势中部高、北部及南部低，地形切割较强烈，山岭走向北东，沟谷横断面多为 V 形。其东部为灰岩分布区，地形陡峻，山坡坡度为 25°～40°，局部形成陡崖，山顶呈尖峰状，多发育灌丛植被；其西部为寒武系浅变质岩分布区，地形相对较平缓，山坡坡度为20°~30°，山顶呈浑圆状，植被发育。该区高程为1563.33~1232.00m。区内无较大河流和水库等地表水体。该区属亚热带低纬度高原季风气候区，年平均气温为15.7℃，最低气温在12月至次年1月中旬，平均气温为6.1℃；年最高气温在6~9月，平均为22.3℃，最高气温为37.5℃，最低气温为-2℃。每年5~10月为雨季，约占全年降水量的67%，年平均降水量为1486.3mm，年最大降水量为1611.30mm，年平均蒸发量为1230.46mm，年平均湿度为83%。历年最大风速为32m/s，风向西南风。

该区地处文山州中部，北回归线横贯全境。当地居民以汉族为主，苗、壮、瑶、彝、汉族混杂居住，劳动力资源充足，经济欠发达。农作物以玉米、稻谷为主，其次有荞麦、豆类及茶叶、烟叶、三七等经济作物。该区经济、发展相对滞后，属贫困山区。该区矿产资源丰富，已开发利用的矿产有铝土矿、锑、锌、铅、铜、钨、金及石灰石等，其中铝土矿规模达到大型-特大型，锑和铅锌矿等矿产的规模为小中型，金产于古河道砂金河床，但是，本区地质勘查工作程度低。

1.6.2　以往地质工作程度

该区地处滇东南老君山锡铜铅锌多金属矿集区北侧外围有利的地质构造环境，矿产资源十分丰富，曾引起生产企业、科研院所等单位的重视，但由于各种因素及自然环境等条件的影响，除少数矿床（点）做过详查外，其他地区地质工作程度低，多处于矿点调查阶段。

据文献资料记载，1898~1926年，法国人M. Lacire等在文山地区开展了地质调查；1937年尹赞勋、计荣森、丁文江、孟宪民等地质学家研究了砚山、广南、文山、西畴等地泥盆纪、石炭纪动物群。主要的地质工作开展于20世纪60年代之后，为红石岩-荒田地区地质找矿预测和矿床勘查奠定了基础。

关于区域地质工作，1960~1965年，广西地质局（云南部分由原区测队完成）开展了包括本区在内的1：100万区域地质调查工作，提交了《1：100万凭祥幅区域地质报告》；1973~1976年，云南省地质局第二区域地质测量大队开展了1：20万马关幅区域地质矿产调查工作，提交了《1：20万马关幅区域地质调查报告》，初步奠定该区域地质构造格架。将本区含矿地层划定为中寒武统田蓬组，在红石岩地区发现黄洞铜矿点；1994~1995年，云南省地质勘查局第二地质大队物探分队在本区开展过1：5万兴街幅和古木幅区域地质调查工作，提交了《1：5万兴街幅地质图说明书》和《1：5万古木街幅地质图说明书》，将本区含矿地层——原中寒武统田蓬组的部分划归下泥盆统坡脚组；1983~1986年，云南省地质局第二区域地质大队编制了《云南省滇东南地区金矿区划说明书》；1990~1991年，云南省地质矿产局地球物理地球化学勘查队开展1：20万马关幅水系沉积物测量，提交了《1：20万马关幅地球化学图说明书》。

关于地质工作，1959年，云南省地质局滇东南地质大队对老信铅锌矿进行矿点检查，提交了《西畴县老信铅锌矿评价报告》；1959年，云南省地质局滇东南地质大队对落水洞铅锌矿进行矿点检查，提交了《西畴县落水洞铅锌矿评价报告》；1981~1984年，云南省地质局第二地质大队提交了《云南省西畴县小锡板锑矿区初步普查地质报告》；1983~1986年，云南省地质矿产勘查开发局第二地质大队提交了《云南省滇东南地区金矿区划说明书》，

1986 年该地质大队开展了云南省滇东南地区铅锌银多金属Ⅱ级区划总结，1986～1988 年间提交了《云南省西畴县小锡板锑矿区西矿区补充勘查地质报告》；2009 年 2～9 月，云南联和大地矿业有限公司在云南省西畴县甘沙坡矿区自来寨矿区铅锌（铜）开展详查工作，揭露并圈定铜铅锌多金属矿层 8 个，其中工业矿体三条，估算探明+控制+推断类铜金属资源量 3721t（品位 0.34%）、铅金属资源量 21162t（品位 1.96%）、锌金属资源量 28953t（品位 2.59%）、伴生银 36.3t（品位 33.74×10^{-6}），并估算潜在铅金属资源量 5565t（品位 2.85%）、锌金属资源量 5190t（品位 2.66%）、铜金属资源量 661t（品位 0.34%）、银 9900kg（品位 47.38×10^{-6}）（云国土资矿评储字〔2009〕232 号）。认为该矿床属喷流沉积为主+后期夕卡岩化改造的热液矿床，并提交了《云南省西畴县甘沙坡矿区自来寨铅锌（铜）多金属矿详查报告》。

1.6.3 主要成果及有关问题的说明

1.6.3.1 取得的系列地质找矿新成果

昆明理工大学、福建省闽西地质大队、文山州大豪矿业开发有限公司组成产学研项目团队，基于 10 多年对区域地质背景和成矿作用的新认识，在横跨兴龙寨铅锌多金属矿权区和香坪山铜多金属矿权区的红石岩-荒田地区（图 1.11），按照“战略选区→成矿规律研究→找矿技术研发及应用→差异化找矿技术→靶区优选与评价”的技术路线（图 1.12），开展了多类型矿床成矿规律研究，敏感捕捉到区内各类矿化信息，通过共同努力，在红石岩-荒田地区红石岩、荒田、大锡板 3 个重点勘查区取得找矿预测和矿床勘查新成果，在约 $50km^2$ 有限的探矿权区内，相继发现和勘查评价出红石岩大型铅锌铜银矿床、荒田大型白钨矿-萤石矿床及大锡板中型锑矿床。现将取得找矿研究成果的主要过程简述于下。

红石岩勘查区找矿阶段（2009 年 3 月～2017 年 3 月）：从 2009 年开始，福建省闽西地质大队在该区开展普查和详查，项目研究团队开展矿床成矿规律和找矿预测研究工作。通过深入调研、地层结构和岩石序列的剖析，识别出寒武系田蓬组发育火山喷溢-热水沉积铅锌铜多金属成矿作用特征，揭示了该勘查区多金属成矿规律，构建了“火山热液间歇式脉动成矿”模型；基于该矿床模型，综合应用“矿床模型+火山沉积岩相分析+地质-地球化学测量”技术方法组合，预测了 5 个喷流中心，进而圈定 4 个重点找矿靶区；在普查阶段，闽西地质大队开展了 1∶10000 地质测量工作，实施 12 个钻探验证和勘查，进尺达 4000m。在详查阶段，闽西地质大队进行了 1∶2000 地质测量、水工环地质调查及钻探工程施工，以及地形图、剖面线、勘查工程测量、样品采集和测试等工作，综合分析后，对勘查区中部的 15～43 号线进行系统工程控制，按简单-偏中等勘查类型的工程网度（160m×120m）部署和实施钻探验证，探求控制资源量，其他地段按 320m×320m 的网度进行钻探控制，探求推断资源量。通过重点区段的勘查工作，基本查明了该区地质构造特征、矿体规模、形态和产状，以及厚度与品位变化特征，共完成钻孔 62 个，总进尺达 14321.37m，探获了一批多金属矿体。2010 年 10 月、2017 年 3 月，文山州大豪矿业开发有限公司提交了《云南省西畴县红石岩矿区黄洞矿区铅锌铜矿详查报告》《云南省西畴县香坪山矿区锑铅锌铜矿详查报告》，云南省国土资源厅资源储量评审中心评审和备案的金属资源为铅锌金属资源量达大型规模，

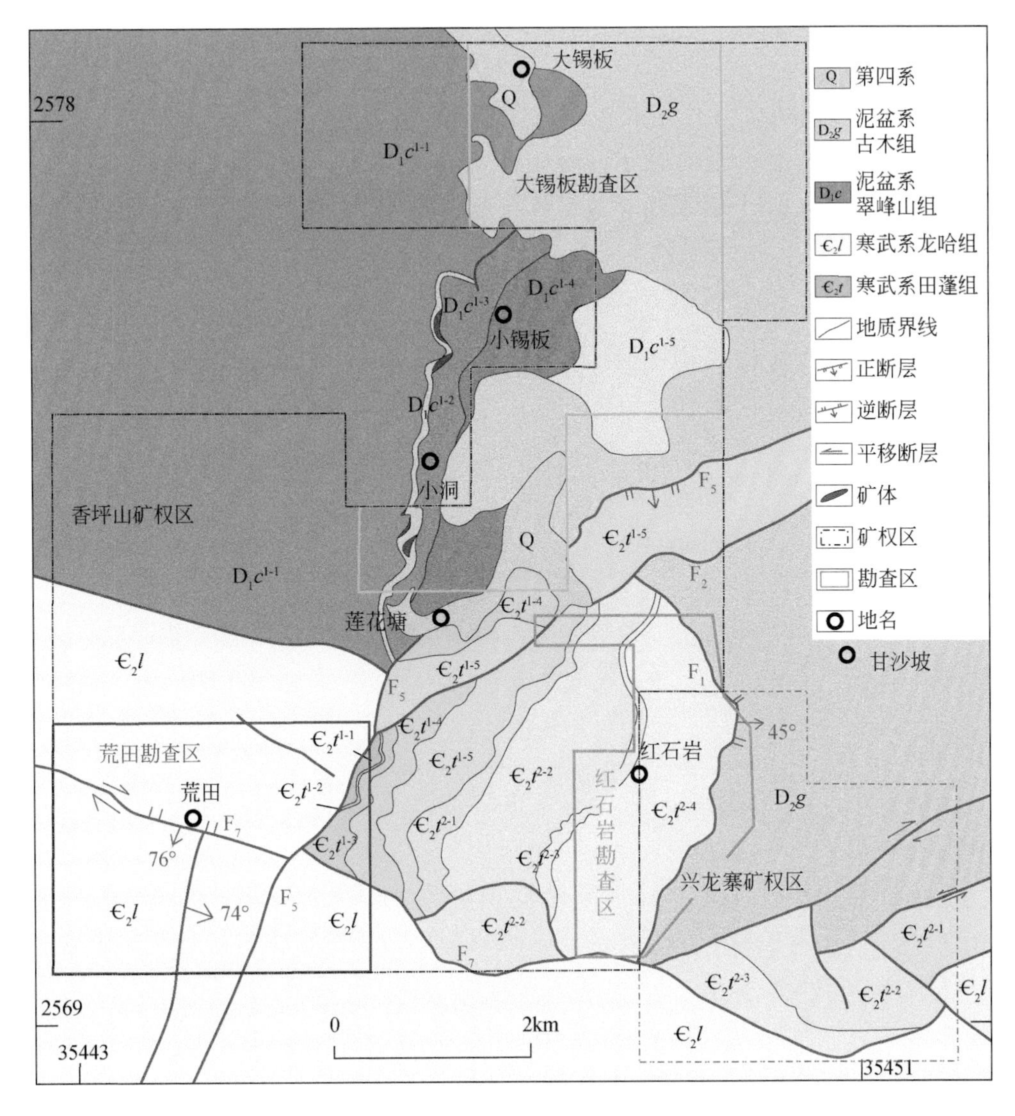

图 1.11 滇东南红石岩-荒田地区重点勘查区地质简图

伴生铟、镉金属资源量达中型规模，铜和伴生银、镓金属资源量达小型规模。

荒田勘查区找矿阶段（2009 年 3 月～2017 年 12 月）：项目团队基于区域成矿条件、物化探异常、矿化信息的综合分析，提出燕山期岩浆活动远程发育萤石-白钨矿组合的中低温岩浆热液型钨矿床的新认识。通过钨异常查证、勘查区 1：10000 和 1：2000 地质测量、控矿构造解析及蚀变岩相分带规律研究，揭示了成矿地质体、控矿构造系统及成矿作用特征标志，构建了“构造-岩浆流体-断褶带成矿”模型；基于该矿床的特点，综合应用了“矿床模型+控矿构造解析（矿田地质力学理论与方法）+构造-蚀变岩相学填图”技术方法组合，配合构造地球化学剖面测量方法，圈定出 4 个萤石-钨矿化带和重点找矿靶区。2012 年 1 月，通过工程验证和系统勘查，发现两个隐伏矿体群，以及荒田大型白钨矿-萤石矿床。2017 年 1 月，在国家自然科学基金项目“滇东南荒田大型白钨矿床成矿作用及成矿地质背

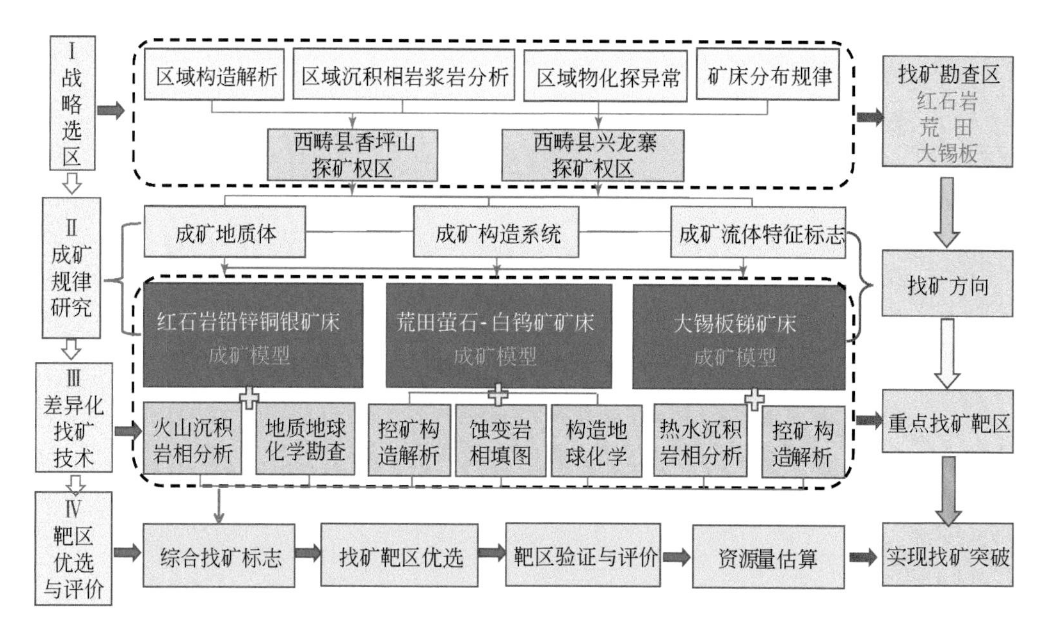

图 1.12　项目研究的主要技术路线图

景研究”的支持下，开展了成矿年代学和流体地球化学研究，深化了矿床成矿作用机理及成矿地质背景研究。2013 年 4 月，文山州大豪矿业开发有限公司提交了《云南省西畴县红石岩矿区荒田矿段钨矿详查阶段性报告》，云南省国土资源厅资源储量评审中心评审其金属（组分）资源为钨、萤石，资源量均达大型规模。

大锡板勘查区找矿阶段（2009 年 3 月～2013 年 4 月）：基于黄仁生总工程师提出的同生断层热水沉积型锑矿成矿的学术思想，项目团队认识到远程岩浆热液交代热水沉积岩形成的硅-锑组合的鲜明特色，突破了大锡板锑矿属石英脉型锑矿的传统观点，提出了该矿床具层+脉复合成矿的新认识，构建了“热水沉积-改造成矿”模型，预测其找矿潜力大；综合应用了“热水沉积岩相分析+控矿构造解析等”技术方法组合，配合构造-蚀变岩相学填图方法，预测了隐伏的含矿层位；2012 年转入详查工作阶段。通过隐伏含锑层位的钻探验证和系统勘查，发现 3 个主要矿体群。2013 年 4 月，文山州大豪矿业开发有限公司提交了《云南省西畴县红石岩矿区大锡板矿段锑多金属矿详查阶段性报告》，云南省国土资源厅资源储量评审中心评审通过其控制和推断的金属资源量为锑 2.54 万 t、铅锌 1.24 万 t。

1.6.3.2　资源量评审情况

2010 年 11 月、2017 年 3 月，评审通过《云南省西畴县红石岩矿区黄洞矿段铅锌铜矿详查报告》（云国土资储备字〔2010〕355 号、云国土资矿评储字〔2010〕363 号）、《云南省西畴县香坪山矿区锑铅锌铜矿详查报告》（云国土资储备字〔2017〕25 号、云国土资评储字〔2017〕20 号），在红石岩勘查区内评审和备案的控制和推断的金属资源为铅锌，且预测铅锌金属资源量为 9.5 万 t。

2013 年 4 月，评审通过《云南省西畴县红石岩矿区荒田矿段钨矿详查阶段性报告》（云国土资矿评审字〔2013〕22 号），在荒田勘查区控制并推断的钨（WO_3）资源量。

2013 年 4 月，云南省国土资源厅矿产资源储量评估中心评审通过《云南省西畴县红石岩矿区大锡板矿段锑矿详查阶段性报告》（云国土资矿评审字〔2013〕23 号），在大锡板勘查区新增控制和推断锑金属资源量为 2. 54 万 t、推断铅锌金属资源量为 1. 24 万 t。

综上所述，在红石岩–荒田地区已评审和备案控制和推断的多金属和共伴生组分资源量情况如下：铅锌、钨、萤石矿的资源量均达到大型矿床规模，铟、镉金属资源量达到中型矿床规模，铜、银、镓金属资源量达小型规模。

第 2 章　成矿地质背景

红石岩-荒田地区是滇东南老君山钨锡多金属矿集区的重要组成部分（图 2. 1；冯佳睿，2011）。该区地处印支板块与华南板块结合部位（Yan et al.，2006），是越南北部 Songchay 变质穹窿北延至我国境内的部分（图 2. 1）。该区历经多期构造体制转换，构造-岩浆-成矿作用强烈，阶段性演化特征明显，是正确理解华南板块构造演化的理想场所（Chen et al.，2014）。

2. 1　区 域 地 层

该区历经复杂的构造-岩浆作用演化，地层发育不全，出露地层以元古宇及寒武系为主，仅在矿集区北部麻栗坡县一带分布有三叠系、奥陶系、泥盆系。现依据地层及其变质变形特征，按照构造岩层、岩石地层及构造地层 3 类分述区域地层特征（1∶5 万古木街幅、兴街幅、马关县幅、麻栗坡县幅区域地质调查报告，1995）。

2. 1. 1　元古宇

区域上元古宇出露相对分散，变质变形程度较高，最高变质相可达角闪岩相。变形改造作用强烈，多呈韧性变形，分布在南秧田、北部的下新地房、西部的南捞等地，可划分为古元古界猛硐岩群（Pt_1m）、新元古界新寨岩组（Pt_3x）两个部分。根据岩石变质变形程度及岩性组合特征，猛硐岩群可划分为南秧田岩组（Pt_1n）和洒西岩组（Pt_1s）（图 2. 1）。

南秧田岩组：多呈带状分布，主要出露于老君山变质穹窿中部和西南部的法瓦后山、南秧田及下塘边以南一带，与上下地层均呈断层接触关系。其岩性主要为二云片岩、二云石英片岩及少量斜长片麻岩、斜长角闪岩等，是南温河超大型钨矿床的赋矿层位（Wang et al.，2019；王彩艳等，2020）。

洒西岩组：主要分布在穹窿中部猛硐乡坝子、花邱棚及保良街一带（图 2. 1），与上下地层均为构造接触。其岩性主要为黑云变粒岩、二云片岩、云英岩、条带状变粒岩等，为洒西祖母绿矿床的赋矿层位（Wang et al.，2019；王彩艳等，2020）。

新寨岩组：主要分布于老君山变质穹窿外围及都龙、南当厂一带（图 2. 1），在北部呈弧状沿断层产出，在都龙地区呈南北向条带状产出。其岩性主要为二云石英片岩、灰色白云片岩、中细粒大理岩等。该套地层空间上被老君山复式岩体侵位，变质变形作用明显，为区内锡多金属矿床的赋矿层位（Wang et al.，2019；王彩艳等，2020）。

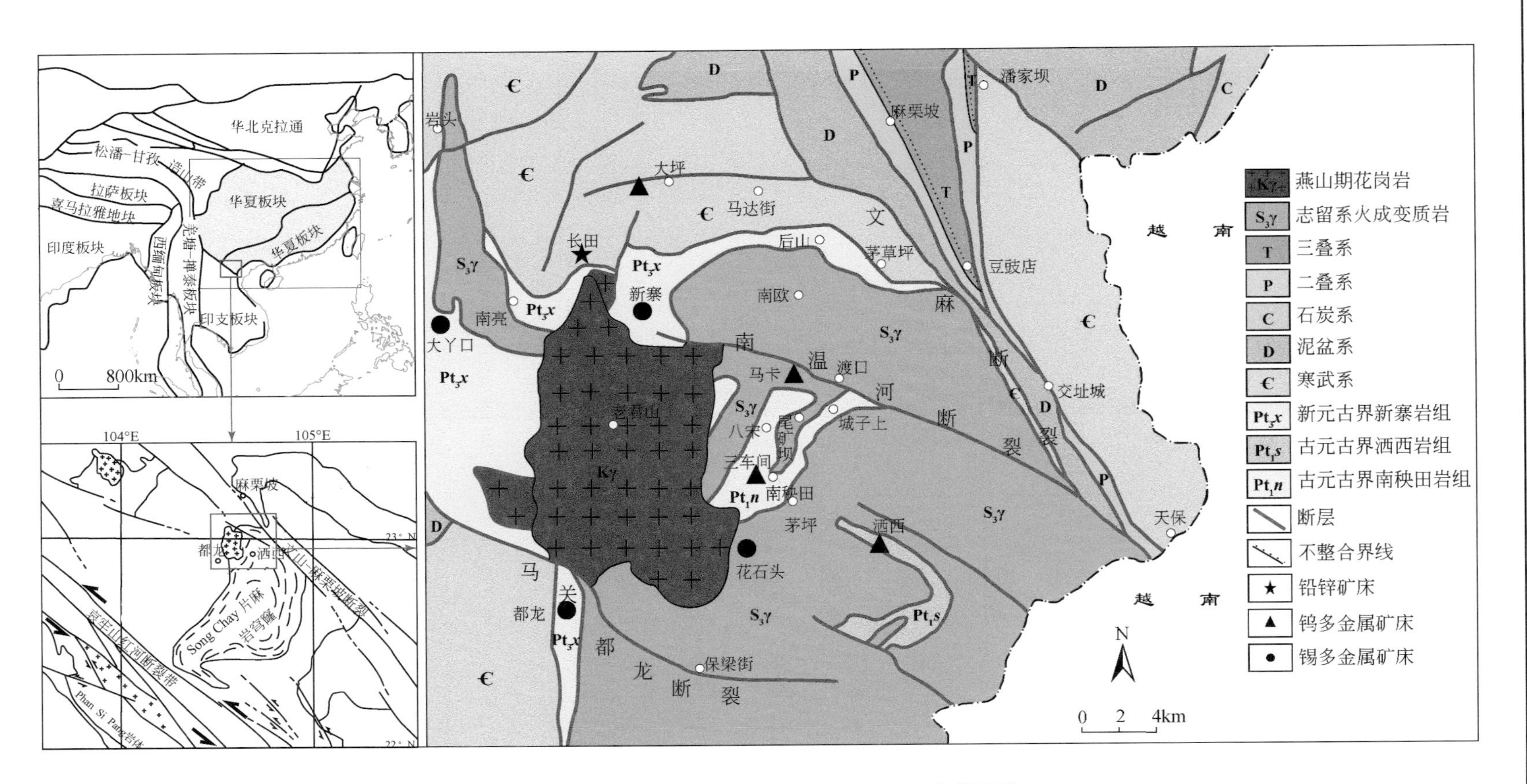

图2.1　研究区大地构造位置图(Roger et al., 2000;毕珉烽等, 2015)

2.1.2　古生界

区内古生界出露不全，主要出露寒武系、奥陶系、泥盆系及二叠系，志留系缺失。不同地层多呈断层接触，仅寒武系与奥陶系为整合接触。区域岩石地层为华南地层大区的东南地层区，区内出露地层较完整，从老到新依次为寒武系、泥盆系、石炭系、二叠系、三叠系及第四系，缺失奥陶系—志留系、侏罗系—古近系。在红石岩-荒田地区，主要分布寒武系田蓬组、龙哈组、泥盆系古木组及第四系，现从老到新简述不同地层和岩相特征（表 2.1）。

表 2.1　莲花塘地区区域岩石地层单位划分一览表

<table>
<tr><td colspan="3">年代地层
岩石地层</td><td colspan="3">单位名称</td><td colspan="2">代号</td><td colspan="2">厚度/m</td><td colspan="2">主要岩性</td><td colspan="2">其他</td></tr>
<tr><td>新生界</td><td colspan="2">第四系</td><td colspan="3"></td><td colspan="2">Q</td><td colspan="2"><20</td><td colspan="2">冲积砂砾层、砂质黏土、洪冲积岩块、砂质黏土、残坡积岩块、红土</td><td colspan="2"></td></tr>
<tr><td rowspan="4">中生界</td><td rowspan="4">三叠系</td><td rowspan="2">中统</td><td colspan="3">兰木组</td><td colspan="2">T_2l</td><td colspan="2">>3019</td><td colspan="2">泥岩、粉砂岩、杂砂岩夹砾岩</td><td colspan="2">砂砾岩、砾岩、锰线</td></tr>
<tr><td colspan="3">板纳组</td><td colspan="2">T_2b</td><td colspan="2">1301</td><td colspan="2">泥岩、粉砂岩、杂砂岩，局部夹灰岩、锰线</td><td colspan="2">灰岩、锰线</td></tr>
<tr><td rowspan="2">下统</td><td colspan="3">嘉陵江组</td><td colspan="2">Tj</td><td colspan="2">280</td><td colspan="2">泥质条带灰岩、鲕粒灰岩夹白云组灰岩</td><td colspan="2"></td></tr>
<tr><td colspan="3">洗马塘组</td><td colspan="2">T_1x</td><td colspan="2">101</td><td colspan="2">薄层、极薄层泥灰岩、泥质灰岩</td><td colspan="2"></td></tr>
<tr><td rowspan="10">上古生界</td><td rowspan="2">二叠系</td><td rowspan="2">下统</td><td colspan="3">岩头组</td><td colspan="2">P_1y</td><td colspan="2">>105</td><td colspan="2">含燧石团块灰岩夹薄层硅质岩</td><td colspan="2"></td></tr>
<tr><td colspan="3">他披组</td><td colspan="2">CPt</td><td colspan="2">60</td><td colspan="2">灰岩夹硅质条带及团块</td><td colspan="2"></td></tr>
<tr><td rowspan="3">石炭系</td><td>上统</td><td rowspan="3">顺甸河组</td><td rowspan="3">黄龙组</td><td>三段</td><td rowspan="3">Csd</td><td>Ch^3</td><td rowspan="3">63~230</td><td>636</td><td rowspan="3">硅质岩、硅质泥岩、泥岩夹灰岩</td><td>含生物碎屑砾砂屑灰岩夹粉晶灰岩</td><td rowspan="3">上部灰岩夹层</td><td></td></tr>
<tr><td rowspan="2">下统</td><td>二段</td><td>Ch^2</td><td>339</td><td>粉晶灰岩夹含泥质条带粉晶灰岩</td><td>中上部泥质条带灰岩夹层</td></tr>
<tr><td>一段</td><td>Ch^1</td><td>201</td><td>粉晶灰岩夹砾砂屑灰岩、含生物碎屑粉晶灰岩</td><td></td></tr>
<tr><td rowspan="5">泥盆系</td><td rowspan="2">上统</td><td colspan="3">炎方组</td><td colspan="2">DCy</td><td colspan="2">96</td><td colspan="2">粉晶灰岩夹含生物碎屑灰岩</td><td colspan="2"></td></tr>
<tr><td colspan="3">革当组</td><td colspan="2">D_3g</td><td colspan="2">305</td><td colspan="2">鲕粒灰质白云岩、鲕粒灰岩、白云岩、灰岩</td><td colspan="2"></td></tr>
<tr><td rowspan="2">中统</td><td colspan="3">东岗岭组</td><td colspan="2">D_2d</td><td colspan="2">180~347</td><td colspan="2">含生物碎屑粉晶灰岩、粉晶灰岩夹泥灰岩</td><td colspan="2"></td></tr>
<tr><td colspan="3">古木组</td><td colspan="2">D_2g</td><td colspan="2">580</td><td colspan="2">生物碎屑灰岩、灰质白云岩、层纹石泥晶白云岩、生物碎屑白云岩，含层孔虫</td><td colspan="2">含腕足类（介壳）、湖道砾岩</td></tr>
<tr><td>下统</td><td colspan="3">翠峰山组</td><td colspan="2">D_1c</td><td colspan="2">805</td><td colspan="2">上部：薄层泥质粉晶灰岩夹碳质泥岩
中部：泥岩夹粉砂质泥岩、石英砂岩夹泥灰岩、灰质泥岩
下部：石英砂岩、石英杂砂岩夹粉砂质泥岩</td><td colspan="2">中部：碳质泥岩</td></tr>
</table>

续表

年代地层 岩石地层			单位名称	代号	厚度/m	主要岩性	其他
下古生界	寒武系	上统	博菜田组	$\in_3 b$	>77	白云岩夹含泥质粉砂质团块白云岩	
			唐家坝组	$\in_3 t$	272	条纹灰岩、白云岩、砾砂白云质灰岩、鲕粒灰质白云岩	中部粉砂质泥灰岩夹层
		中统	龙哈组	$\in_2 l$	335	白云岩、砂屑白云岩、含灰质白云岩、条纹灰岩	
			田蓬组	$\in_2 t$	>373	泥岩、粉砂质泥岩（板岩、千枚岩）夹灰岩、白云岩（大理岩）、基性火山岩	灰岩、白云岩（大理岩）夹层

1. 寒武系及其沉积相类型

1）田蓬组

地层特征：由板岩、千枚岩、大理岩、基性火山岩等组成，呈厚度不等互层产出。顶、底界线清晰，底以下伏的大寨组灰绿色页岩为界，上覆龙哈组白云岩，均呈整合接触。沿开远-文山-富宁一带，沉积岩厚度逐渐增厚。该区在印支期发生区域变质作用，变质程度达绿片岩相。在红石岩-雷打岩一带，为一套浅变质岩系，主要由千枚岩、大理岩、板岩、硅质岩等岩类组成（图 2.2a、b），在红石岩-荒田地区地层厚度大于 550m，在富宁地区厚度达 1259m 以上，为区内铅锌铜、锑矿床的主要含矿岩系。

三段（$\in_2 t^3$）具开阔台地-浅海相沉积，分布于荒田地区南部的田冲一带，为深灰色中厚层状大理岩夹千枚岩、硅质岩，是一套浅水细碎屑岩与开阔台地相碳酸盐岩组合沉积，局部深水地段分布硅质岩和黄铁矿层。

二段（$\in_2 t^2$）分为四个岩性亚段：四亚段（$\in_2 t^{2-4}$）分布于寨子-山后一带，走向 NE，以浅灰色调为主，故称“灰色岩带”，岩性以灰色绢云千枚岩为主，其次为绿泥绢云千枚岩、大理岩，底部（界）为一层铅锌铜矿化硅质岩或石英绢云千枚岩，地层厚度大于 100m。与上覆泥盆系古木组（$D_2 g$）呈断层接触；三亚段（$\in_2 t^{2-3}$）主要分布于老箐水库一

图2.2　层理发育的田蓬组灰色千枚岩（a）、弱风化的田蓬组灰红色千枚岩（b）、田蓬组中厚层状砂岩（c）和砂岩中见构造透镜体（d）照片

带，为海相火山岩、喷流岩与泥质岩、碳酸盐岩组成的火山喷流沉积岩石组合，属盆地火山喷溢-热水沉积-碎屑沉积建造，为典型的复理石、类复理石沉积，该带岩石以绿色调为主，称为“绿色岩带”，以绿泥千枚岩、方解绢云绿泥千枚岩、绿帘透辉石岩、绿泥绿帘石岩、透辉绿帘石岩、石英方解石绿帘石岩、石英绿泥绿帘石岩为主，次为大理岩，局部夹硅质岩、绿泥阳起片岩，常见三个矿（化）层（$Ⅲ_1$、$Ⅲ_2$、$Ⅲ_3$），其中$Ⅲ_1$为较稳定的含矿层，地层厚度为25～74.5m，具有北西薄、南东厚的变化趋势；二亚段（$Є_2t^{2-2}$）上部主要为绢云千枚岩、黄色条纹绢云千枚岩、斑点状绢云千枚岩、绢云石英千枚岩、方解绢云千枚岩、大理岩夹硅质白云岩、阳起片岩及多层硅质岩，除硅质岩较稳定外，其他岩性在空间上变化大，顶部常见条带状大理岩，厚度为58～100m，厚度从北往南有变薄的趋势，是该区主要含矿层位，铅锌铜矿（化）层主要赋存于硅质岩中，少量分布于大理岩或绢云千枚岩中，下部以大理岩、绢云千枚岩重复出现的“互层”为特征，夹薄层硅质岩、方解绢云千枚岩，厚度为36～78.5m，含矿性差；一亚段（$Є_2t^{2-1}$）主要出露于坳上一带，其岩性组合为五彩砾岩、五彩千枚岩、黄绿色绢云千枚岩、薄层状大理岩夹硅质岩，顶部以五彩千枚岩、五彩砾岩、黄绿色绢云千枚岩为标志，与二亚段相区别，由于本亚段岩石常见绿色、紫色、灰色、白色、黄色等色调而被称为“五彩岩性带”，含矿性较差，在近顶部的五彩千枚岩中见一层不稳定的铅锌矿层，地层厚度为145.5～160m。

一段（$Є_2t^1$）分为五个亚段：五亚段（$Є_2t^{1-5}$）出露于矿区以西的莲花塘-坳上公路之间，为一套“黑色岩石组合”，含矿性差，其岩性为黑色碳质板岩夹条纹状含碳质大理岩，区域资料显示厚度约为500m，红石岩矿区地层厚度大于100m，属浅海相沉积；四亚段（$Є_2t^{1-4}$）出露于铜厂坡以南的铜厂坡-松毛棵一带，为灰色碳酸盐岩，属浅海-开阔台地相沉积，在北部大锡板一带为灰色板岩夹灰色中层状细粒变质石英砂岩、深灰色中厚层状泥晶灰岩；三亚段（$Є_2t^{1-3}$）主要分布于北部的大锡板-小洞一线，在南部的铜厂坡-松毛棵一带有少量出露，在北部的厚度明显比南部大，岩性为灰色板岩，上部见灰色中层状变质细粒石英砂岩；二亚段（$Є_2t^{1-2}$）分布于冷水洞-者项一线，在南部的铜厂坡-松毛棵一带少量出露，在北部的地层厚度明显大于南部，岩性为灰色中厚层状变质细粒石英砂岩（图2.2c、d），反映了浅水沉积环境；一亚段（$\epsilon_2 t^{1\text{-}1}$）分布于冷水洞-者项一线以西，为灰色板岩夹灰色细粒岩屑石英砂岩。

沉积岩相：根据地层综合对比分析，现将田蓬组划分为 4 类沉积岩相（图 2. 3），其中，田蓬组二段是火山岩的喷流相沉积相，现分述如下。

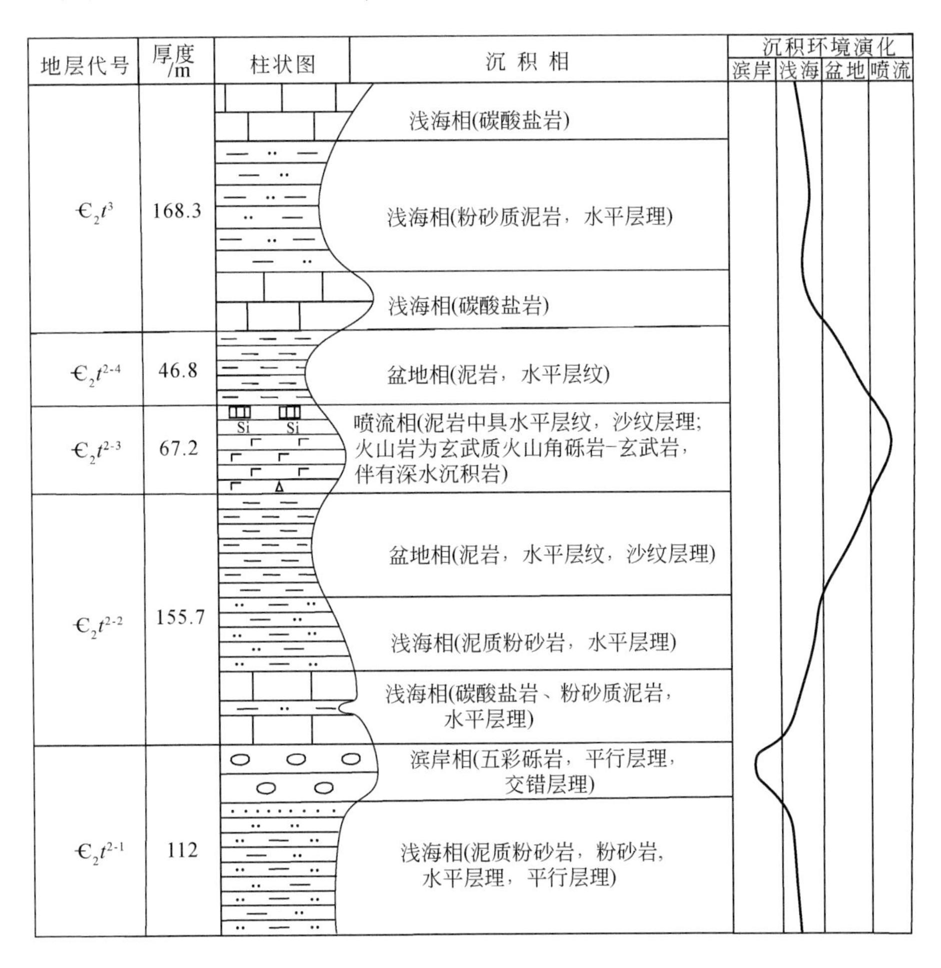

图 2. 3　红石岩-荒田地区田蓬组岩相类型及沉积演化示意图

滨岸相主要分布于田蓬组下部的红石岩矿区西部，顺层断续、不对称分布，呈现出北东向展布，本亚段岩石因常见绿色、紫色、灰色、白色、黄色等色调而被称为“五彩岩性带”。砾石成分为灰岩、千枚岩、粉砂岩等，成分混杂，为向上水体变浅的沉积层序。砾石占 60%~75%，杂基式胶结，砾石磨圆度较好，但大小混杂，砾径在 4cm×6cm ~ 2cm×3cm，最大者可达 10cm×8cm，该层厚 3. 5 ~ 5m。以普遍含有砾石为特点，成分成熟度差，表明物源区为相邻的越北古陆。

浅海相由灰色灰岩和深灰色粉砂质泥岩（已千枚岩化）等组成。水平纹层粉砂岩-泥岩亚相主要由灰色-深灰色粉砂岩、粉砂质泥岩组成，薄层-水平纹层理发育，以碎屑岩为主，属典型浅海相环境。砾屑灰岩-灰岩亚相主要产于田蓬组上部，以砾屑灰岩-灰岩为主，中厚层状产出。水平纹层深灰色粉砂质泥岩-灰岩混合亚相主要分布在田蓬组中部，深灰色粉砂岩与泥岩互层，夹有薄层状灰岩，水平纹层理发育，属沉积水体增深、低能滞流还原沉积环境。

盆地相由灰黑色泥岩（千枚岩）-层状黄铁矿等组成。水平纹层粉砂质泥岩-泥岩（千枚岩）亚相主要由灰黑色-深灰色粉砂质泥岩、泥岩组成，极薄层-水平纹层理发育，以细碎屑岩为主夹泥岩；水平纹层粉砂质泥岩-泥岩（千枚岩）-层状黄铁矿层主要由灰黑色-深灰色粉砂质泥岩、泥岩组、层状黄铁矿组成，极薄层-水平纹层理发育，属典型盆地相环境。

火山喷流-沉积相由一套灰绿色玄武质火山角砾岩-玄武岩-凝灰质岩、热水硅质岩、泥岩组成；水体较深处火山岩较厚，区域上沿北东向呈条带状分布，该带也是沉积盆地的中心线，由玄武岩、沉凝灰岩、玄武质火山角砾岩、硅质岩组成。火山喷发是以喷溢-爆发-喷溢沉积为主的火山作用。以北东向沉积盆地为中心线，矿化也是此中心线附近最好。火山-沉积岩经热液蚀变为绿泥石-绿帘石化玄武质火山角砾岩-玄武岩。

沉积环境特征：在中寒武世早阶段，区内发生海侵，田蓬组在测区南部整合于中寒武统大寨组之上，下部由灰色、浅灰色、中厚层状细粒石英砂岩组成低水位期退积型层序，细粒石英砂岩中有交错层理等沉积构造。向上为深灰色、灰黑色含粉砂质板岩夹灰黄绿色中层细粒岩屑石英砂岩的弱退积型层序（大锡板一带），为滨岸沉积（图 2. 3），主要为田蓬组一段沉积特征。纵向上，南部的铜厂坡-松毛棵一带水体较深，沉积速率低；北部的大锡板一带水体较浅，沉积速率较大，发育了巨厚的沉积物；中寒武世徐庄期中阶段，区内发生海退，表现为第二岩性段下部的岩石常见绿色、紫色、灰色、白色、黄色等色调而被称为“五彩岩性带”，属动荡环境滨岸-浅海相沉积。随后，海盆扩张，海泛面扩大，沉积速率低，形成了第二岩性段中部的次深海盆的硅质岩、火山岩喷发等盆地相沉积。见大量的水平层理，条纹状黄铁矿（层），表现为加积型层序，为很典型的还原环境，该期是田蓬组最大海泛面时期。随后，第二岩性段上部（$\epsilon_2t^{2\text{-}4}$）的岩石出现以浅灰色调为主，称为“灰色岩带”，大面积出露于矿区的中部、南部和北部的寨子-山后一带，向上海盆震荡，表现为向上变粗的进积型沉积层序，逐渐变化为浅海相沉积；中寒武世晚阶段，区内发生海退，接受了田蓬组三段碳酸盐沉积及细碎屑岩沉积（主要分布于田冲地区），形成灰色中厚层状灰岩（大理岩）-条纹状泥岩（已变质成千枚岩）组成的海退期进积型沉积层序，向上海盆震荡，表现为浅海-台地相沉积。

2）龙哈组

地层特征：广泛分布于滇东南地区，向南延入我国广西及越南，由厚度较大、生物化石较少的碳酸盐岩组成，以浅灰-深灰色中厚层-块状白云质灰岩为主。其底部与田蓬组、顶部与唐家坝组均呈整合接触关系。在荒田、董速大寨一带，分为两个岩性段：二段（ϵ_2l^2）为深灰色中厚层状结晶灰岩夹灰色千枚岩（图 2. 4），灰岩具同生角砾状构造，角砾呈次棱角状（砾径 2 ~ 6mm），胶结物为红色钙质，见褐铁矿薄膜沿岩石裂隙分布；一段（ϵ_2l^1）为灰色、浅灰色千枚岩，见顺层状的铅矿化。

寒武系岩相古地理特征：该区位于华南加里东褶皱系、滇东南褶皱带南缘，南邻马关古陆。寒武系是该区出露的最主要地层。在文山一带，其区域沉积演化分为四个阶段。①早寒武世筇竹寺-沧浪铺期：梅树村中晚期后出现了海退的趋势。牛头山岛东南侧滇东南海域大

图2.4 董速大寨龙哈组上部中薄层状灰岩（a）与下部风化千枚岩（b）照片

部分属浅水陆架环境。沉积以砂、粉砂和泥质沉积为主，碳酸盐岩沉积较少，碎屑岩含量高达82%以上。古气候似由潮湿温暖向潮湿炎热转化。物源区主要是位于西北的牛头山古岛，海侵方向主要是位于南东方向的马关东侧一带。②早寒武世龙王庙期：牛头山古陆明显扩大，滇东南水体稍深，碳酸盐岩发育，占68%，含大量三叶虫。物源区主要是位于西北的牛头山岛，海侵方向主要是位于南东方向的马关东侧一带。③中寒武世：牛头山岛向北扩展，古陆范围有所扩大。物源区主要是位于西北的牛头山岛，海侵方向主要是位于南东方向的马关东侧一带。滇东南区碳酸盐、镁质碳酸盐发育。在牛头山岛南侧的文山-丘北一带属于潮坪相沉积，为碳酸盐岩、泥岩沉积。④晚寒武世：中寒武世末，昆明、曲靖地区海水退出，牛头山古岛、滇中古陆相连成为川滇黔古陆，物源区主要位于西北的牛头山古岛，海侵方向主要是位于南东方向的马关东侧一带。地形起伏不大，陆源碎屑少而细。滇东南则海水流畅，盐度正常，文山、富宁海域生物繁盛。

2. 奥陶系

该系出露较少，主要分布于研究区东部茨竹坝、老厂以东中越边境一带，宏观上呈南北向产出。岩性主要为中厚层状白云质灰岩夹生物碎屑灰岩、石英砂岩、泥质粉砂岩、白云质灰岩等，为滨浅海相沉积环境。奥陶纪中、晚期及志留纪在本区均无沉积记录。

3. 泥盆系

该系发育齐全，主要出露于研究区北部和东北部的大石洞-石盆-下凉水井等地区。由老至新分别为下泥盆统翠峰山组（D_1c），中泥盆统古木组（D_2g）、东岗岭组（D_2d），上泥盆统革当组（D_3g）。在区域上与下石炭统呈假整合接触关系。出露厚度为1870～2037m，岩性主要为深灰色绢云板岩、粉砂质板岩、灰色中层状灰岩、生物碎屑灰岩、浅灰色厚层状粉细晶白云岩、大理岩化粉晶灰岩等。纵向上岩性具有由碎屑岩—碎屑岩夹碳酸盐岩—碳酸盐岩演化的特征，沉积环境主要为内陆湖沼泽相碎屑岩类沉积向浅海相碳酸盐岩类沉积变化。其中，古木组是该区泥盆系沉积厚度最大、内容最丰富的岩石地层单位，分布于红石岩东侧、兴龙寨、大锡板、小锡板东部一带，为深灰色、灰黑色中厚层状及块状泥晶灰岩，含少量白云岩、白云质灰岩、同生角砾状灰岩，底部含有层孔虫、腕足类、珊瑚、竹节石等。在滇东南地区广泛分布，层位稳定，各地岩性稍有变化。底部为白云岩夹少量泥质灰岩、泥灰岩；中部为灰-灰黑色灰岩，局部夹泥质灰岩、白云质灰岩；顶部为白云质灰岩、白云岩，层间夹泥岩。顶、底部仅获层孔虫；中部生物繁盛，珊瑚占主导地位，出现层孔虫、介形类、腕足类。古木组下部反映了海退型沉积层序，岩石颜色较深，粉细晶结构，以基质支撑为主，总体反映了海水盐度偏高的闭塞低能环境；古木组上部反映了台地潮坪环境，顶部具鸟眼构造，为一潮上带暴露环境。

4. 石炭系

该系在区内发育不全，出露不多，主要分布在研究区北东部麻栗坡县城以西冬瓜冲-落水洞-交趾城一带，呈北西向条带状产出。石炭系岩性单调、沉积稳定，下部主要为浅灰色、灰白色中-厚层状中晶大理岩、大理岩化粉-细晶灰岩；上部主要为灰色、深灰色中厚层至块状细晶灰岩，为滨浅海相沉积环境。石炭系与上下不同时代地层多以断层接触为主。

5. 二叠系

该系主要分布在麻栗坡县城以东马鹿塘-老房子-上南灰一带，呈近南北向条带状产出。研究区仅出露栖霞阶他披组。岩性主要为灰色中层状粉晶灰岩、薄层状硅质灰岩、硅质页岩等，厚>447m。纵向上自下而上显示出退积型沉积结构，为盆地相沉积环境，上下地层间均以断层接触。

2.1.3 中生界

红石岩-荒田地区中生界仅发育三叠系，在其东北部麻栗坡县城-豆豉店-老寨一带呈北西向展布。地层顶底出露不全，厚度约为2684m。地层整体受区域变质作用及大规模脆韧性变形作用改造，地层层序受到破坏，表现出强应变带和弱应变域间隔分布的格局，因此将其归为构造地层。包括下三叠统洗马塘组（T_1x）、嘉陵江组（T_1j）及中三叠统板纳组（T_2b）、兰木组（T_2l），其岩性主要为千枚岩、粉砂质板岩等。岩石组合代表了浅海-滨浅海沉积环境。该区三叠系与不同时代地层分界处多呈断层接触。

2.1.4 新生界

受到强烈的抬升和剥蚀作用，新生代地层在研究区出露面积极少。仅在河流两岸附近、山麓低凹处发育少量河流相沉积物和冲洪相沉积物。

2.2　区域构造及其演化特征

2.2.1　区域构造演化特征

老君山变质穹窿属越南 Song Chay 变质穹窿向北延伸入我国境内部分，在区域上表现为被两条北西向的深大断裂（文山-麻栗坡断裂和红河-Song Chay 断裂带）所夹持（Xue et al.，2010），平面上呈椭圆状，东西宽 35km，南北宽 75km。区内构造变形强烈且具有多期性，与成矿作用关系密切。

古元古代沉积记录为猛硐岩群，前加里东期强烈的变质作用使地层和岩浆岩发生区域动力变质作用，形成了该区结晶基底岩系，但该期变形已被完全改造。新元古代为一套滨海-浅海相碎屑岩夹碳酸盐岩沉积，并一直持续至晚寒武世。加里东期运动使该区继早奥陶世沉积后隆升成陆，寒武系出现开阔褶皱变形，形成寒武系与泥盆系间的角度不整合。加里东晚期下地壳部分熔融发生大规模酸性花岗岩的侵位，锆石 U-Pb 年龄显示其发生在加里东晚期（潘锦波等，2015；Xu et al.，2016）。泥盆纪—二叠纪本区再次接受沉积，沉积范围不断扩大，沉积环境也由滨海向浅海陆架发展，沉积物以碳酸盐岩为主，这一古地理格局持续至二叠纪早期，晚二叠世区内无沉积记录。早三叠世本区再次下降，沉积了一套碎屑岩夹碳酸盐岩，至中三叠世发展为盆地边缘环境，形成了一套复理石沉积建造。印支运动在本区影响较大，在区域收缩挤压的背景下封闭了三叠纪沉积盆地，且在越北地区形成了极性向北的逆冲推覆构造，造成老君山地区的进一步隆升，该区海相沉积结束。侏罗纪—白垩纪研究区处于隆升阶段。中侏罗世受太平洋构造域的影响（毕珉烽等，2015），老君山地区发育一期由南东向北西的逆冲推覆构造，该期构造奠定了该区的构造格局。早白垩世（130～80Ma），华南大规模挤压作用向伸展作用转换，麻栗坡地区伸展变形构造及相应的岩浆作用发育，侵入活动持续至白垩纪末，岩浆侵位后期含矿岩浆热液沿构造界面的运移和富集形成了矿集区的多种矿化。在新生代，研究区只有部分含煤沉积及一些零星分布的松散堆积，红河-Song Chay 断裂左行走滑作用对该区影响显著，但构造变形以脆性变形为主（颜丹平等，2005）。

2.2.2　区内主要断裂特征

1. 文山-麻栗坡断裂

该断裂走向呈北西-南东向，北西起于文山平远街一带，向南东经热水寨、文山、莲花塘、新街等地沿着麻栗坡河进入麻栗坡县城一带（图 2.5），往南东在天保附近延出国界，全长超过 300km。该断裂为弥勒-师宗断裂以南和红河断裂以东的规模较大的区域性断裂，控制了滇东南构造格架和区内主要金属矿产的分布。另外，该断裂对地貌的控制作用明显，其特征是在新生代以来的构造运动和地表剥蚀的共同作用下形成的。如文山盆地西缘高达 200m 的灰岩断层陡崖（陶海南，2015），控制了马塘、平远街、文山、莲花塘、新街等第四纪盆地。断裂两盘主要为田蓬组、龙哈组、翠峰山组，断裂带及旁侧水平牵引褶皱、剪切带发育，破碎带中硅化、碳酸盐化、黄铁矿化等强烈蚀变。断裂带宽 50～250m，带内主要由强硅化的石英岩、石英质糜棱岩、碎裂岩组成，断层产状为 196°～225°∠40°～70°，为高角度逆冲断层（陶海南，2015）。

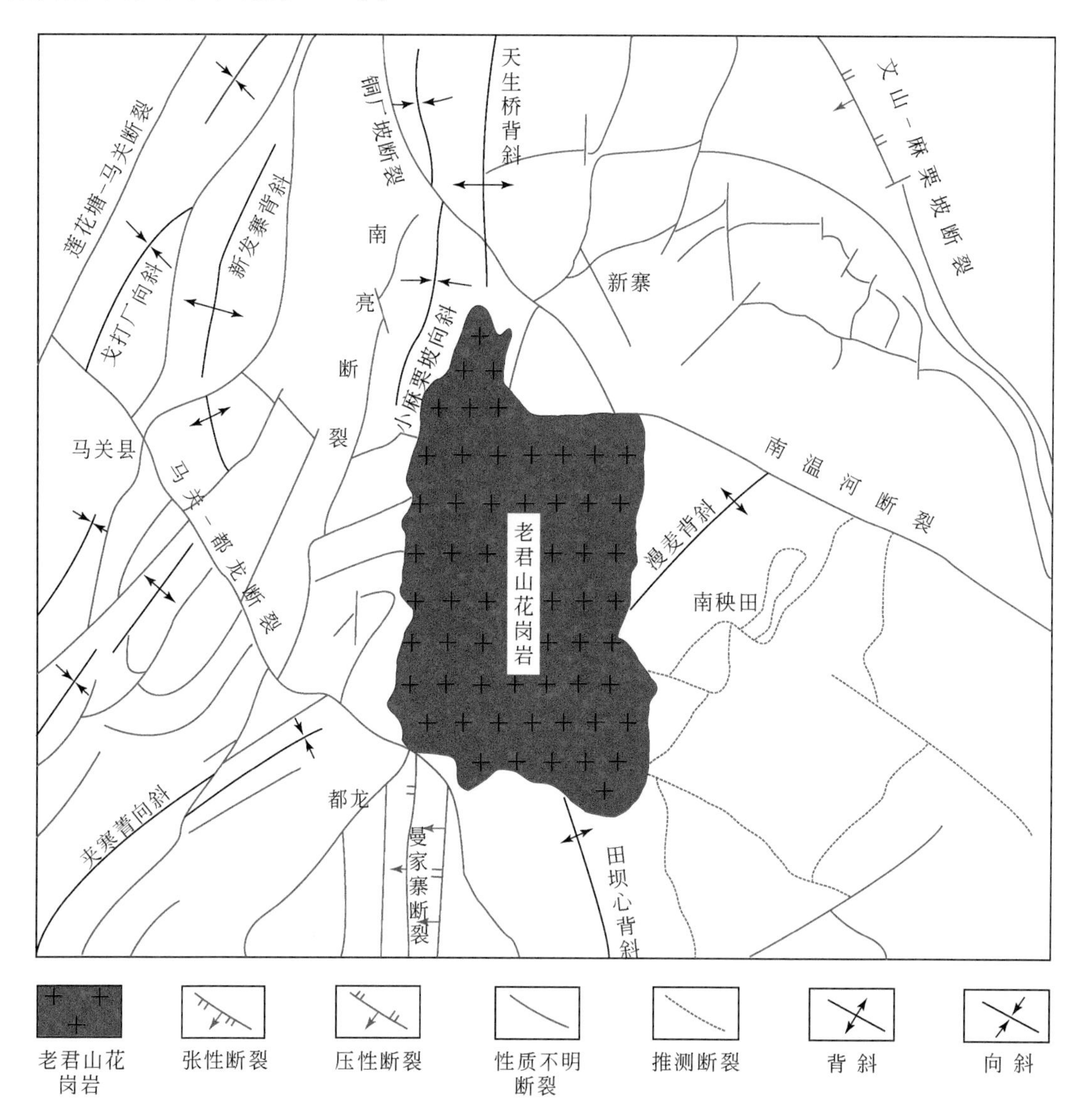

图 2.5　滇东南老君山地区构造纲要图（刘晓玮，2008）

根据两盘地层分布特征，该断裂属多期次活动断裂，从加里东期、海西期、印支期、燕山期直到喜马拉雅期均有活动。而且，该断裂切割了寒武系、泥盆系、三叠系等地层，并使断裂旁侧地层岩石发生强烈挤压作用而产生一系列揉皱和褶曲，派生的次级断裂反映了断裂南西盘相对于北东盘发生了右行斜冲走滑活动，它不仅控制断层两侧的沉积建造，而且控制了岩浆活动。从区域地层发育程度看，该断裂在晚泥盆世即已形成雏形，因该断裂导致断裂南侧未接受岩关期沉积，而北侧则广泛发育，而断裂单侧未发现下二叠统栖霞组。沿着该断裂形成文山、新街、麻栗坡等一系列断陷盆地，加之断裂的走滑作用，与红河断裂带上形成的拉分盆地如出一辙。在晚更新世，该断裂具有明显的活动迹象，其运动性质为右行走滑兼正断（周青云等，2016）。

2. 莲花塘–马关断裂

该断裂南起国境线，经马关县城、小河沟电站、铜厂坡、莲花塘等地，往南可能延伸入越南境内，长达50多千米，形成明显的线性构造。该断层切割北西向断层，并控制了南北向的新近纪马关盆地。断裂面呈舒缓波状，见碎裂岩化，东盘向西逆冲。在东盘地层中，在大理岩化泥质条带灰岩中形成一些褶皱，在小河沟一带形成近直立岩带（倾角为80°～90°），在铜厂坡一带，其产状为82°∠33°。该断层主要出露于泥盆系中，可见宽约15m的破碎带，显示其具压扭性特征（图2.6和图2.7）。断裂两盘还显示有基性、酸性岩浆活动。这条断裂的西盘见上寒武统、奥陶系、二叠系、三叠系。综合区域资料认为，该断裂最早形成于加里东晚期，历经了拉张、挤压、逆冲、左行走滑等多期次构造复合作用。

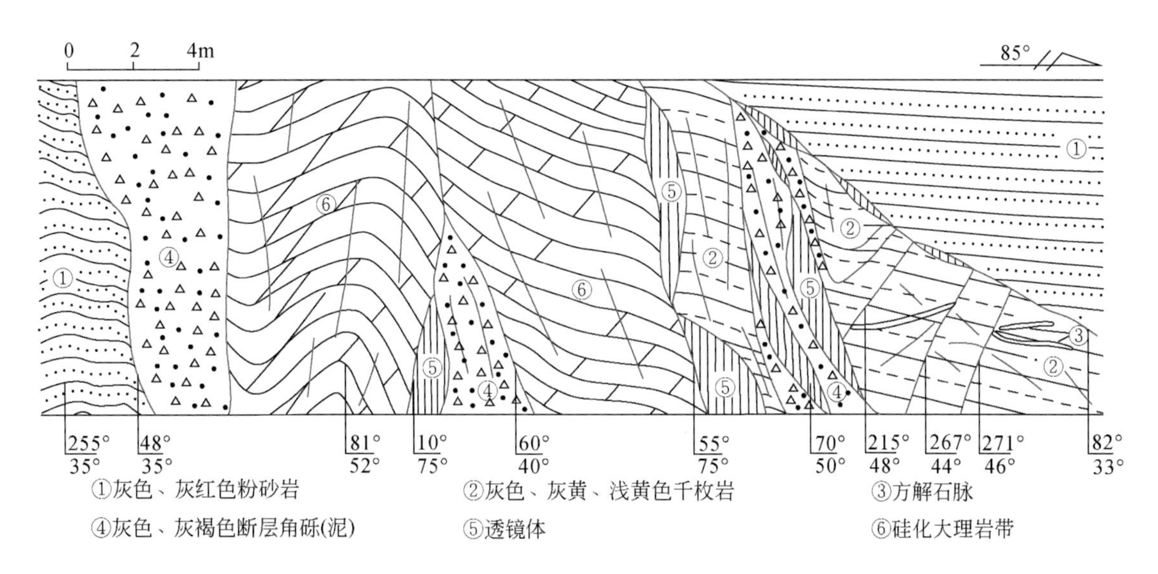

图2.6 铜厂坡附近莲花塘–马关断裂素描图

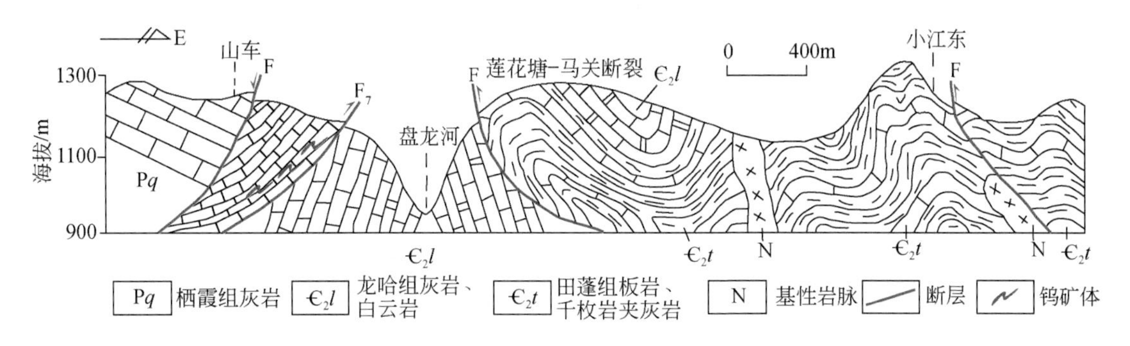

图2.7 莲花塘–马关断裂南段（山车–小江东）构造剖面图（云南省地矿局第二地质大队，1995）

3. 南温河深断裂

在红石岩-荒田地区中部，该断裂呈北西向展布于南温河、分水岭一带，向南东延伸12km至越南境内。该断层的地貌特征明显，大体沿南温河河谷展布，断面倾向北东，倾角为50°~70°，可见60~100m的破碎带。断层南西盘由南温河片麻状花岗岩、南捞片麻岩、老君山花岗岩及新寨岩组等构成，可见一组与断面产状大体一致的劈理；在断层北东盘（上盘）主要分布南温河片麻状花岗岩，局部分布新元古界新寨岩组。断层主要表现为左行平移性质，其北侧可见残留的张性角砾岩，其形成时代可能为燕山晚期—喜马拉雅期。

4. 马关-都龙深断裂

该断裂为老君山地区重要的深大断裂，位于马关-八寨公路及以北的腻科街一带，是一条规模宏伟的断裂带，呈北西向延伸近百千米，经过马关县城、都龙、花石头，错断老君山花岗岩后转为近东西走向延伸至保良街一带，在勐洞一带延伸出国。该断裂对区域地层、岩浆活动和矿产均有重要的控制作用。断裂南东盘出露前泥盆系，花岗质岩浆活动规模宏大，形成加里东期南温河花岗岩和燕山晚期老君山花岗岩，围绕老君山花岗岩呈环带状产出的矿种多、规模大；断裂西北盘出露泥盆系和中-上寒武统，岩浆活动规模小，沿断裂形成酸性喷出岩和基性浅成侵入岩，矿种较单一、规模较小。根据断裂两侧地层发育情况，推测其最早形成于晚古生代，具有多期次活动的特点。在大栗树一带，断裂南盘之寒武系分别与奥陶系、下泥盆统发生斜冲，在断裂旁南北地层发生强烈的挤压作用，形成了显著的拖曳褶皱，显示出断裂具右行走滑特征。从大栗树向东南延伸，下奥陶统从西向东斜冲于泥盆系之上，地层直立倒转及拖曳现象极为明显，也显示断裂具右行走滑特征。新生代以来，该断裂主要具左行走滑性质，与莲花塘-马关断裂共同控制了马关新近系盆地的发育。这些特征反映了该断裂早期具有右行走滑特征，后期转变为左行走滑特点。

5. 其他断裂

除文山-麻栗坡断裂以外，区内还发育北东向、近南北向、近东西向断裂及环状构造。北东向断裂发育于红石岩矿区南西方向的马关以西，近南北向断层发育于矿区以西的香坪山一带，近东西向断裂发育于矿区南东方向落水洞-大坪子一带，环状构造发育于矿区南东方向马关都龙一带并围绕老君山岩体边缘分布。

2.3 岩浆作用与岩浆岩

老君山地区岩浆活动频繁，岩石类型复杂，以酸性岩浆侵入作用为主，火山喷发作用不明显。侵入岩主要出露于马关都龙-麻栗坡南温河一带。岩浆活动具多期性，始于元古宙、晚古生代，延续至新近纪，以燕山期岩浆侵入活动最为强烈，形成了不同时代的基性岩、超基性岩和酸性岩（刘玉平，1996；刘玉平等，2000a，2007a；颜丹平等，2005）。前人对老君山矿集区“南温河变质核杂岩”开展了岩石学和年代学研究（刘玉平，1996；刘玉平等，2000b，2007a；颜丹平等，2005），发现了1800Ma的继承锆石（刘玉平等，2007a），说明了古元古代结晶基底的存在，并在变质岩系中获得800Ma、410~400Ma的岩浆锆石（Lan et al.，2001），表明该区存在新元古代和加里东期岩浆活动。

（1）团田片麻状花岗岩：团田片麻状花岗岩在工作区由外形不规则岩株状侵入体及若干浑圆状残留体组成，其中侵入体轴向为南东东向，侵位于南秧田组、新寨岩组、洒西岩组之上。岩性为灰色、浅灰色斑状、片麻状中细粒花岗岩，具变余似斑状结构和片麻状构造；基质为变余细中粒结构、鳞片粒状变晶结构（谭洪旗等，2011）。矿物主要为石英、钾长石、斜长石、白云母和黑云母。团田片麻状花岗岩化学成分显示 SiO_2 含量较高，变化范围较小，为72.9%~76.3%；K_2O+Na_2O 值变化于6.4%~8.3%；A/CNK 值为1.1~1.3，说明该片麻状花岗岩为S型过铝质高钾钙碱性系列。样品 $^{206}Pb/^{238}U$ 加权平均年龄为420Ma，对应于晚志留世岩浆活动事件；Hf 同位素 $\varepsilon_{Hf}(t)$ 值变化为-12.3~10.7，两阶段 Hf 模式年龄为0.7~2.2Ga，说明岩浆大部分来源于古元古代和中元古代地壳物质熔融，并具有幔源物质混染记录。

（2）老城坡片麻状花岗岩：老城坡片麻状花岗岩呈岩床、岩枝状产出，侵位于猛硐岩群中，并与团田片麻状花岗岩为脉动侵入接触。岩性为浅灰色片麻状细粒花岗岩，变余细粒半自形粒状结构、鳞片微细粒变晶镶嵌结构，条痕-片麻状构造（潘锦波等，2015）。矿物组成与团田片麻状花岗岩基本一致，不同之处为老城坡片麻状花岗岩中片状矿物受构造变形作用影响具有一定的定向性。老城坡片麻状花岗岩化学成分中 SiO_2 含量为70.0%~76.4%。K_2O+Na_2O 值为6.9%~8.3%，A/CNK 值为1.0~1.2，说明该片麻状花岗岩同样为S型过铝质高钾钙碱性系列。具有大离子亲石元素 Rb 相对富集，Ba、Sr 亏损明显，Ba 元素形成比较明显的低谷；样品相对富集高场强元素 Th、U、Hf，亏损 Ti、Nb，表明原岩可能来源于上地壳物质（潘锦波等，2015）。其中两个样品 $^{206}Pb/^{238}U$ 加权平均年龄分别为415Ma和432Ma，说明志留纪岩浆作用时限为432~415Ma，对应的 $\varepsilon_{Hf}(t)$ 值为-10.5~-4.8，两阶段 Hf 模式年龄集中于1.8~2.1Ga，说明老城坡片麻状花岗岩来源于古元古代地壳物质熔融。

（3）田冲花岗岩：田冲花岗岩分布于荒田地区南部的田冲一带，为四角田花岗岩体的北延部分，呈岩枝状产出，岩体围岩为田蓬组千枚岩、大理岩、硅质岩。从西向东至大寨-田冲一带追索，发现地层总体走向呈 NW 向，倾向 NE。花岗岩体呈外倾式，向 NW 侧伏，侧伏角为28°左右。从花岗岩体中心向外未见明显的蚀变分带，矿物粒度也无明显变化。岩体具轻微的片理化，围岩产状围绕花岗岩产状变化，显示出强就位的特点，而远离花岗岩体，地层倾向变为 NE；在花岗岩体侧伏端的围岩中，发育石英脉。在岩体隐伏侧伏端的 ZK023 及其南西一带，西部地层倾向 SW，东部倾向 NE，形成以花岗岩为核部的穹窿构造，推测该带为花岗岩体的隐伏部位。在四角田地段，花岗岩呈外倾式产出；在北部田冲一带，发现该岩体呈外倾式、向北侧伏产出，据此推测花岗岩体向北侧伏于狮子山南部一带（图2.8和图2.9）。

在花岗岩西侧1388高程点附近，见走向 NW、倾向 NE 的大理岩带，其中见粒状黄铁矿（2~3mm）；在花岗岩东侧见走向 NW、倾向 NE 的两条大理岩带；在1388高程点南侧发现透辉石夕卡岩分布；在1388高程点西侧的214点发现角岩分布。这些特征显示田冲地区存在岩浆热液交代作用（图2.10）。

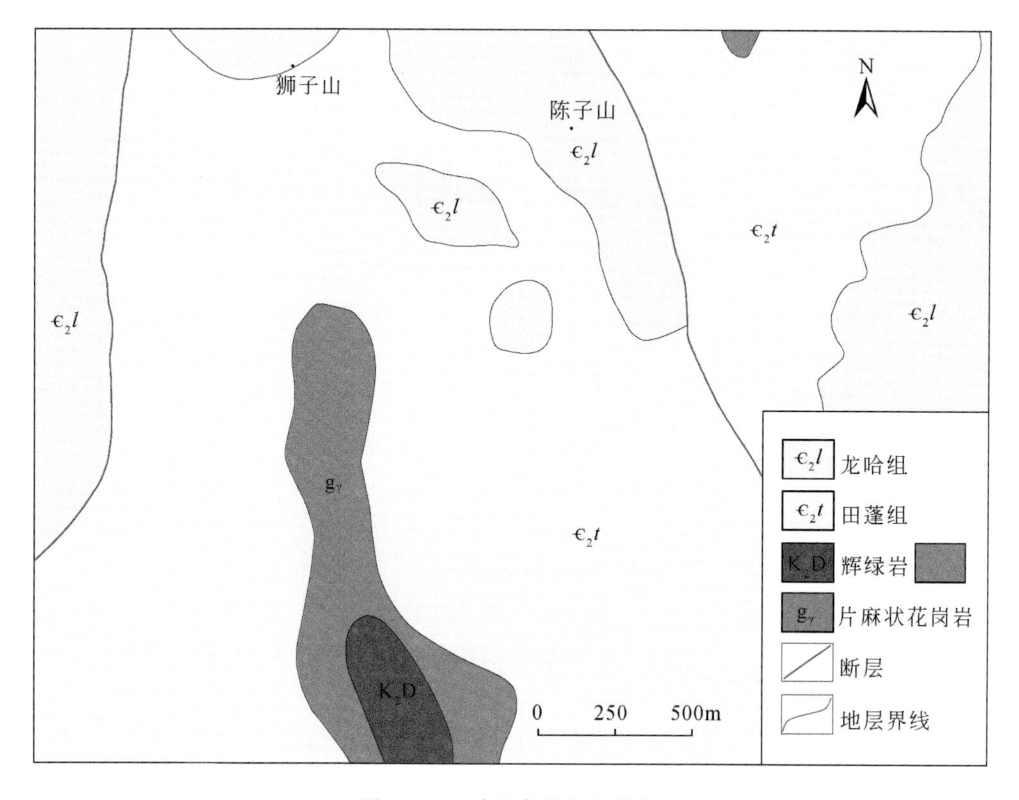

图 2.8　田冲花岗岩分布简图

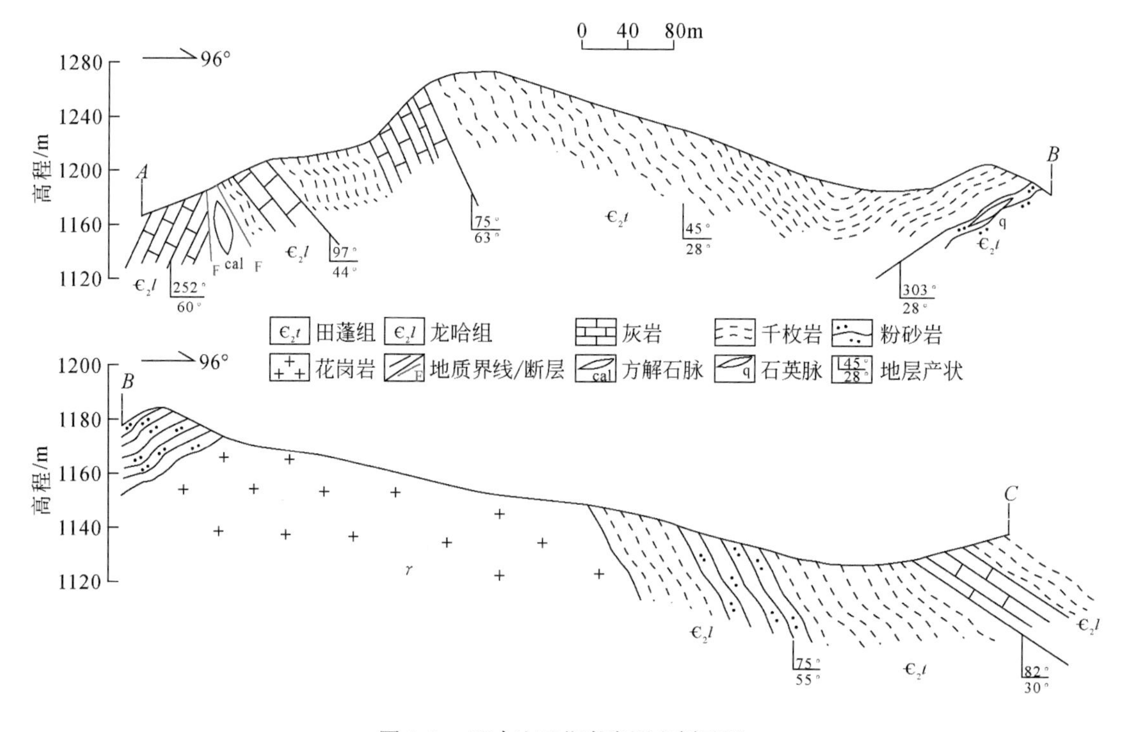

图 2.9　田冲地区花岗岩调查剖面图

图 2.10　田冲地区及其周缘花岗岩野外地质特征

a-734 点处石英脉旁角岩（花岗岩西侧）（镜头向东）；b-735 点碎裂岩化大理岩（花岗岩西侧）（镜头向东）；c-738 点处含方解石脉的灰岩（花岗岩西侧）；d-740 点间灰岩形成的小揉皱（花岗岩西侧）；e、f-744、745 点间的花岗岩上部的石英脉（镜头向北）；g、h-745 点花岗岩与围岩接触关系上部的石英脉（镜头向 330°）

其岩石特征为灰白色中细粒花岗结构、块状构造，矿物成分为板状、粒状、格子双晶结构的碱性长石（条纹长石、微斜长石）（含量为25%～30%）、他形粒状石英（含量为20%～25%）、黑云母（含量为5%～10%）、绢云母及白云母（含量为40%～50%）。其岩石化学特征为 SiO_2 70.30%～75.53%、TiO_2 0.10%～0.43%、Al_2O_3 12.38%～14.57%、Na_2O 0.11%～0.97%、K_2O 6.00%～6.74%、Fe_2O_3 0.04%～0.13%、FeO 0.96%～4.02%、MnO 0.00%～0.46%、P_2O_5 0.03%～0.03%、CaO 0.39%～0.40%、MgO 0.00%～0.02%，$Al_2O_3/(K_2O+CaO)$ = 1.29～1.36（>1.1），Na_2O<1%，K_2O>5%，SiO_2>70%。这些特征显示其具S型花岗岩的特征。

（4）老君山复式花岗岩岩体：老君山花岗岩主要由细粒花岗岩与粗粒二长花岗岩组成，具块状构造。前者（图2.11a）主要矿物组成为石英、钾长石、斜长石、黑云母、白云母。长石约占50%、他形石英占35%、黑云母占5%、白云母占5%左右，钾长石表面见泥化现象（图2.11b）；后者（图2.11b）长石约占55%、石英约占30%和黑云母约占5%，可见粒度较大、自形程度较高的片状白云母（图2.11c）。

该岩类的主微量元素地球化学特征显示，老君山花岗岩属过铝质-强过铝质花岗岩，轻稀土元素富集、重稀土元素亏损、Eu负异常明显，且富集Rb、Th、U、K等大离子亲石元素，而Ba、Sr和高场强元素Nb、P、Ti亏损。其成因属于S型花岗岩，并经历了高度演化，

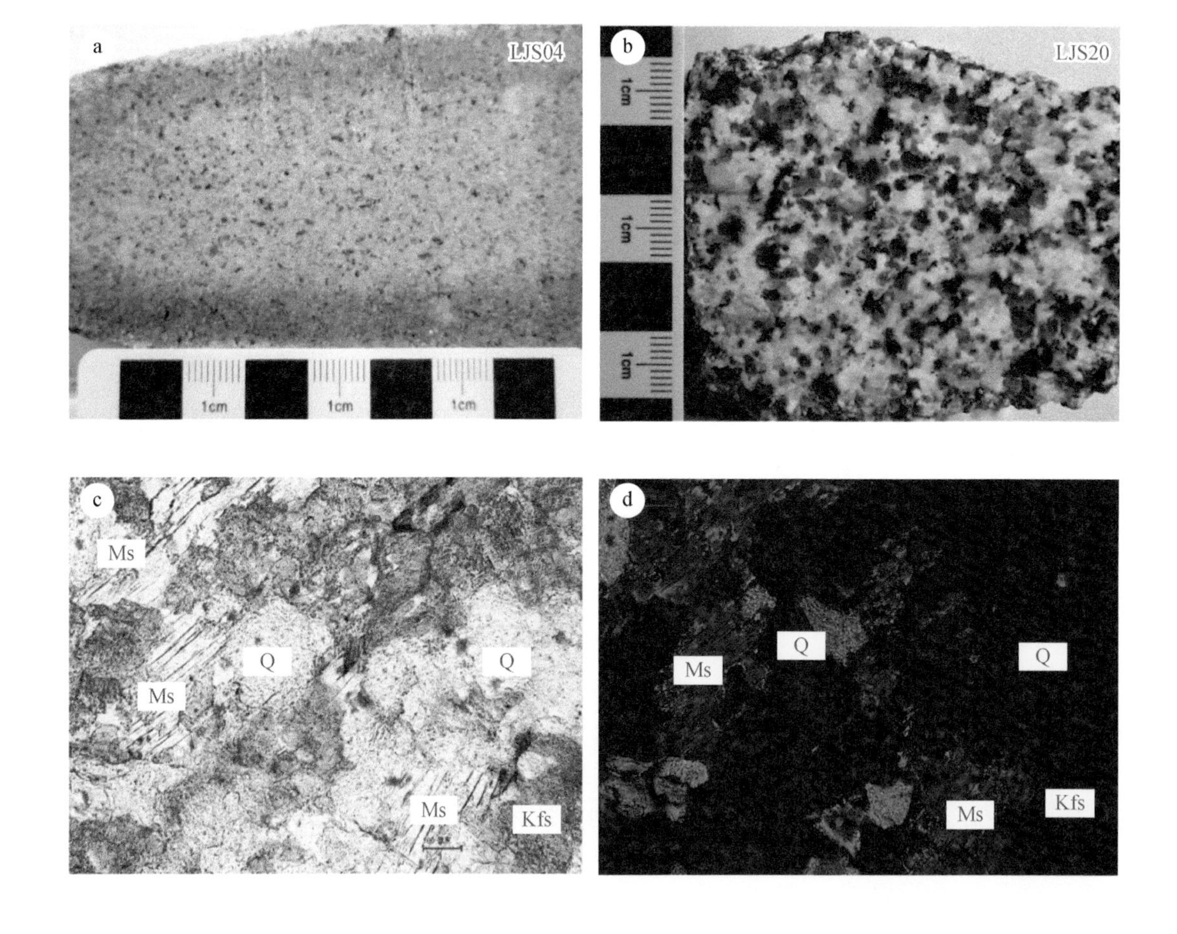

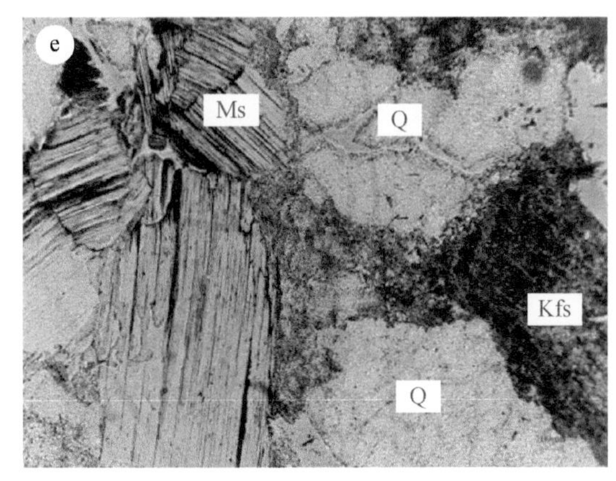

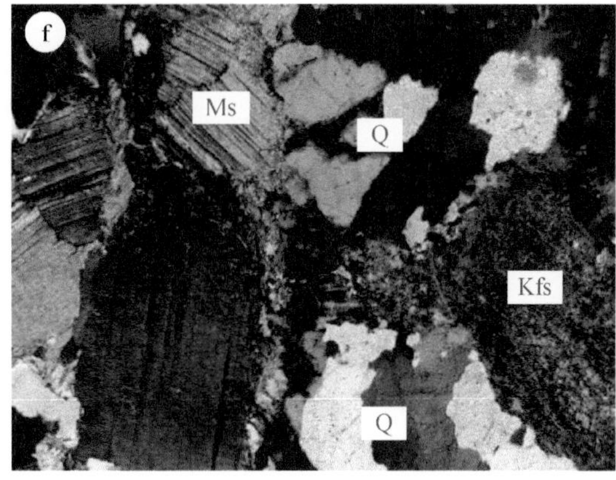

图2.11　细粒二长花岗岩标本照片（a）、粗粒二长花岗岩标本照片（b）、细粒花岗岩单偏光和正交偏光显微照片（c）（d）、粗粒二长花岗岩单偏光和正交偏光显微照片（e）（f）

说明：Ms-白云母；Q-石英；Kfs-钾长石

属于高分异S型花岗岩。该岩石具有变化较大的 $\varepsilon_{Hf}(t)$ 值（-12.88～-1.19）和较老的地壳模式年龄（1226～1967Ma，平均为1532Ma）。锆石Hf同位素及岩石微量元素特征显示老君山南捞单元花岗岩具有壳源特征。通过4个花岗岩样品中锆石U-Pb定年，得到晚白垩世的成岩年龄（85.6±0.8Ma、86.3±0.46Ma、89.9±1.4Ma、90.37±0.77Ma）。综合滇东南地区个旧花岗岩、薄竹山花岗岩及其周围的多金属矿床的成岩成矿年代学数据，结果显示滇东南燕山期岩浆活动和成矿作用的高峰期发生于95～77Ma。综合分析认为，该区晚白垩世大规模酸性岩浆活动是晚三叠世华南板块与印支板块碰撞造山后伸展环境响应的产物。

2.4　变质作用与变质岩

区域内的构造-岩浆活动使岩石发生了区域动力变质、热力变质作用，并发生成矿金属元素的活化迁移、富集作用，主要发生在寒武系田蓬组和龙哈组。

在红石岩-荒田地区，寒武纪地层经历了加里东期区域动力变质作用，主要形成了一套绿片岩相的变质岩。在麻栗坡县城西侧的南温河一带，尚有片麻岩、变粒岩、石英片岩、角闪云母片岩。其中，南捞片麻岩为一套变质的酸性侵入岩，受构造格局控制和白垩纪老君山花岗岩岩浆作用的影响，使南捞片麻岩围绕老君山花岗岩岩体多呈条带状展布，元古宇南秧田岩组、洒西岩组和新寨岩组上覆于南捞片麻岩之上，表现出断层接触关系，接触面常发育强烈的韧性变形带。其岩性以黑云二长片麻岩为主，主要矿物为石英（20%～25%），黑云母（5%～10%）、斜长石（25%～30%）和钾长石（25%～35%），具鳞片细粒粒状变晶、变余细粒花岗结构，长英质矿物和黑云母定向发育具片麻状构造。其主量元素特征显示 SiO_2 含量较高（70.1%～71.4%），其A/CNK值为1.0～1.2（均值大于1.0），大多数样品 K_2O/Na_2O 值大于1，且 P_2O_5 含量随着 SiO_2 增加而增加，Rb/Sr值为1.2～1.7。这些特征显示片麻岩具有地壳沉积岩部分熔融形成的S型花岗岩的地球化学特征（王德滋等，1993；郭利果，2006；黄孔文，2013）。南捞片麻岩的岩浆活动时限为431～406Ma（加里东晚期），其锆石Hf同位素的二阶模式年龄主要集中在1.5～1.4Ga，$\varepsilon_{Hf}(t)$ 值为-11.7～-0.2，极少数点为正值，说明南捞片麻岩的岩浆来源于中元古代地壳物质的部分熔融，且有幔源物质加入。

区内发生变质作用的原岩主要为石英杂砂岩、粉砂岩、泥岩、泥质灰岩、灰岩、玄武岩、辉长辉绿岩等，变质岩由变质砂岩、千枚岩、板岩、大理岩、变质基性岩及少量片岩等组成。在北部的香坪山一带主要分布变质砂岩、板岩，而在小法郎-红石岩一带分布千枚岩，局部见片岩。总体来说，区内变质作用强度具有北弱南强且向南递增的趋势。

2.5　区域遥感地质特征

根据云南省遥感影像分区，马关-麻栗坡一带属于华南弧形条带状影像区。在遥感影像上，该区色调以浅绿色、深绿色、部分棕黄色为主，影纹以条带状、线纹状为主；在地层分区上，该区属于华南地层大区-东南地层区-个旧地层分区，在马关-麻栗坡一带位于该分区的东南部。分析认为，自三叠纪以来，该区位于被动大陆边缘，出现了陆坡-陆隆环境与陆架碳酸盐台地并存的环境，形成了半深海浊积岩与碳酸盐台地间互分布的特点。

（1）线性构造：在马关-麻栗坡一带的遥感影像显示该区线性构造发育，可分为北西向、北东向、东西向和近南北向四组。

北西向线性构造带：北西向线性构造最为重要，控制了该区域的基本构造格局。该区内主要的北西向线性构造有文山-麻栗坡、元江线性构造带。其中，文山-麻栗坡线性构造带两侧的构造线方位不同，其西南侧以北东向线性构造带、北东轴向的透镜体为主，而其东北侧以向北西突出的弧形构造为主。

北东向线性构造带：北东向线性构造带线性特征清晰，地貌上常形成宽直的沟谷，受北西向线性构造的影响，主要分布于文山-麻栗坡线性构造带与元江线性构造带之间。

东西向线性构造带：东西向线性构造带常呈现直线状影纹，表现为不同影纹图案的分界线，线性特征较模糊，但连续性好、分布均匀，不受其他方位构造的影响。推测其为该区的基底构造。

近南北向线性构造带：根据线性特征和延伸方位，可分为北北西向、北北东向线性构造带。前者从西至东依次为者底-桥头沟、务兔冲-茅草坪、马厂-山车-夹寒箐、麻栗坡和金竹湾5个亚带；后者从西向东依次为者底-新街、务兔冲-八寨-红沙沟、马厂-桥头、追栗街-白果、青龙-老君山、中寨-猛硐6个亚带。

因此，马关-麻栗坡一带的线性构造具有如下特征：各方位的线性构造带均具有等间距性，且与地表具有较好的同位性，如北西向线性构造带与北西向断裂带具有很好的对应关系，文山-麻栗坡断裂；各方位线性构造带均具有多期活动的特征，马关地区的矿床（点）分布与线性构造展布关系密切，大多数矿床（点）分布在不同方向线性构造的交会部位。

（2）环形构造：在马关-麻栗坡一带，环形构造发育，边界清晰，与地表构造也具有较好的对应性。

者底北西向楔状环形构造：该环形构造位于该区西北部，以北西向文山-麻栗坡线性构造带为东北边界，西南边界由一系列的直线形、弧形线性构造带围限。区域内仅包含其东南端的东西向新街-山车透镜体，该透镜体边界清晰，被务兔冲-瓦洞门北北东向线性构造带分为东西两部分，两侧具有不同的影像特征：东部为粗糙的花生壳状影纹图案，色调浅；西部色调较暗，影纹均匀光滑，呈格状水系花纹图案。务兔冲–瓦洞门北北东向线性构造带对应于不整合面，东半环对应中生界—上古生界组成的复式向斜，西半环对应下古生界组成的复式背斜，为新街–山车透镜体与其西北侧薄竹山环形构造相叠部分。

白果北东向透镜体环群：位于该区西南部，由一系列北东向雁列式透镜体组成，其东北端受北西向新发寨–田坝心线性构造带限制，西南端受另一条北西向线性构造带限制。区内主要有两个次级环形构造，分别对应于响水河西侧的新发寨–桥头透镜体和东侧的夹寒箐–茅草坪透镜体，分别对应于背斜和向斜构造。

麻栗坡近等轴状环形构造：该环形构造位于该区域中东部，对应于一复式向斜，被北西向转北北西向文山–麻栗坡线性构造带南段切割，形成“Φ”形线环构造。西半环的南部出露老君山花岗岩体，东半环在我国境内无花岗岩体出露。麻栗坡环北部为砚山叠瓦状环形构造的核部，东半环为两者交叠共享的部分。

2.6　区域地球物理特征

区内磁场特征以北西–南北向弧形串珠状、线性异常带为主，间以负（或正）磁场区，形成不同特征的磁场条块。异常带展布与区域性构造带一致，具有向北收拢、向南撒开的特征。

区域重力异常场特征反映滇东南地区一些深部构造特征，老君山、个旧、薄竹山白牛厂三个超大型锡多金属矿集区和石屏钨锡矿集区，均产于等轴状或椭圆状剩余重力负异常的边部，且沿红河断裂北侧呈北西向大致等间距分布（图 2.12）。其中，老君山矿集区

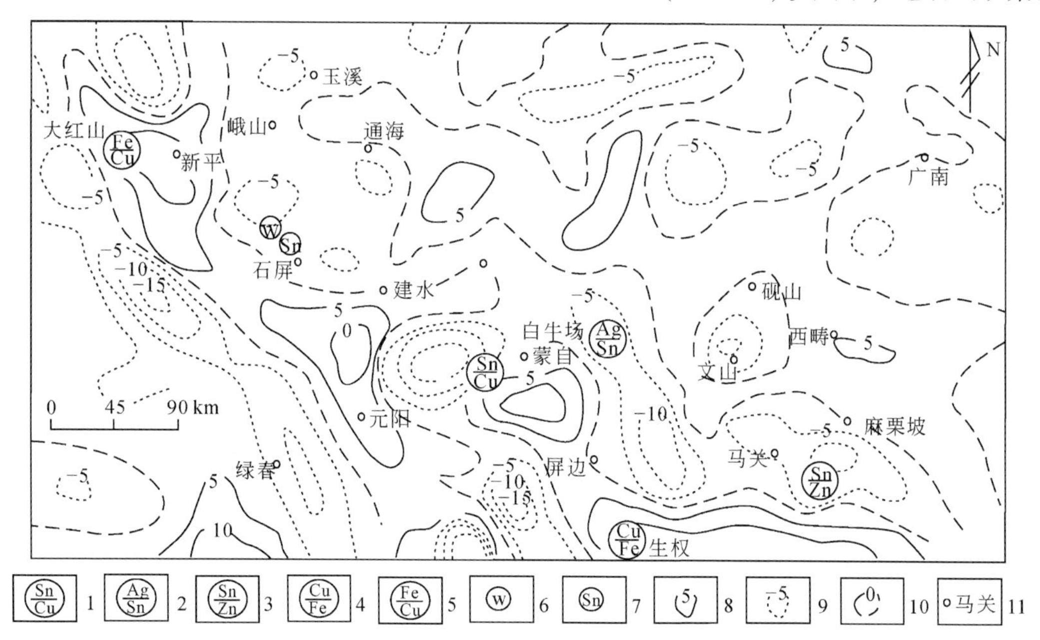

图 2.12　滇东南及邻区剩余重力异常与主要矿床分布图（云南地矿局物化探队，1985）

1-超大型锡铜矿床；2-超大型银锡矿床；3-超大型锡锌矿床；4-超大型铜铁矿床；5-超大型铁铜矿床；6-小型钨矿床；7-小型锡矿床；8-重力高等值线；9-重力低等值线；10-重力 0 等值线（单位 mGal）11. 地名

处在负异常强度较强区。从现有地质资料看，等轴状或椭圆状的局部负异常场，基本与滇东南的花岗岩侵入体相对应，为低密度花岗岩体的反映。与重力正异常相间的是大致呈椭圆状的局部正异常，这些正异常边部对应分布与基性火山岩有关的铁铜矿床，如紧靠中越边境一侧的生权大型铁铜金矿床、云南大红山大型铁铜矿床，以及元阳-红河一带正异常对应的铁铜矿化。上述重力异常与矿床分布的对应特征，可能表明红河深大断裂带长期演化控制了地壳上部层低密度体花岗岩和高密度体基性岩的相间分布，前者沿红河断裂带北侧平行红河断裂分布，控制了锡多金属的成矿作用，而后者基本位于红河断裂带上。此外，从异常等值线的走向上看，老君山矿集区处于东西向、南北向及北西向布格重力异常的交会部位。区域重力异常反演获得的莫霍面等深线图反映出莫霍面自南东向北西呈显著下降的阶梯结构，即马关文山斜坡深、个旧-丘北平台深、弥勒-昆明斜坡深逐渐下降。因此，从深部莫霍面形态变化来看（图 2. 13），老君山矿集区恰好位于幔坡和地幔平台过渡带的隆起部位，这与我国许多大型、超大型矿床处于地壳结构不均匀性的深层构造过渡地带表现出一致性特征。

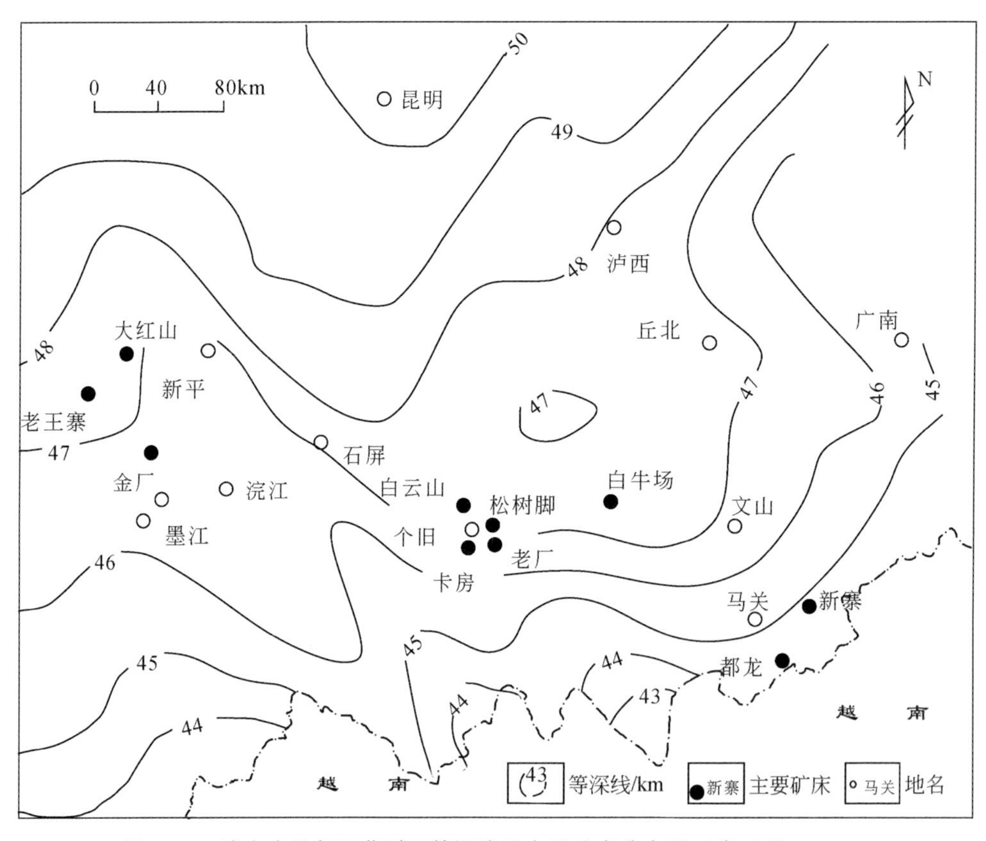

图 2. 13　滇东南及邻区莫霍面等深线及大型矿床分布图（康玉廷，1982）

从老君山矿集区重力异常图（图 2. 14）可知，花岗岩较周边地层围岩密度低，围绕花岗岩体形成了近似封闭的重力负异常中心，新寨、南秧田、都龙多金属矿床均位于花岗岩体边缘重力梯度变化大的区域（图 2. 14）。可见，红石岩-荒田地区重力负异常与花岗岩体空间位置关系密切，重力梯度变化特征对该区勘查工作部署具有指示意义。

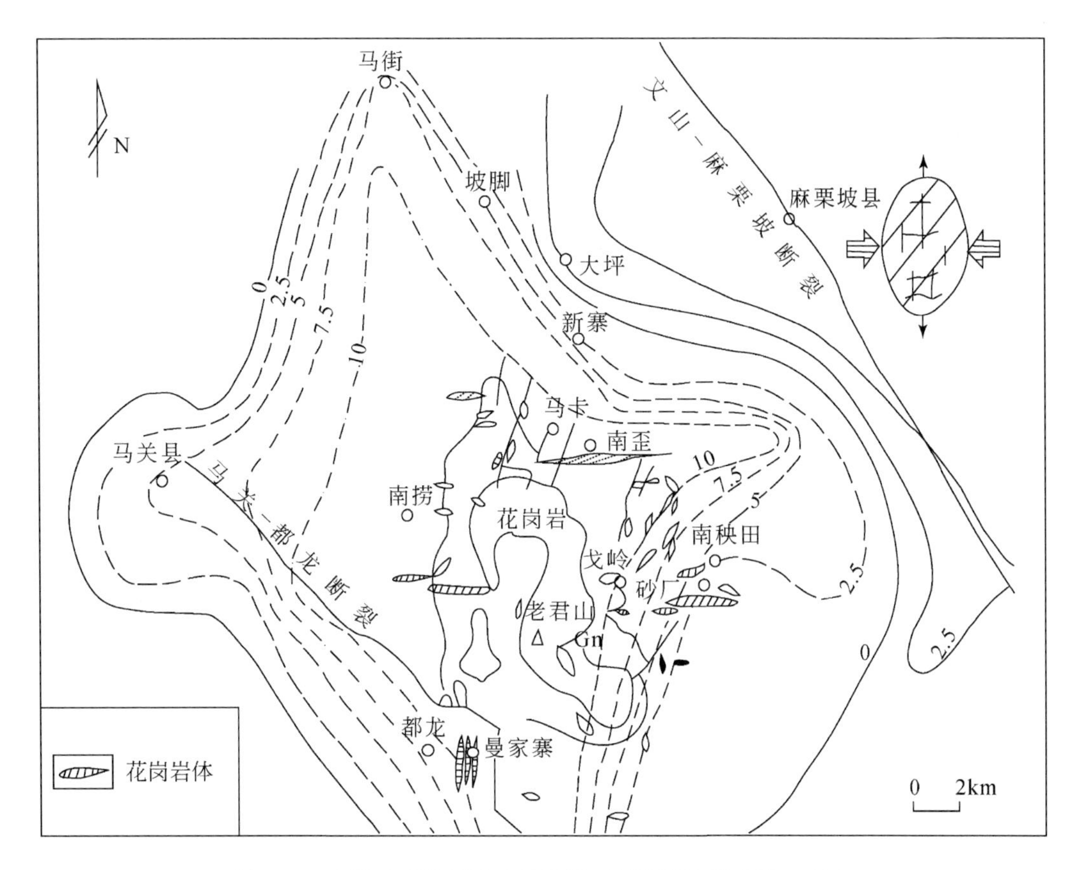

图 2.14 老君山矿集区重力异常图（忻建刚和袁奎荣，1993）

2.7 地球化学异常和区域主要矿床类型

2.7.1 地球化学异常特征

据贾福聚（2010）研究，老君山地区铜、铅、锌、银元素高值层有吴家坪组、龙哈组、田蓬组、冲庄组四个层位，锡、钨、锑元素高值层有田蓬组、冲庄组、坡脚组，硼在坡脚组、田蓬组、冲庄组。区内中、下寒武统岩石地球化学异常明显，成矿元素的含量均高于克拉克值数十倍。其中，锡、钨、银、铜、铅、锌等元素高丰度值，是早期海底火山喷流沉积、地质构造运动及变质作用过程的综合效应，为多金属成矿作用奠定了基础。

从图 2.15 ~ 图 2.17 中可以看出，在老君山花岗岩体北部和南西部的都龙地区，多元素地球化学背景值较高，岩体内部及周边区域的地球化学背景值也高，其中在新寨、南秧田和都龙三个区域地球化学元素异常分布密集，元素异常集中于南秧田和都龙两个区域，在红石岩-荒田地区西南部有较大延伸。而在岩体中大量出现地球化学异常，且异常区域紧邻花岗岩体，说明燕山期花岗岩侵位对多金属成矿具有重要的控制作用。

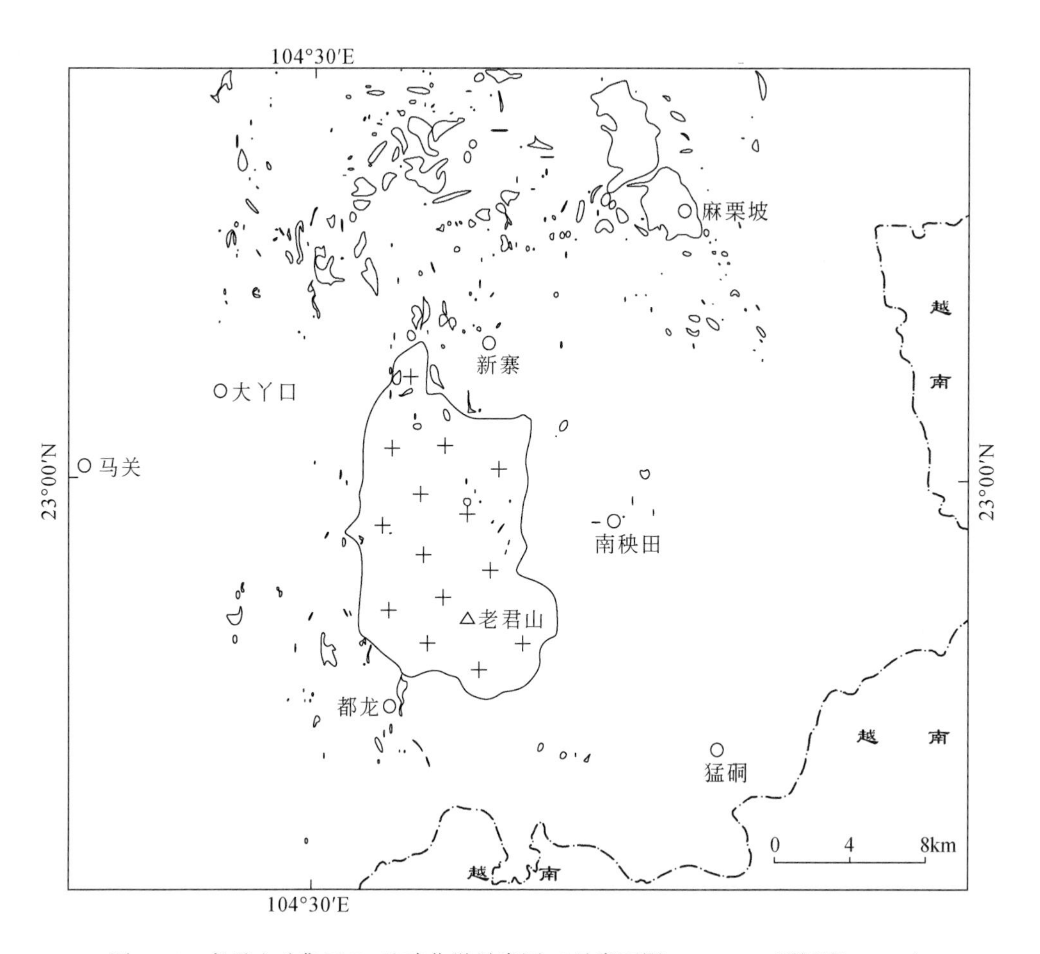

图 2.15　老君山矿集区 Zn 地球化学异常图（异常下限 0.025%；贾福聚，2010）

1. 区域内主要元素异常特征

据滇东南地区水系沉积物测量成果主要元素数据统计，浓集系数>1.5 的有 Sn、B、As、W、Pb、Hg、Sb、Zn、Ag、Mo、Au、F，属极富集元素，浓集系数最大的是 Sn，达 7.18；浓集系数为 1.2～1.5 的有 Y、B、Mn、Cu、La、Be、U、Ni，属富集元素；其余元素的浓集系数<1，为轻微富集或正常范畴。变异系数较大的元素有 As、Sn、Sb、Bi、Pb、W、Ag、Zn、Cu、Mo、Au、Be、Hg。其中，以 As 最大，达 8.79，其次为 Sn，达 8.06，反映了研究区内的 Sn、W、Pb、Zn、Cu、Sb、Mo、Au 在局部地段富集成矿的可能性较大，具有锡、钨、铅、锌、铜、锑、金等矿产的找矿前景。

区内水系沉积物测量、重砂异常总体呈 SN 向，具一定规模的异常有 31 处，其中 Pb、Zn、Cu 元素套合较好，且具一定规模的异常 11 处。现已发现大型锡锌矿一处和中小型铜铅锌矿床多处。老信铅锌矿与红石岩铅锌铜银矿床分布于其中。

2. 红石岩-荒田地区化探组合异常特征

Sn-W-Bi-Mn 异常组合：分布于马关-新马街-红石岩一带（属于老君山异常区的一部

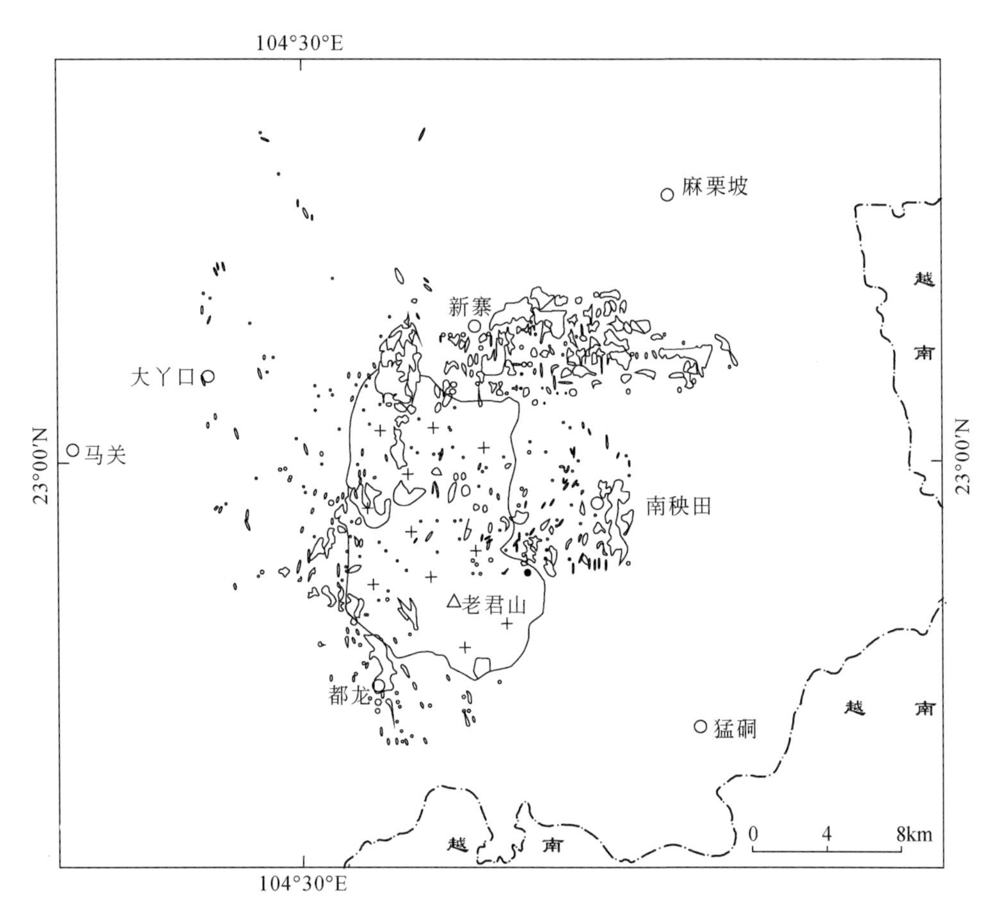

图2.16 老君山成矿区Sn地球化学异常图（异常下限0.005%；贾福聚，2010）

分），异常近SN向展布，分布面积、规模也较大，以Sn-W-Bi-Mn元素组合为特征。其中，Sn、W、Bi异常套合紧密，具同心圆状，而Mn异常位于元素组合异常的北缘。

Pb-Zn-Ag-Cu-Au-Sb异常组合：分布于马关-新马街-红石岩一带，异常近SN向展布，为带内分布范围较大的异常区，以Pb-Zn-Ag-Cu-Au-Sb元素组合为特征，各元素异常间均有一定套合。

2.7.2 主要矿床类型

该区处于滇东南老君山构造-岩浆-成矿带的北侧外带，具有工业意义的主要矿种有锡、钨、铜、铅、锌、金、银，其次是铁、铝等。主要矿床类型包括：与岩浆侵入活动有关的热液矿床，如与花岗岩有关的都龙大型锡锌多金属矿、南秧田夕卡岩大型钨矿、花石头中型岩浆热液型钨矿及新发现的荒田白钨矿-萤石；与沉积作用有关的木者铝土矿床、上石盆赤铁矿床等；与海底喷流沉积作用有关的铅锌多金属矿床，如新发现的红石岩铜铅锌多金属矿床、甘沙坡自来寨铅锌矿床，以及都龙曼家寨大型锡锌多金属矿床、马卡中型锡锌多金属矿床。

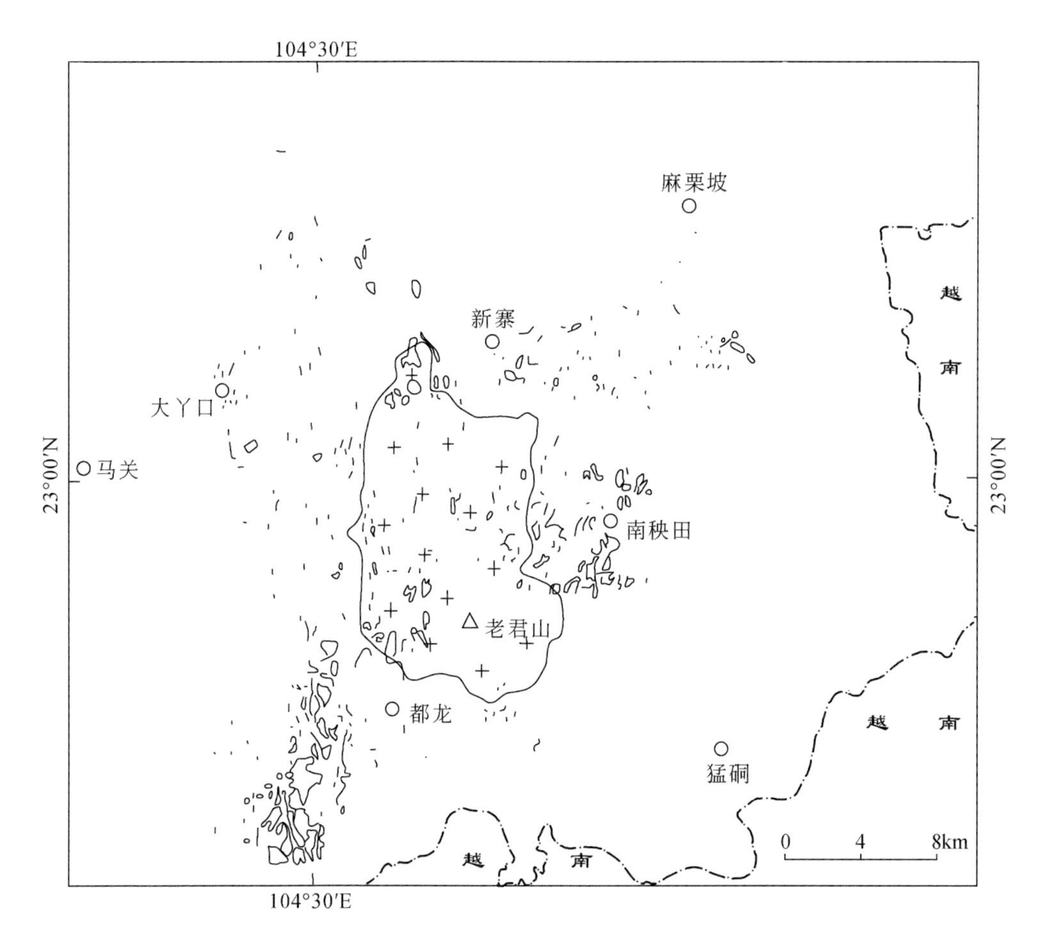

图 2.17　老君山成矿区 W 地球化学异常图（异常下限 0.005%；贾福聚，2010）

第3章　红石岩铅锌铜矿床及其成因

3.1　矿床发现和评价过程

从2009年7月开始，昆明理工大学、福建省闽西地质大队和文山州大豪矿业开发有限公司组成产学研项目团队，基于矿山企业发展需要，开展了“滇东南西畴红石岩-荒田地区多金属矿床成矿规律”项目研究，首先进行红石岩地区成矿规律研究与找矿预测工作，具体经历了三个重要阶段。

（1）成矿背景研究和调查选区阶段：闽西地质大队在综合分析成矿地质背景、区域物化探异常特征及多金属矿床分布规律的基础上，通过系统地质调查和1：20万多元素化探异常分析，认为红石岩地区属陆内裂谷的成矿地质背景，发现“云南省西畴县香坪山铜多金属矿区普查”“云南省西畴县兴龙寨矿区铅锌多金属矿普查”两个多金属探矿权结合部的红石岩地区具有形成火山喷流沉积型铅锌铜多金属矿床的构造环境，结合区域成矿规律，确定了成矿规律研究的主要地段（图3.1）。

（2）综合研究与重点靶区圈定阶段：基于火山沉积岩相组合分析，开展了地层分布特征和原岩沉积序列剖析，识别出田蓬组发育火山喷溢-热水沉积铅锌铜成矿作用。田蓬组为一套浅变质岩系，主要由千枚岩、大理岩、板岩、硅质岩及少量片岩等岩类组成，其菱铁矿硅质岩与千枚岩、菱铁矿硅质岩和透辉绿帘石岩组合的原岩为一套基性火山岩系，是裂谷盆地火山喷溢-热水沉积作用的产物，其绿帘石岩类为火山热液与围岩（大理岩和钙质千枚岩）发生夕卡岩化的产物，进一步确定了含矿层空间结构；通过矿床成矿规律剖析与钻孔地球化学剖面测量，研究确定了矿化中心，揭示了矿体分布规律、矿石组成及成矿后构造对矿体变位的影响。基于多层位成矿和矿体定向分布的特点，构建了“火山热液间歇式脉动渗漏成矿”模式，进而进行隐伏含矿层位预测，圈定了找矿靶区。

（3）靶区验证与矿床评价阶段：在提出靶区验证的基础上，福建省闽西地质大队研究布置的第一个钻孔验证发现了四层矿体，进一步评价了红石岩大型铅锌铜银矿床。通过钻探工程系统控制，取得了该区找矿突破，探获大型铜铅锌银矿床。因此，红石岩铜铅锌多金属矿床的发现，历经了成矿地质背景分析与调查选区→综合研究（火山喷流沉积岩相组合分析+矿床成矿规律剖析+成矿模式构建）与重点靶区圈定→靶区验证与矿床评价的全过程。通过矿山系统勘查和评价，探获控制和推断的多金属资源量，并估算远景的铅锌金属资源量为9.5万t。

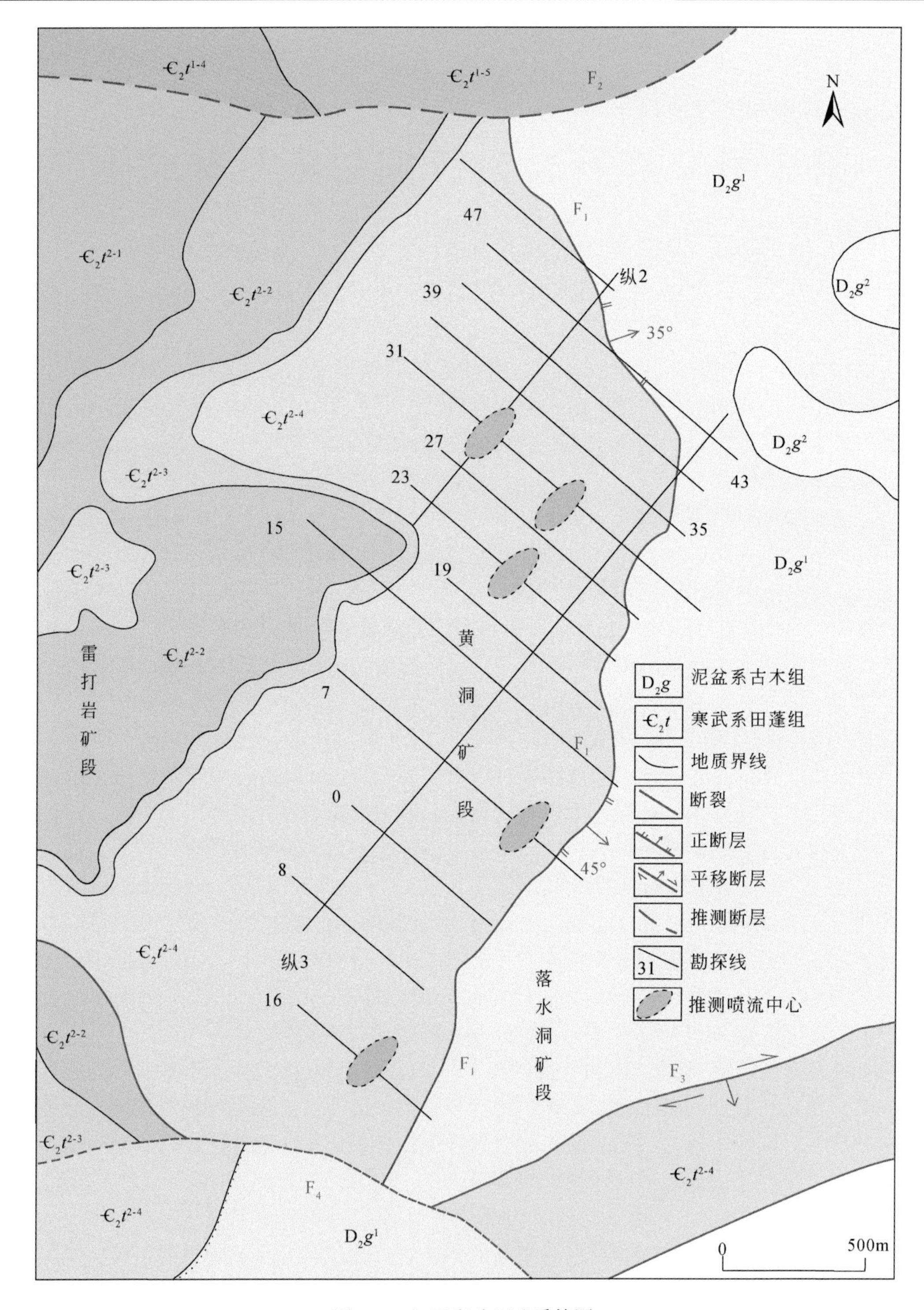

图 3.1　红石岩矿区地质简图

3.2　矿区地质

3.2.1　矿区地层

矿区出露地层较简单，从老至新分别为寒武系中统田蓬组和泥盆系中统古木组（图3.1）。田蓬组（表3.1）分布于矿区中、西部的大部分地段，古木组出露其东侧，两者呈断层接触。

表3.1　矿区内田蓬组层序地层特征

段	代号	地层特征	厚度/m	沉积环境
三段	$\epsilon_3 t^3$	分布于田冲一带，为深灰色中厚层状大理岩夹千枚岩、硅质岩，是一套浅水细碎屑岩与开阔台地相碳酸盐岩组合沉积，局部深水地段有矿化现象（诸如硅质岩、黄铁矿层）	>200	开阔台地-浅海相沉积相
二段	$\epsilon_2 t^{2-4}$	分布于寨子-山后一带，走向北东。岩石以浅灰色调为主，故称“灰色岩带”。以灰色绢云千枚岩为主，次为绿泥绢云千枚岩、大理岩，底部（界）为一层铅锌铜矿化硅质岩或石英绢云千枚岩，以此区分于第三亚段。地层厚度大于100m，与上覆泥盆系古木组呈断层接触	>100	热水沉积-碎屑沉积相
	$\epsilon_2 t^{2-3}$	属海相火山岩、喷流岩与泥质岩、碳酸盐岩组成的火山喷流沉积岩石组合，主要分布于老箐水库一带。地表仅在矿区西北部小范围出露，绝大部分隐伏于深部。岩石以绿色调为主，称为”绿色岩带”。以绿泥千枚岩、方解绢云绿泥千枚岩、绿帘透辉石岩、绿泥绿帘石岩、透辉绿帘石岩、石英方解石绿帘石岩、石英绿泥绿帘石岩为主，次为大理岩，局部夹硅质岩、绿泥阳起片岩。常见有3个矿（化）层（Ⅲ1、Ⅲ2、Ⅲ3），其中Ⅲ1为较稳定的含矿层，矿体主要赋存于绿片岩类岩石中，其次是绿泥千枚岩，是矿区重要的含矿亚段，推测原岩为火山岩-火山沉积岩组合。地层厚度为25～74.5m，具有北西薄、南东厚的变化趋势	25～74.5	盆地火山喷溢-热水沉积相
	$\epsilon_2 t^{2-2}$	上部主要为绢云千枚岩、黄色条纹绢云千枚岩、斑点状绢云千枚岩、绢云石英千枚岩、方解绢云千枚岩、大理岩夹硅质白云岩、阳起片岩及多层硅质岩。除硅质岩较稳定外，其他岩石在空间上变化大，交替频繁。顶部常见一层条带状大理岩，此为与第三亚段分界。厚度为58～100m。厚度由北往南有变薄的趋势，主要含矿层位，铅锌铜矿（化）层主要赋存于硅质岩中，少量分布于大理岩或绢云千枚岩中。下部以大理岩、绢云千枚岩“互层”为特征，夹薄层硅质岩、方解绢云千枚岩。厚度为36～78.5m，含矿性较差	94～178.5	热水沉积相

续表

段	代号	地层特征	厚度/m	沉积环境
二段	€$_2t^{2-1}$	岩石组合为五彩砾岩、五彩千枚岩、黄绿色绢云千枚岩、薄层状大理岩夹硅质岩。顶部以五彩千枚岩、五彩砾岩、黄绿色绢云千枚岩为标志，以与第二亚段区分。岩石常见绿、紫、灰、白、黄等色调而被称为“五彩岩性带”。但其含矿性较差，该亚段仅在近顶部的五彩千枚岩中见一层不稳定的铅锌矿层	145.5 ~ 160	热水沉积-滨岸相
一段	€$_2t^{1-5}$	为一套“黑色岩石组合”，含矿性差。由黑色碳质板岩夹条纹状含碳质大理岩组成，矿区地层厚度大于100m，区域资料显示厚度约500m。为一套还原环境的沉积。地表出露于矿区以西的莲花塘-坳上公路之间，在大锡板东侧的炭掌一带也有出露	> 100	浅海相
	€$_2t^{1-4}$	灰色中厚层状泥晶灰岩夹灰色千枚岩，方解石脉发育，分布于大锡板、荒田地区，小法郎东侧也有出露	200	浅海-台地相
	€$_2t^{1-3}$	灰色板岩，上部见灰色中层状变质细粒石英砂岩，分布于大锡板-小洞一线，小法郎东侧也有出露	212	滨岸-浅海相
	€$_2t^{1-2}$	灰色中厚层状变质细粒石英砂岩，分布于冷水洞-者项一线，小法郎东侧也有出露	40	滨岸相
	€$_2t^{1-1}$	灰色板岩夹灰色变质细粒岩屑石英砂岩，分布于冷水洞-者项一线以西，小法郎东侧也有出露	215	滨岸相

田蓬组（€$_2t$）：为一套浅变质岩系，主要由千枚岩、大理岩、板岩、硅质岩及少量片岩等岩类组成，地层厚度大于550m。该地层为区内铅锌铜矿的主要含矿岩系。根据该地层岩性组合特征及其含矿性，将田蓬组划分为三个岩性段：一段（€$_2t^1$）为一套“黑色岩石组合”，不含矿。地表出露于矿区以西的莲花塘-坳上公路之间，仅ZK2701、ZK1507、ZK3101钻孔深部有揭露。二段岩性为黑色碳质板岩夹条纹状含碳质大理岩，地层厚度大于100m，未完全揭穿。上段（€$_2t^2$）广泛出露于矿区中、西部，岩性组合较复杂，以千枚岩、大理岩为主，夹硅质岩及绿片岩，地层厚度大于430m。根据岩性组合特征及其含矿性细分为四个亚段，其中二、三亚段为主要含矿层位。一亚段（€$_2t^{2-1}$）：地表出露于矿区以西莲花塘-坳上公路及西部雷打岩-德者一带，矿区内广泛隐伏于深部，已有ZK3107、ZK001、ZK701等多个钻孔揭露。二亚段（€$_2t^{2-2}$）：上部主要为灰色绢云千枚岩、黄色条纹绢云千枚岩、斑点状绢云千枚岩、绢云石英千枚岩、方解绢云千枚岩、大理岩夹硅质白云岩、阳起片岩及多层硅质岩。除硅质岩较稳定外，其他岩性在空间上变化大，交替频繁。顶部常见一层条带状大理岩，此为与三亚段分界点；下部岩性以大理岩、绢云千枚岩重复出现的“互层”为特征，夹薄层硅质岩、方解绢云千枚岩。三亚段（€$_2t^{2-3}$）：绝大部分隐伏于深部，以绿色调为主（绿色岩带），以绿泥千枚岩、方解绢云绿泥千枚岩、绿帘透辉石岩、绿泥绿帘石岩、透辉绿帘石岩、石英方解绿帘石岩、石英绿泥绿帘石岩为主，次为大理岩，局部夹硅质岩、绿泥阳起片岩。四亚段（€$_2t^{2-4}$）以浅灰色调为主（灰色岩带），大面积出露于矿

区的中部、南部和北部。岩石以灰色绢云千枚岩为主，次为绿泥绢云千枚岩、大理岩，夹2~3层硅质岩，底部（界）为一层铅锌铜矿化硅质岩或石英绢云千枚岩为标志，以此区分于三亚段。地层厚度大于100m。三段为大理岩夹千枚岩、硅质岩，地质厚度为168.3m，与上覆泥盆系古木组（D_2g）呈断层接触。

古木组（D_2g）：在矿区东部呈大面积分布，主要分布于红石岩东侧一带，为深灰色、灰黑色中厚层状及块状泥晶灰岩，少量白云岩、白云质灰岩、同生角砾状灰岩。在红石岩-玉麦地-新炭窑一带（图3.2和图3.3）的古木组（D_2g）上部灰岩的溶蚀洼地，偶见到千枚岩残块，推测古木组上部的千枚岩可能是东岗岭组（D_2d）的残余部分。根据岩性组合特征分为上、下两个岩性段：下段分布于矿区东部白石岩-黄洞一带，主要为深灰色、灰黑色中-薄层状微晶灰岩；底部含碳质，厚度大于110.26m。与下伏寒武系中统田蓬组（ϵ_2t）呈断层接触；上段分布于矿区东北部大坝塘一带，主要为浅灰色、灰色中-厚层状粉晶灰岩与浅灰色、灰白色白云质灰岩、白云岩互层。底部断续出现同生塌积角砾岩层，塌积岩由灰色、灰白色灰岩呈棱角状大小不一的角砾及含铁碳酸盐胶结组成。岩层厚度大于117.46m。与下伏古木组下段（D_2g^1）呈整合接触关系。

3.2.2 矿区构造

矿区构造位于区域性文山-麻栗坡断裂的南西侧，以断裂为主，褶皱次之。

1. 断裂

1）近南北向断裂

以莲花塘-马关断裂为代表，该断裂为一条区域性左行走滑构造，具有左行扭压性、斜

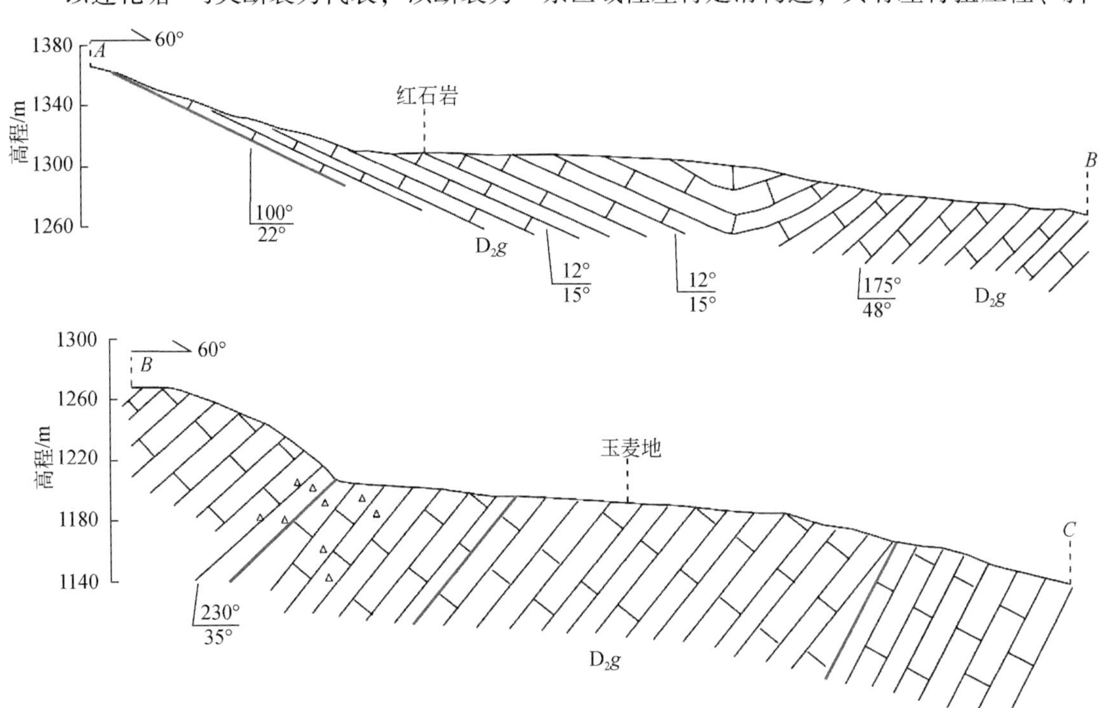

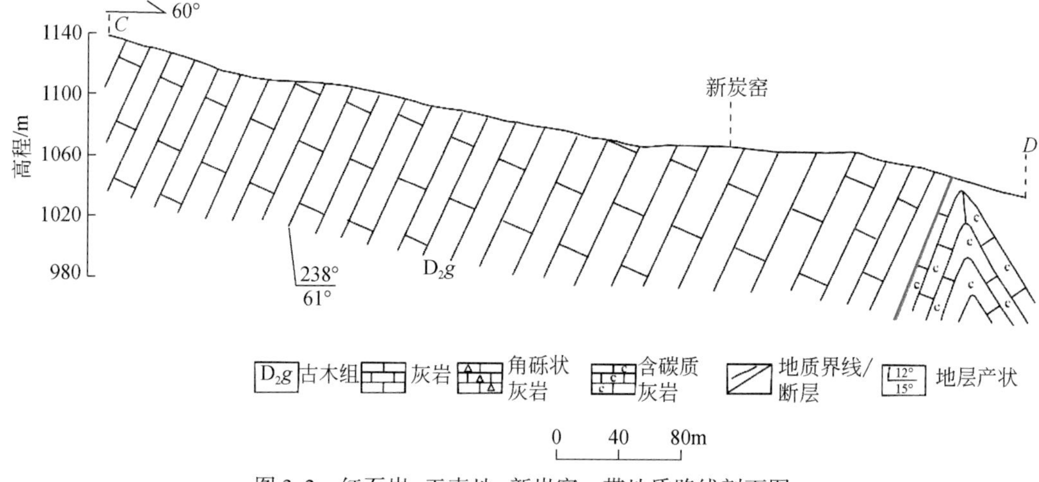

图 3.2 红石岩-玉麦地-新炭窑一带地质路线剖面图

图 3.3 古木组台地相中厚层状灰岩野外照片

冲性。断裂西侧分布上寒武统、奥陶系、二叠系—三叠系，而其东侧缺失寒武系和奥陶系。在铜厂坡一带的泥盆系中见断裂露头，破碎带宽约 15m，其产状为 82°∠33°，显示具压扭性特征（图 2.6 和图 3.4）。该断裂位于荒田-田冲地区东部约 1km，其走向呈北东东向，倾向南东，倾角为 30°~40°。

图 3.4 莲花塘-马关断裂野外照片（a）与局部形成的尖棱褶皱（b）

F_1断裂（图3.5和图3.6）位于红石岩矿区东部，贯穿矿区南北，北起炭达，经红石岩、新寨、白石岩延至矿区外，其延长大于4km。ZK4707、ZK4301、ZK3102、ZK2324、ZK2302、ZK1504、ZK704等钻孔控制了该断层。在北端被F_2断层错断，南部被F_3断层所切割。断层总体走向近南北，倾向东，倾角为40°～50°。断层面较为平整，见擦痕、阶步等形迹，其断裂破碎带宽10～15m，由大小不等的断层角砾岩组成，角砾岩的成分主要为千枚岩、灰岩。该断层具正断层性质，其东盘分布泥盆系古木组灰岩，为矿区东侧边界断层，限制了含矿地层的延展。推测断距大于150m。另外，近南北的层间断裂F_5在地表未出露，深部由ZK001、ZK801钻孔控制，控制其长度大于640m。断裂倾向东，倾角为15°～20°。断裂破碎带宽约3m，其成分主要为千枚岩，胶结程度低，且地层缺失，如ZK801钻孔缺失第二亚段大部分。

图3.5　红石岩村F_1断裂构造带上、下裂面与围岩接触关系照片（a）与裂带内碎裂岩照片（b）

2）北东向断裂

F_2断裂位于该区北部炭达一带，其走向呈北东东-北东向，延长大于1.6km。构造解析认为断层南东盘上升，北西盘下降，推测其倾向南东，倾角大于40°，为黄洞矿段与大洞矿段的分界线。

F_3断裂（1∶5万兴街幅称为高马脚断层）位于矿区南部，西起白石岩、往东至落水洞，延长大于550m，向北延出矿区外，向南被F_4断层所切割。该断层走向为78°，倾向南东，倾角为81°。断裂破碎带宽为5～10m，由大小不一的磨砾岩组成，钙硅质胶结。断层面较光滑，擦痕、阶步特征明显；断层南东盘左移、北西盘向右平推，具右行扭性特征。该断层主要表现为地层不连续，为矿区南部的边界断层，地貌上呈现明显的线性构造特征。

3）北西向断裂F_4

该断裂位于矿区南部白石岩一带，延长大于560m，两侧延出矿区外。断层走向为300°，主要表现为地层不连续，北东盘田蓬组上升，南西盘古木组下降。

2. 褶皱

矿区中部发育一系列轴向北东且近于平行展布的次级褶皱（图3.7），两翼地层总体走向为北东40°，倾向南东或北西，倾角较平缓。地层和矿层波状起伏明显，局部增厚或变薄。在局部地段见平卧小褶曲，导致地层和矿层重复和增厚。

图 3.6　白石岩村附近 F_1 断裂内碎裂岩照片

图 3.7　红石岩村古木组灰岩中褶皱照片
（裂隙带内充填石英脉）

3.2.3　岩浆岩

区内火山岩主要分布于田蓬组二段第二、三亚段，包括基性、中酸-酸性两个端元。基性火山岩变质为阳起绿帘石岩，多呈透镜状、似层状产出；中酸-酸性火山岩变质为斑点状千枚岩、浅色或黄色条纹状千枚岩，呈层状-似层状产出，与铜铅锌矿化带紧密伴生。

通过玄武岩类构造环境 Cr-Y 判别图解（图 3.8）可以看出，大部分样品落在火山弧玄武岩（VAB）区，少数样品落入洋中脊玄武岩（MORB）区和板内拉斑玄武岩（WPB）区或附近；在拉斑玄武岩类构造环境 Ti/Cr-Ni 判别图解（图 3.9）中，8 件样品全部落入岛弧拉斑玄武岩（IAT）区域内；通过 2Nb-Zr/4-Y 判别图解（图 3.10），大部分样品落在火山弧玄武岩判别区、板内拉斑玄武岩与 MORB 的重叠区域内；在玄武岩构造环境的 Nb/Y-Zr/P_2O_5判别图解（图 3.11）中，8 件样品全部落入大陆拉斑玄武岩区域内，部分落入与大洋拉斑玄武岩（OTB）重叠区域，呈现出 MORB 与火山弧玄武岩（VAB）的过渡型，即弧后盆地的特点。另外，火山岩的主量元素具有贫 Al_2O_3、TiO_2，富 FeO^*（全铁，下同）、CaO 的特征；微量元素原始地幔标准化蛛网图呈“隆起”型，大离子亲石元素（LILE）富集，Sr、Ta、Nb、Ti 等元素明显亏损，显示出同化混染壳源物质的大陆拉斑玄武岩的特征（金灿海等，2010）；低场强元素（LFSE）丰度较高，高场强元素（HFSE）丰度较低，异常值 $(Rb/Yb)_N$值远大于 1，显示其构造环境为消减板块进入地幔楔形区的弧后盆地（李昌年，1992）。

武莉娜等（2003）认为，陆缘裂谷、弧后盆地玄武岩系的特征为 Nb/Zr>0.04，La/Nb>1.11，而本区玄武岩的 Nb/Zr 均值为 0.07，La/Nb 均值为 3.63，显示其具有裂谷、弧后盆地玄武岩的特点。同时，Nb、Ta、Ti、P 明显亏损，Zr、Hf 等元素发生不同程度亏损，暗示源区遭受过不同程度的流体交代作用。

综合研究认为，在寒武纪中期，滇东南地区发生广泛的断陷作用引起海底火山喷发，形成一套“双峰式”火山沉积岩-田蓬组和与之相伴的喷流沉积岩系，并形成与之相关的红石岩铅锌铜矿床。该期形成火山喷流沉积-正常沉积建造，其沉积建造遭受印支期区域变质作

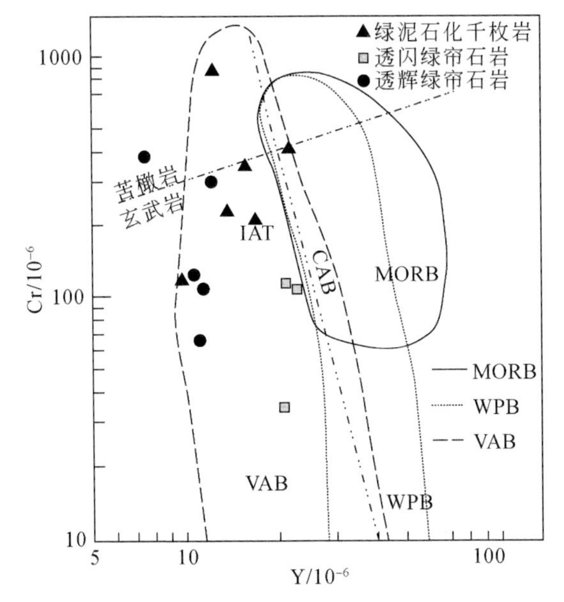

图3.8 玄武岩类构造环境Cr-Y判别图解（王仁民，1987；武莉娜等，2003）

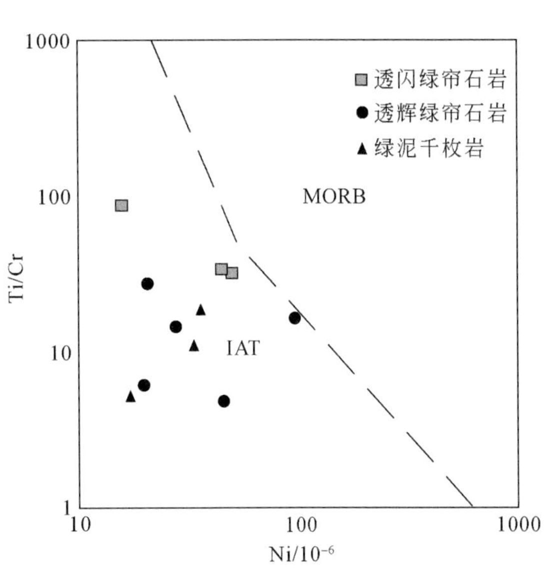

图3.9 玄武岩类构造环境Ti/Cr-Ni判别图解（王仁民，1987；武莉娜等，2003）

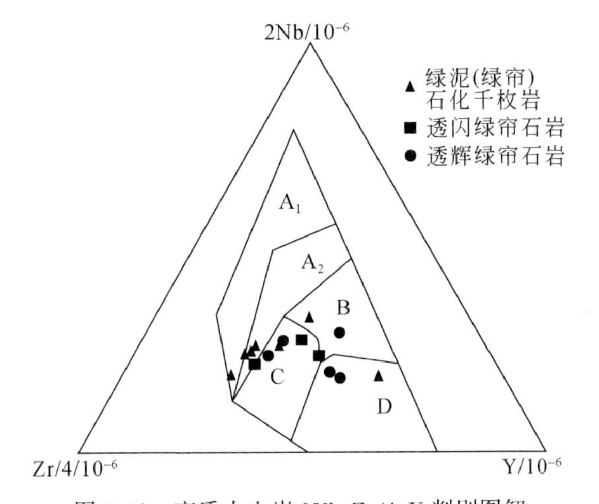

图3.10 变质火山岩2Nb-Zr/4-Y判别图解（王仁民，1987；武莉娜等，2003）

A_1+A_2-板内碱性玄武岩；A_2+C-板内拉斑玄武岩；B-P型MORB；D-N型MORB；C+D-火山弧玄武岩

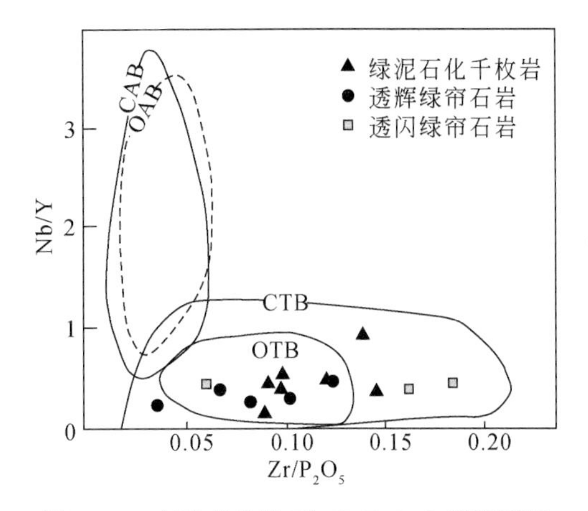

图3.11 变质玄武岩$Nb/Y-Zr/P_2O_5$判别图解（王仁民，1987；武莉娜等，2003）

CAB-大陆碱性玄武岩系；OAB-大洋碱性玄武岩系；CTB-大陆拉斑玄武岩系；OTB-大洋拉斑玄武岩系

用，形成绿泥千枚岩、方解绢云绿泥千枚岩、绿帘透辉石岩、绿泥绿帘石岩、透辉绿帘石岩、石英-方解石绿帘石岩、石英绿泥绿帘石岩及石英岩、大理岩等，中寒武统田蓬组为区内最有利的赋矿层位。

在矿区南部的嘎机、四角田铜钼多金属矿区分布4个基性岩类侵入体和3个酸性岩类侵入体（图3.12），在嘎机矿区东矿段控制隐伏复式花岗岩基（图3.12）。其中，基性岩体呈岩墙、岩株产出（杨昌毕等，2020），分布于水井边石灰岩矿边部、野鸡山以西 1315 高地、江东上寨以西 1161 高地、陈子山以东冲沟边一带，沿 F_{21}、F_1、F_{18}断裂带呈岩脉、岩墙、岩株产出，单个出露面积为 0.008～0.13km^2（杨昌毕等，2020）；酸性岩类以岩株、小岩枝状产出，推测与深部隐伏花岗岩基相连，控制了区内铜铅锌、钨锡多金属矿床的分布。因该矿区位于加里东-燕山期复式花岗岩基向北凸出的倾伏端，该岩基在四角田-南温河一线向北隐伏，依据重力低异常和变质特征推测向北越过矿区达莲花塘-香坪山一带（杨昌毕等，2020）。

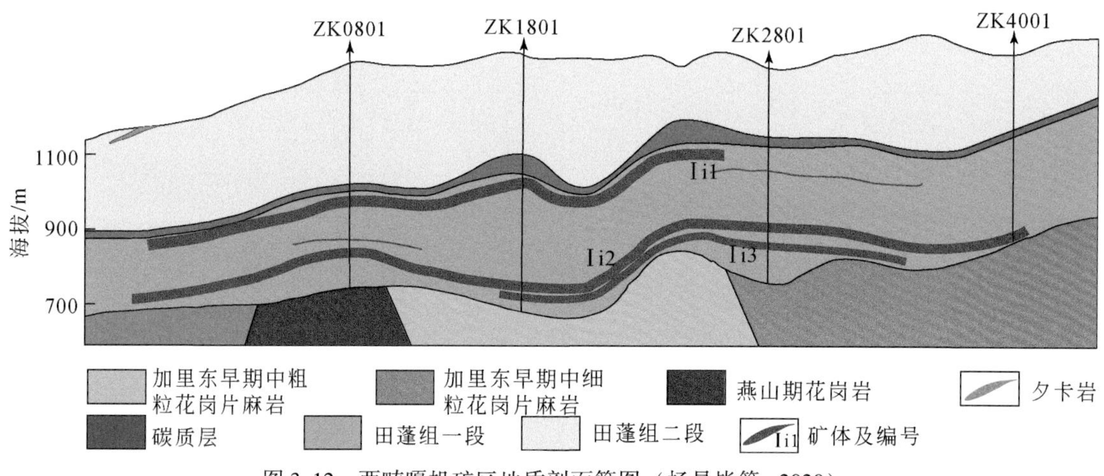

图 3.12　西畴嘎机矿区地质剖面简图（杨昌毕等，2020）

3.2.4　变质岩

红石岩-荒田地区主要出露黑色碳质板岩、五彩砾岩、石英岩（原岩为硅质岩）和千枚岩。千枚岩类主要为黄绿色绢云千枚岩、五彩砾岩、五彩千枚岩、黄色条纹状绢云千枚岩、绢云千枚岩、绿泥绢云千枚岩、绿泥千枚岩；夕卡岩类主要为绿帘透辉石岩、方解绿泥绿帘石岩、石英绿帘石岩、石英绿泥绿帘石岩、绿泥透辉石岩、石英方解透辉石岩、阳起片岩；大理岩类主要为条带状大理岩、大理岩、白云石大理岩、石英大理岩。田蓬组海相火山碎屑岩、陆源细碎屑-碳酸盐岩建造发生了程度不等的变质作用，从硅质岩、板岩、千枚岩到绿片岩均有出现，主体变质岩为千枚岩和板岩，主要变质相属绿片岩相。

矿区的主要蚀变类型有方解石化、夕卡岩化、硅化等，以方解石化分布最广。其中，硅化和夕卡岩化与铅锌矿化关系密切。方解石化发育于大理岩和片岩中，呈细、网脉状沿裂隙分布，其发育程度与裂隙发育程度呈正相关关系；硅化主要发育于铅锌（铜）矿层及其底板中，为硅质岩中 SiO_2再活化形成石英团块或顺层石英条带，与硅质岩相伴生，一般不超出硅质岩范围。其中，铅锌、铜矿物在团块状、条带状石英中多呈星散状、细脉状分布；在矿层底板，硅化常见于Ⅲ号矿化带底部的大理岩中，形成硅化大理岩，与铅锌矿层相伴产出；夕卡岩化沿层或穿层产出，其形成是火山热液与碳酸盐岩发生交代作用的结果，与铜铅锌矿化富集作用密切，主要形成石榴子石或透辉石夕卡岩、透辉石绿帘石夕卡岩，与石英、方解石和金属硫化物共伴生。

3.3　矿体特征

矿体产于田蓬组的固定层位内，其中田蓬组二段为主要的含矿岩系。根据岩性组合特征，将二段划分为4个亚段，每个亚段均发育数量、规模和品位不同的矿层，且处在同一亚段内的矿层，空间距离相近，成矿环境和矿化特征相似，划归同一矿化带（图3.13和图3.14），自下而上依次为Ⅰ、Ⅱ、Ⅲ、Ⅳ号矿化带，其中以第二、三矿化带为主，第一、四矿化带零星产出1～2层透镜状铅锌矿体。

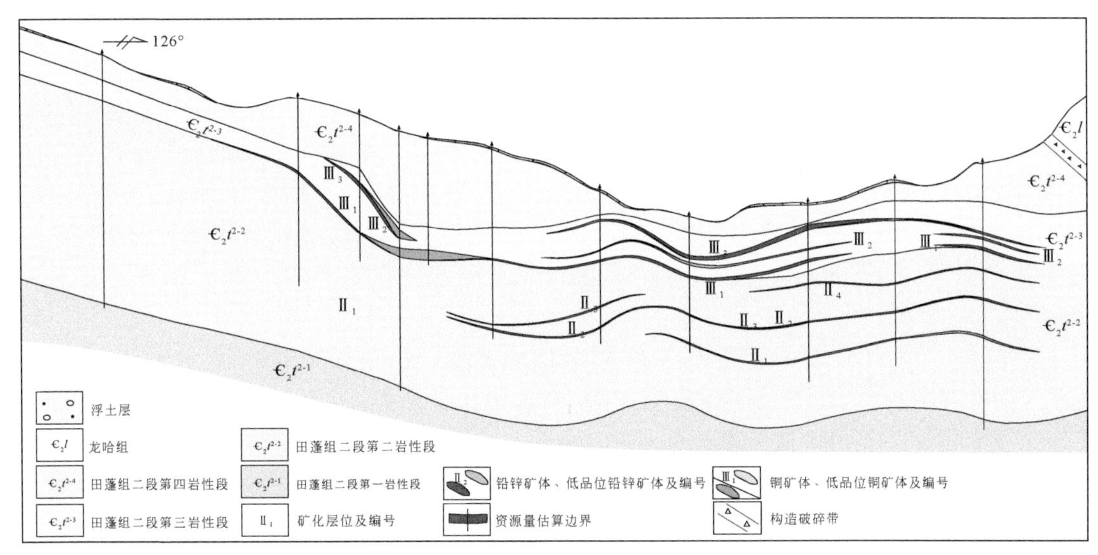

图3.13　红石岩矿床31号勘探线质剖面图

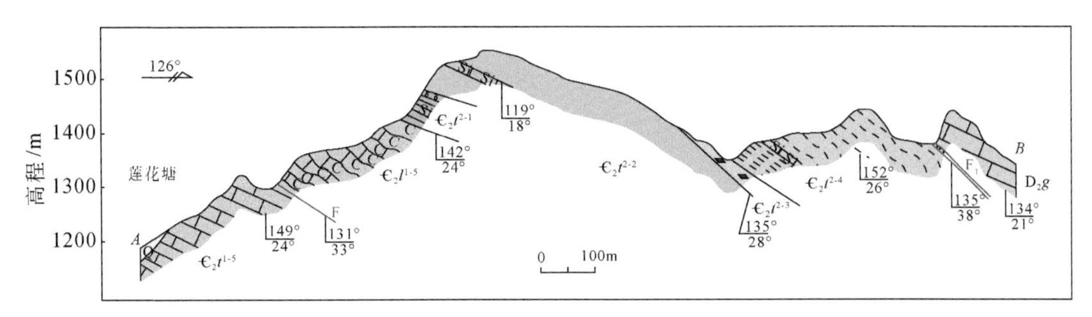

图3.14　红石岩矿区黄洞矿段地质剖面图

3.3.1　Ⅰ号矿化带及其层状矿体

该矿化带发育于田蓬组上段第一岩性亚段上部的五彩千枚岩内，埋深为300m以深，目前仅由 ZK001 钻孔控制，其顶板为黄绿色绢云千枚岩，底板为五彩千枚岩，矿层厚度为 1.90m，铅锌品位为 4.79%。矿石矿物为方铅矿、闪锌矿，少量黄铁矿，具他形粒状结构，沿千枚理呈条纹状产出，局部呈稠密浸染状。矿层埋藏深、连续性差。

3.3.2 Ⅱ号矿化带及其层状矿体

该矿化带产于田蓬组上段第二岩性亚段中上部，是矿区内分布范围最广、连续性最好的矿化带，从矿区最北部的 47 线至最南端的 16 线均有赋存，分布面积大于 3km^2，厚度为 58～100m，平均厚度约为 65m，具“西厚东薄”的产出特征。在地表该矿化带仅出露于 15 线西部，隐伏于地表以下 50～220m，分布标高为 1020～1260m，具北西高、南东低的展布特征。带内已发现 4 层铅锌（铜）平行矿体，自下而上为Ⅱ1、Ⅱ2、Ⅱ3、Ⅱ4，其间距为 5～50m。其中Ⅱ2 为主矿层，其他矿（化）层多为低品位或薄层矿体（图 3.13）。

铅锌矿体：矿化分布连续，有 53 个钻孔控制，控制矿化面积为 2.28km^2，矿层控制长度约 2710m。整个矿层仅 ZK2721、ZK3103 及 ZK3523 钻孔见矿，品位较低。矿层厚度最大为 7.24m（ZK3923），最薄为 0.65m（ZK001），一般为 1～3m，平均为 1.59m，厚度变化系数为 69.22%，较稳定。Pb 为 0.12%～4.75%，平均为 1.32%，品位变化系数为 97.85%；Zn 为 0.57%～18.65%，平均为 2.84%，品位变化系数为 118.99%，Pb、Zn 品位变化均匀，伴生 Cu（0.08%）。

铜矿体：分布不连续，仅在 15～31 线东部局部地段出现，有 10 个钻孔揭露到铜矿。铜矿与铅锌矿共（伴）生，仅 ZK3103、ZK3523 钻孔中见独立铜矿体。II2 矿层中的铜矿可分成互不相连的 5 个矿块，单个矿块由 1～3 个工程圈定，长度为 80～300m，铜矿层最大厚度为 1.68m（ZK2301），最小为 0.75m（ZK1504），平均为 1.21m，厚度变化系数为 22.56%，厚度稳定。单工程品位 Cu 为 0.40%～1.38%，平均为 0.68%，品位变化系数为 44.93%，品位变化均匀。铜与铅锌的品位大致成正相关关系。

3.3.3 Ⅲ号矿化带及其层状矿体

该矿化带分布于矿区中部田蓬组上段第三岩性亚段中，分布范围与上覆的第四岩性亚段相近，面积约为 2.5km^2，东侧被 F_1 断层所截，南、北分别被 F_3 断层、F_2 断层切断，西界自然尖灭。矿化带仅在西北部的炭达和 15 线北西部出露，其埋深为 0～275m，分布标高为 1060～1452m，厚度为 25～75m，平均为 50m，具有北东薄而矿层少、南东厚且矿层多的变化趋势，最厚处见于 ZK702、ZK1602 钻孔。矿化带内已发现呈平行或近于平行分布的 3 层层状或似层状铅锌铜体，自下而上依次为Ⅲ1、Ⅲ2 和Ⅲ3，各矿层距离为 5～35m。矿层赋存于绿色岩系或大理岩之中，其产状与围岩一致。其中Ⅲ1 为主矿层。

铅锌矿体独立产出，少数与铜共（伴）生。铅锌矿层集中分布于矿区北部，而铅锌铜矿层分布于矿区南部，局部地段（15～23 线东部）形成独立铜矿体。

铅锌矿体：较连续分布于 16～47 线，除 ZK3505 钻孔和 ZK3121 钻孔两处出现品位较低矿化体外，其余地段均连续分布。矿层控制长度为 1800m，宽 200～736m（39 线附近最宽），平均宽 450m；厚度最大为 4.80m（ZK1921），最薄为 0.55m（ZK3901），平均为

1.96m，厚度变化系数为71.17%。单工程平均品位Pb为0.07%～3.50%，平均为0.46%，品位变化系数为139.09%；Zn为0.42%～7.49%，平均为2.17%，品位变化系数为58.49%。伴生Cu平均品位为0.05%。35～47线北西部为低品位矿体，矿层控制长度为500m，宽250～360m，平均宽度为300m。厚度为0.61～1.94m，平均为1.30m。单样品位Pb为0.17%～0.70%，平均品位为0.31%；Zn为0.68%～1.31%，平均品位为0.78%。

铜矿体：主要分布于23线以南，矿化不连续，多呈零星分布，局部连续产出，由7个钻孔控制。在15线以南，铜矿多与铅锌矿共生，形成铅锌铜矿体；仅ZK1922及ZK2324两个钻孔探到独立铜矿体。ZK3107钻孔见高品位铜（锌）矿体，矿层厚度最大为8.49m（ZK3107），最小为1.00m（ZK702），平均为2.28m。Cu品位为0.31%～9.07%，平均为1.40%。铅锌、铜矿体均伴生Ag，品位为12.98×10^{-6}。

3.3.4　Ⅳ号矿化带及其层状矿体

该矿化带分布于田蓬组上段最上部的第四岩性亚段中，分布面积约为$4km^2$，埋深为0～154m，矿化带厚度大于150m，分布标高为1350～1550m。矿层呈透镜状、似层状产出，赋存于硅质岩中。在矿化带内发现1～2层低品位锌铜矿体，仅3个钻孔（ZK2701、ZK2305和ZK2722）控制到工业矿体，其他均为薄层或低品位矿体。矿体以锌为主，铜、铅次之。矿体厚度为1.35m（ZK2722）～0.49m（ZK2705），平均厚度为0.85m；平均品位如下：Cu为0.01%～2.48%，Pb为0.01%～0.93%，Zn为0.05%～8.68%。因矿层厚度薄，达不到可采厚度，且分布分散且连续性差，未圈成独立的工业矿体。

3.4　矿石特征

3.4.1　矿石类型

主要的矿石类型可分为六类：①浸染状-致密块状闪锌矿-黄铜矿矿石；②绿帘石夕卡岩型浸染状闪锌矿-方铅矿矿石；③层纹状致密块状闪锌矿-黄铁矿矿石；④含菱铁矿硅质岩型条带状闪锌矿-黄铁矿矿石；⑤绿泥千枚岩型层纹-条带状闪锌矿-黄铁矿矿石；⑥石英-方解石细脉型铅锌矿石。其中以前四类为主（图3.15）。

3.4.2　矿石矿物组成

矿石中主要矿石矿物为闪锌矿、黄铜矿、黄铁矿、方铅矿，其次是赤铁矿、磁黄铁矿、少量磁铁矿，在近地表有孔雀石和褐铁矿等；脉石矿物以绢云母、绿泥石、方解石、石英为主，次为绿帘石、石榴子石和透辉石等。

1. 主要矿石矿物

闪锌矿：矿区主要金属硫化物，多呈棕褐色，次为浅黄色，少数呈黑色，（半）金属光

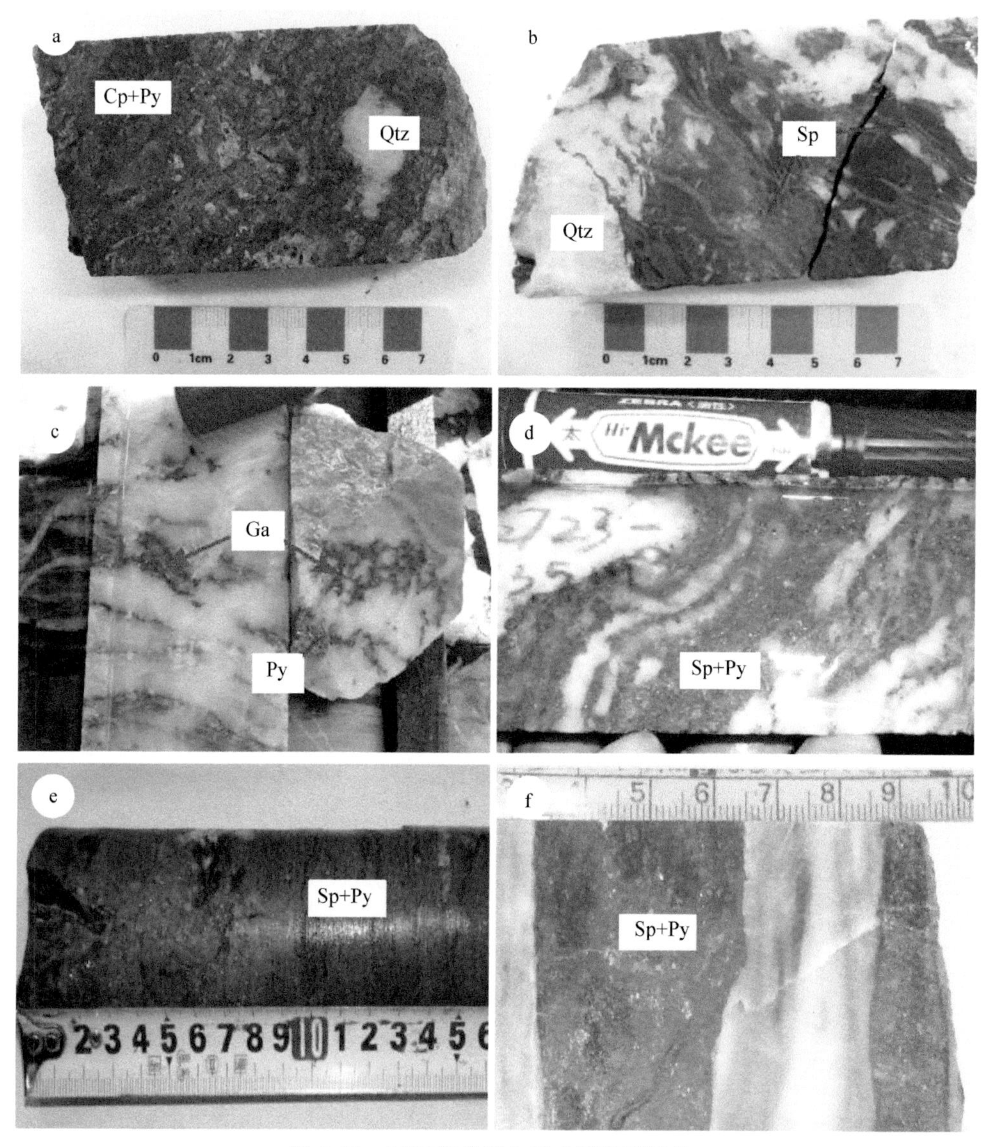

图 3.15 红石岩矿床主要矿石类型照片

a-稠密浸染状黄铜矿矿石；b-绿帘石岩中见条带状闪锌矿矿石；c-硅质岩中见顺层浸染状方铅矿及黄铁矿；d-条纹-条带状闪锌矿、黄铁矿；e-闪锌矿-黄铁矿致密块状矿石；f-硅质岩中见条带状闪锌矿、黄铁矿；说明：Cp-黄铜矿；Py-黄铁矿；Qtz-石英；Sp-闪锌矿

泽（浅黄色的闪锌矿为半金属光泽，透明至半透明），呈他形-半自形晶粒状，与黄铜矿、方铅矿、黄铁矿等矿物共生。在图 3.16 中，脉状/不规则状闪锌矿穿切早阶段形成的自形立方体黄铁矿，同时自形黄铁矿明显受闪锌矿交代，形成交代残余结构。

黄铜矿：呈铜黄色，表面带有黄褐色的斑状锖色，具金属光泽，呈他形粒状，主要呈星点状或斑状集合体产出，有时以稠密浸染状、细粒状产出，围岩主要为硅质岩。黄铜矿呈粒状被包裹于不规则闪锌矿中或形成于闪锌矿边缘（图 3.16）。

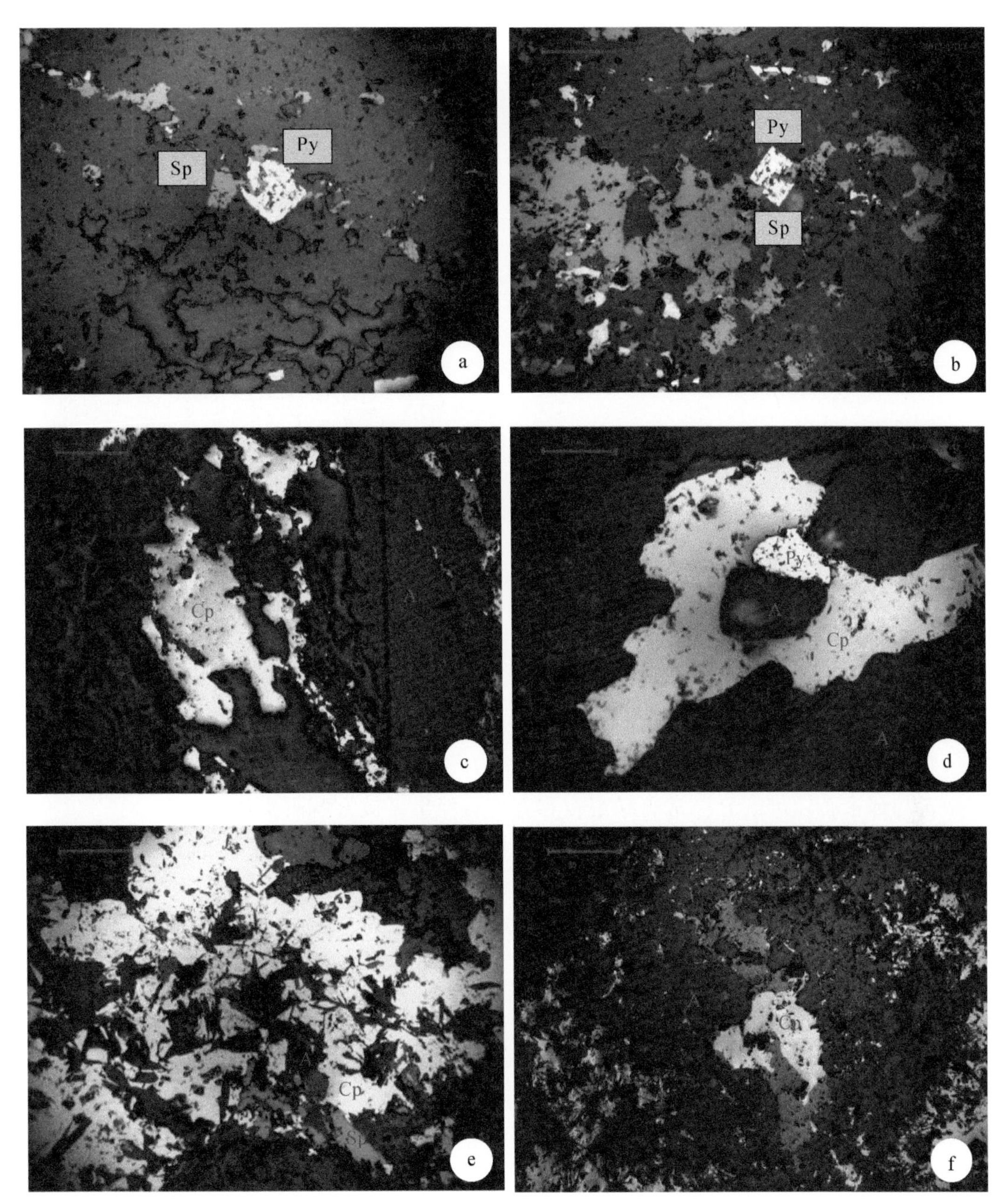

图 3.16　主要矿物特征镜下照片

a、b-溶蚀结构：不规则闪锌矿溶蚀早期形成的自形粒状黄铁矿；c-交代结构：黄铜矿交代绿帘石形成的港湾状构造；d-填隙结构：黄铜矿内充填半自形粒状黄铁矿；e-交代结构：闪锌矿和黄铜矿交代闪石类矿物呈放射状（暗色针状矿物为闪石类矿物）；f-溶蚀结构：闪锌矿溶蚀交代黄铜矿；说明：A-角闪石；Py-黄铁矿；Sp-闪锌矿；Cp-黄铜矿；下同

黄铁矿：呈他形至自形粒状集合体，沿其他矿物的裂隙、间隙充填，可见粗粒黄铁矿呈星点状分布于闪锌矿中。

赤铁矿：含量较少，呈赤红色-砖红色，呈他形-半自形晶细粒状，呈星点浸染状、板片状分布于闪锌矿、黄铜矿边缘，偶见赤铁矿呈粒状分布于石英脉中。

磁铁矿：含量较少，呈黑色、他形-自形晶粒状，单矿物集合体呈斑点状、星散浸染状，粒度粗细不一（一般为0.13～0.65mm），与磁黄铁矿发生交代，也有部分黄铁矿在磁铁矿中呈固溶体分离的乳滴状。

褐铁矿：呈他形微粒状、显微隐晶状，系黄铁矿等硫化物氧化而成。

2. 脉石矿物

脉石矿物主要有透辉石、绿帘石、方解石、石英、绢云母、绿泥石等（图3.17）。

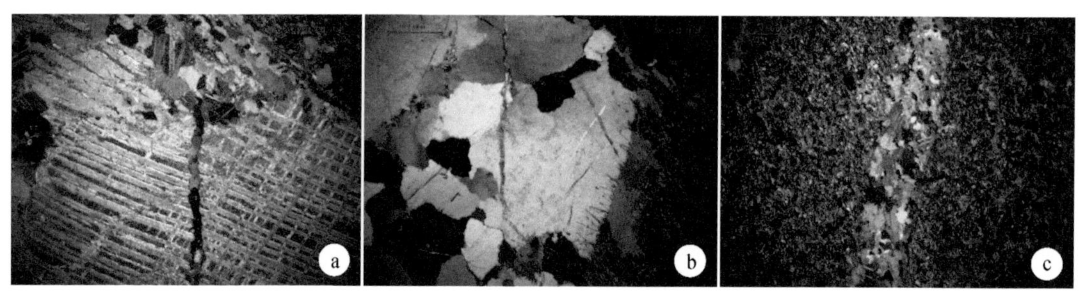

图3.17　矿石中主要脉石矿物照片

a-早阶段粗晶方解石被晚阶段石英细脉切穿；b-斑状石英被晚阶段细脉状石英切穿；c-晚阶段形成的石英/方解石脉充填于千枚岩裂隙中

透辉石：呈浅灰色-灰黄色，柱粒状（粒径为0.01～0.9mm），大多数结晶程度差，颗粒细微者与绿帘石较难区分，常与绿帘石和方解石伴生，被方解石交代呈残余。

绿帘石：呈浅黄褐色-黄绿色，呈柱状、针状（粒径为0.036～0.828mm），集合体呈不规则状，常与透辉石间杂分布并交代透辉石。

方解石：呈粒状-柱粒状，大部分呈细粒镶嵌状或微脉状交代绿帘石、透辉石呈交代假象。若原岩发生重结晶，方解石粒径明显增大至1.00～4.60mm，呈中-粗粒镶嵌状顺岩石层理渗透交代。

石英：呈乳白色-灰白色，呈隐晶质，局部自生加大呈微细粒状，常与方解石、绢云母等混杂分布。

绢云母：呈浅灰色-黄绿色，显微鳞片状，具明显的定向排列且相对聚集，组成千枚理，常与石英、绿泥石、方解石等共生。

绿泥石：呈深灰色-墨绿色，显微鳞片状，片径为0.01～0.06mm，呈定向-半定向排列与绢云母一起构成千枚理，常与绢云母、方解石及石英混杂分布。

3.4.3　矿石组构

1. 主要的矿石结构

矿石结构主要有自形晶粒状结构、他形晶粒状结构、交代残余结构、固溶体分离的乳滴状结构及包含结构（图3.18）。

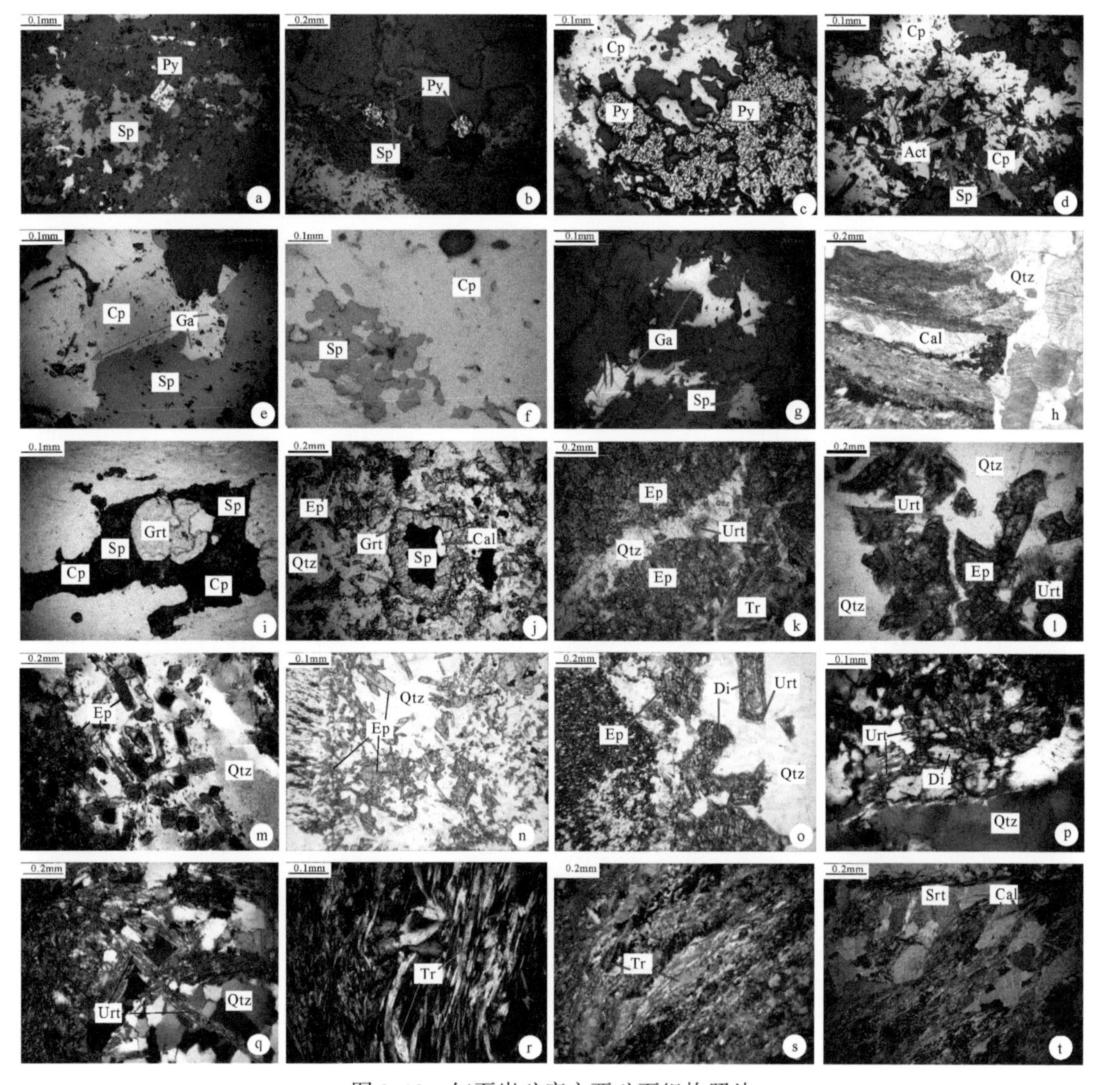

图3.18 红石岩矿床主要矿石组构照片

a-闪锌矿穿插早阶段立方体状黄铁矿；b-自形黄铁矿被闪锌矿交代，形成交代残余结构；c-黄铜矿与黄铁矿共生；d-闪锌矿交代黄铜矿，阳起石穿插交代黄铜矿；e-方铅矿交代黄铜矿，并与闪锌矿呈共结边结构；f-他形晶粒状黄铜矿包裹、交代闪锌矿集合体，呈交代残余结构；g-闪锌矿及方铅矿，被脉石矿物交代呈残余结构，方铅矿三角孔明显；h-半定向排列的中粗晶方解石，石英间残留碎裂矿化透闪千枚岩；i-石榴子石夕卡岩：自形粒状石榴子石被后期闪锌矿及黄铜矿包裹；j-在细晶绿帘石石英岩中，金属矿物被石榴子石包裹，形成环带结构；k-透闪石交代集合体状绿帘石，后期石英脉穿插绿帘石集合体，并在边部具纤闪石化；l-后期石英脉交代绿帘石，在绿帘石边部产生溶蚀结构，纤闪石交代绿帘石形成粒状绿帘石假象；m-绿帘石石英岩中的自形粒状绿帘石；n-糜棱岩化细微晶绿帘石石英岩碎块间为黄绿色中细晶自形绿帘石、他形石英；o-透辉石，绿帘石夕卡岩、黄绿色碎裂蚀变细微晶绿帘石英岩、糜棱岩化细微晶绿帘石英岩、细微晶绿帘石英岩角砾周边均有中细晶透辉石蚀变反应边；p-透辉石呈二级蓝绿色干涉色，边缘见有透闪石蚀变反应边；q-透闪石（柱状）夕卡岩，自形透闪石晚于中细粒石英，透闪石千枚岩纤柱状，二级干涉色自形；r-透闪石具千枚状构造；s-透闪石千枚岩具糜棱结构千枚状构造；t-绢云母千枚岩由显微条纹状的隐微晶透闪石、绿泥石、绢云母构成流纹状基质，其中残留少量小透镜状柱状透辉石、浑圆状石榴子石碎斑。说明：Act-阳起石；Cal-方解石；Di-透辉石；Ep-绿帘石；Grt-石榴子石；Qtz-石英；Srt-绢云母；Tr-透闪石；Urt-纤闪石；Sp-闪锌矿；Py-黄铁矿；Cp-黄铜矿；Ga-方铅矿；下同自形粒状结构：自形粗粒状黄铁矿呈星点状分散分布于方铅矿中，被其包裹。

他形晶粒状结构：黄铜矿呈 0.02～0.5mm 的他形粒状集合体；方铅矿呈 0.01～0.4mm 的他形粒状、极少量呈不规则状；闪锌矿呈 0.2～1mm 的他形粒状、不规则状分布于石英颗粒间；磁黄铁矿呈 0.02～0.1mm 大小的他形粒状集合体。

交代残余结构：方铅矿交代闪锌矿和磁黄铁矿、黄铜矿，在方铅矿中可见交代残余结构和交代港湾结构。

固溶体分离的乳滴状结构：磁黄铁矿和黄铜矿在闪锌矿中呈固溶体分离的乳滴状结构（图 3.18）。

包含结构：早世代的磁黄铁矿、黄铁矿分布在闪锌矿、方铅矿、磁黄铁矿中，形成包含结构。

2. 矿石构造

矿石构造以条带状、条纹状构造最为常见，其次为浸染状构造、斑点-斑杂状构造，少数为团块状或块状构造（图 3.15）。

条带状、条纹状构造：闪锌矿、方铅矿等矿物集合体聚集成条纹与脉石矿物相间排列，构成条纹，条纹宽 0.5～5mm，是Ⅱ、Ⅲ号矿体常见的矿石构造。

斑点-斑杂状构造：闪锌矿、方铅矿、黄铜矿等金属矿物集合体呈大小不一的斑点、斑杂状分布在岩石中。此种构造的矿物集合体的粒级较浸染状构造大，粒径一般大于 2mm。

团块状构造：闪锌矿、黄铜矿或方铅矿等金属矿物集合体呈团块状分布，团块大小为 3～10cm，此种构造常出现在Ⅱ、Ⅲ号矿体中。

块状构造：闪锌矿、方铅矿等金属矿物呈较致密的集合体状分布，金属矿物含量一般大于 50%。此构造见于Ⅱ2 矿层中，其中常见有清晰的层理。

浸染状构造：金属矿物呈浸染状均匀分布在脉石矿物中，金属矿物含量为 1%～10%。

3.4.4　成矿期划分及矿物生成顺序

根据矿体（脉）穿插关系、矿物共生组合、矿石组构等特征，认为该矿床主要的成矿作用分为两期：火山喷流沉积成矿期与表生氧化期（图 3.19），其中前者可分为三个主要阶段：火山喷流沉积成矿阶段（蛋白石-石髓-菱铁矿-闪锌矿-方铅矿）、夕卡岩成矿阶段（绿帘石-透辉石-石榴子石-磁铁矿-黄铜矿-闪锌矿-方铅矿）及低温热液成矿阶段（石英-方解石-方铅矿）。区域变质作用和伴随的构造改造作用不仅使喷流岩-正常沉积岩岩石组合发生变质，形成千枚岩、石英岩，而且导致已形成的矿体发生变形和局部变富。

矿 物	火山喷流沉积成矿期			表生氧化期
	火山喷流沉积成矿阶段	夕卡岩成矿阶段	低温热液成矿阶段	
蛋白石/石髓	━			
菱铁矿	━			
赤铁矿	━			
石英		━	━	
绢云母	━	━		
绿帘石	━	━		
黄铁矿	━	━	━	
透辉石		━		
石榴子石		━		
磁黄铁矿		━		
黄铜矿	━	━		
磁铁矿		━		
闪锌矿	━	━	━	
方铅矿	━	━	━	
方解石			━	
褐铁矿				━
孔雀石				━
铅钒				━
水锌矿				━

图3.19　红石岩矿床成矿期次与矿物生成顺序图

3.5　火山喷流沉积成矿作用及其成矿地质体

根据该矿床地质特征，火山喷流沉积作用是该矿床最主要的成矿地质作用，其成矿地质体应是弧后盆地中寒武世火山喷流沉积建造。

3.5.1 成矿地质体的典型剖面特征

通过典型钻孔剖面的系统研究，其成矿地质体具有如下特征（图 3.20）。

基于不同勘探线钻孔编录，ZK1602、ZK3107、ZK2403 钻孔中揭露的矿化现象具有典型的 VMS 矿床特征。通过其岩矿石系统鉴定和样品分析，总结了矿区火山沉积建造、火山喷流沉积旋回特征及矿体赋存规律，为构建矿床成矿模式提供了重要依据。

1. ZK1602 钻孔揭露的含矿地层矿化富集特征

该钻孔位于黄洞矿段南部、雷打岩矿段南东部，孔深 496.79m。根据岩心编录（图 3.20），其主要特征如下。

第一层：131.00～131.50m，灰黄色、土色菱铁矿硅质岩，发育方解石细脉。

第二层：131.50～144.97m，层厚 13.47m（含矿层），其顶部（131.50～135.71m，层厚 4.21m）为灰色千枚岩（含矿层），密集发育不规则石英脉。矿化具有如下特征：上部为细脉状黄铜矿和少量黄铁矿、层纹状闪锌矿→中部（135.71～138.1m，层厚 2.39m）为浅灰色硅化大理岩（含矿层），层纹状黄铁矿、闪锌矿及少量脉状的黄铜矿→底部（138.1～144.97m，层厚 6.87m）为灰黑色绿帘石夕卡岩（含矿层），其中发育 3.1m（141.8～144.9m）的层纹状闪锌矿、黄铁矿。

133.20m 处（WS-406）：灰色千枚岩，密集发育不规则石英脉，主要具细脉状黄铜矿矿化，少量黄铁矿化，见少量层纹状闪锌矿化。从顶部–底部矿化具有黄铜矿→闪锌矿的分带特点。

134.50m 处（WS-407）：细脉状黄铜矿矿化，少量黄铁矿化灰色千枚岩，少量层纹状闪锌矿化。

136.70m 处（WS-408）：灰色条纹状硅化大理岩，发育层纹状黄铁矿、闪锌矿，少量黄铜矿。

139.50～141.50m（WS-410）：灰色千枚岩灰黑色绿帘石岩，发育层纹状闪锌矿、黄铁矿。

142.50～144.50m（WS-411）：灰色千枚岩灰黑色绿帘石岩，发育层纹状闪锌矿、黄铁矿。

第三层：144.97-218.70m，层厚 74.73m。灰色–深灰（灰黑）色千枚岩，夹少量灰色–浅灰色硅质岩，灰色大理岩，发育少量石英脉，局部见少量层纹状的黄铁矿及脉状的黄铁矿化。该层顶部以 2m 浅灰色–灰白色条纹状大理岩、浅灰色硅质岩与第二层区分。

146.20m（WS-412），浅灰色硅质岩，发育条纹状黄铁矿。

204.40m（WS-414）：灰色绿帘石岩，发育稀疏浸染状黄铜矿。

第四层：218.70～225.50m，层厚 7.25m，岩石为灰色绿帘石岩，含矿层厚 6.25m（219.70～225.95m），矿化主要为层纹状闪锌矿，顶部见少量层纹状黄铁矿。

厚度/m　孔深/m　分层　柱状图　岩性描述

10
20
30
40
50
60
70
80
90
100
110
120
130
140
150
160
170
180
190
200
210
220
230
240
250
260
270
280
290
300
310
320

131.00　1
135.71
138.10　2
144.97
153.11
156.00
175.00
189.69　3
196.20
199.95
204.14
204.64
208.52
214.85
219.70　4
226.60
232.50
235.00
238.01
241.10　5
248.07
256.07
263.07
270.40　6
272.70　7
278.51
281.01
282.81　8
289.50
291.60
294.00
297.60　9
303.10　10
313.75
317.90　11
321.88

未见岩心
灰黄色、土色菱铁矿化硅质岩，发育方解石细脉
含矿层，灰色千枚岩，密集发育不规则石英脉，矿化主要为细脉状黄铜矿化，少量黄铁矿化，见少量层纹状闪锌矿化。由顶→底具有黄铁矿→闪锌矿的矿物分带特点
含矿层，层厚2.39m，浅灰色条纹状硅化大理岩，发育层纹状黄铁矿、闪锌矿及少量脉状黄铜矿
含矿层，灰黑色绿帘石岩，其中141.8~144.9m（3.1m）发育层纹状闪锌矿、黄铁矿
浅灰色-灰白色条纹状大理岩，局部发育石英脉
浅灰色硅质岩，发育条纹状黄铁矿
灰黑色碳质千枚岩
灰色大理岩夹千枚岩
灰色千枚岩，局部发育少量石英脉
灰-深灰色千枚岩，发育大量石英脉
灰色千枚岩，千枚理密集发育，局部发育少量石英脉
灰色碎粉岩，原岩为千枚岩。195~196.2m为浅灰色碎粉岩
灰色-灰黄色硅质岩，发育少量细脉状黄铁矿
灰色千枚岩，千枚理发育
浅灰色硅质岩、千枚岩互层状产出，局部见条纹状闪锌矿，少量方铅矿顺层分布，条纹宽2~4mm
灰色？发育脉状、稀疏浸染状细粒黄铁矿化
灰黑色千枚岩
灰色千枚岩，岩石较破碎
灰黑色-灰色千枚岩，216.4~217.45m见一宽1.05m的石英脉，脉体与千枚岩接触部位见少量星点状黄铁矿化
灰色绿帘石岩
含矿层。灰色绿帘石岩，219.7~220.2m处发育少量层纹状闪锌矿、黄铁矿化，矿化较弱，220.2~225.95m见5.75m厚棕褐色层纹状闪锌矿
灰色千枚岩，密集发育石英、方解石脉，脉体旁侧见少量粒状黄铁矿
灰色千枚岩
深灰色大理岩，局部发育细方解石脉，脉体旁侧由少量粒状黄铁矿
浅灰色条纹状大理岩，局部夹千枚岩
灰黑色千枚岩，节理较发育
灰白色石英脉，未见矿化
灰绿色-灰黑色千枚岩
矿化层，灰绿色绿帘石岩，发育少量层纹状闪锌矿，黄铁矿化
浅灰色条纹状硅化大理岩夹千枚岩
深灰色千枚岩夹大理岩，局部发育石英脉
灰色条纹状大理岩，局部夹少量千枚岩，底部262~263.07m硅化强烈，偶见粒状黄铁矿沿硅化石英脉旁产出
矿化-弱含矿层，灰色-灰黑色凝灰质千枚岩，发育石英脉，石英脉多沿层分布，少量切层分布，顶部矿化以黄铜矿为主，多沿石英脉体及脉体旁侧呈细脉状分布，底部多为层纹状闪锌矿化
浅灰色条纹状大理岩，夹灰色千枚岩
含矿层，绿色透辉石、绿帘石岩，密集发育层纹状、稀疏浸染状闪锌矿，由顶→底逐渐出现层纹状方铅矿
灰色千枚岩
含矿层，灰黑色绿帘石化千枚岩，发育条纹状闪锌矿
灰色千枚岩
含矿层，浅灰色硅质岩，发育层纹状闪锌矿，少量菱铁矿化
矿化层，灰色千枚岩，局部发育细条带状闪锌矿
浅灰色-灰白色菱铁矿化硅质岩
灰色-深灰色角砾状硅质岩（火山角砾岩）
灰色-灰黄色千枚岩，硅化千枚岩，298.6~299.8m为硅质千枚岩，硅质岩，299.8~299.9m见10cm角砾状硅质岩（火山角砾岩），299.9~303.1m为灰黄色千枚岩，局部有一定硅化
弱矿化层，灰黄色-灰色大理岩夹千枚岩，局部夹石英脉，局部夹3~5cm层纹状闪锌矿
深灰色千枚岩，岩石较破碎，局部发育石英脉，脉宽1~2cm
含矿层，灰-浅灰色硅质岩，发育层纹状闪锌矿，少量方铅矿
灰色大理岩、硅化大理岩
矿化层，透辉石绿帘石岩，发育石英脉，顶、底部各见10~20cm层纹状闪锌矿
灰色千枚岩

灰岩
绢云千枚岩
大理岩
si si si si si　硅质岩
碎粉岩
q　石英脉
Sph　闪锌矿
cu　黄铜矿
黄铁矿
方铅矿
闪锌矿
绿帘石岩

图 3. 20　红石岩矿床 ZK1602 钻孔柱状编录图

219.95m（WS-415）：灰色绿帘石岩，发育少量层纹状闪锌矿、黄铁矿化（图3.21）。

222.10m（WS-417）：灰色绿帘石岩，发育层纹状闪锌矿（图3.21）。

225.50m（WS-418）：灰黑色火山角砾岩和灰色绿帘石岩，发育层纹状闪锌矿，局部发育少量石英、长石细脉。

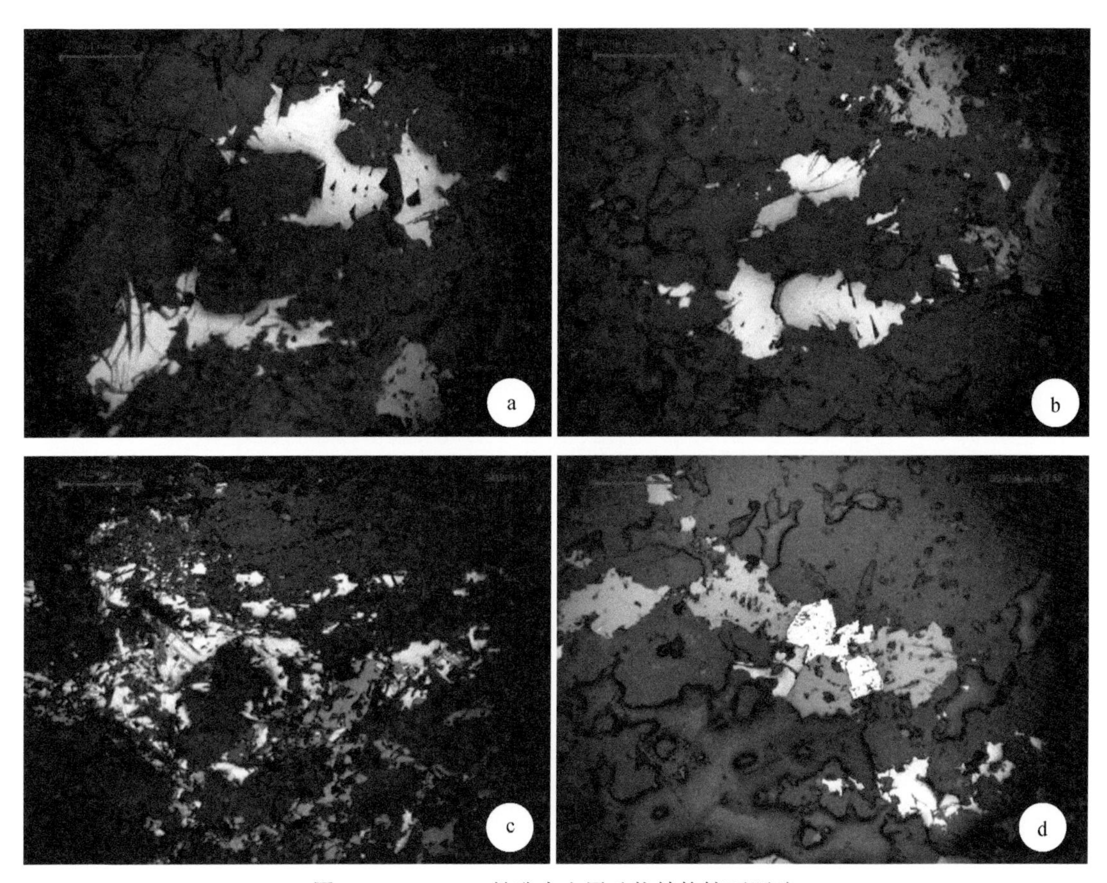

图3.21　ZK1602钻孔中金属矿物结构镜下照片

a-充填结构：方铅矿充填在脉石矿物的空隙中；b-方铅矿的三角孔构造；c-不规则状方铅矿与闪锌矿共生；d-黄铁矿包裹在闪锌矿中

第五层：225.50～263.07m，层厚37.57m，灰色-灰黑色千枚岩夹浅灰色、灰色条纹状大理岩、硅化大理岩、深灰色大理岩，局部发育方解石脉。其中见一厚1.14m（245.43～246.57m）的矿化层，为灰绿色绿帘石岩，发育少量层纹状闪锌矿、黄铁矿化。

245.9m（WS-420）：灰绿色绿帘石岩，发育少量层纹状闪锌矿、黄铁矿化。

第六层：263.07～270.40m，层厚7.33m，矿化层-弱含矿层，岩石为灰色-灰黑色凝灰质千枚岩，夹浅灰色条纹状大理岩，发育石英脉体，石英脉多沿层分布，少量切层分布，顶部矿化以黄铜矿为主，多沿石英脉及石英脉旁侧呈细脉状分布，中部见少量层纹状闪锌矿化。

265m（XC-23）：灰黑色凝灰质千枚岩，发育石英脉。岩石具斑杂状构造，以粗-巨晶灰白色长石、浅灰色石英为主的花岗质脉体中残留了部分不规则斑杂状隐微晶绿泥石聚集的基体。基体中偶见星散状细晶黄铜矿。镜下见岩石以粗-巨晶钾长石、石英脉体中残留了部分不规则斑杂状蠕虫鳞片状隐微晶绿泥石聚集的基体。可见细-微粒金属矿物、方解石、绿泥石呈细条痕状被包含于钾长石中（图3.22）。

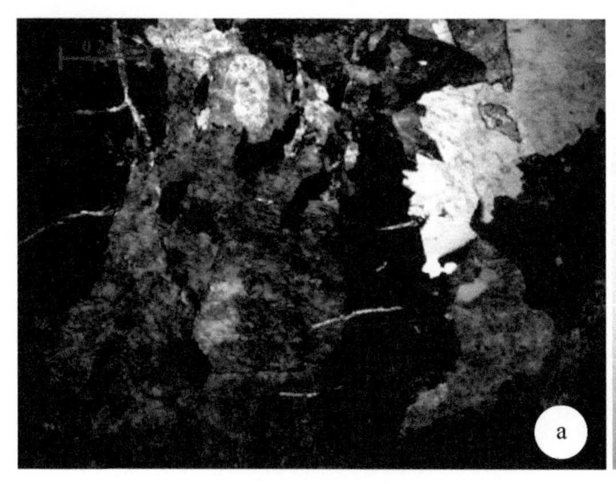

图3.22　ZK1602钻孔中长石石英脉中钾长石镜下及手标本照片

a-钾长石卡式双晶显微照片；b-热液钾长石呈不规则状分布于石英脉中

第七层：270.40～282.81m，层厚10.11m，含矿层，绿色透辉石绿帘石岩，少量灰色、深灰色绿帘石化千枚岩。顶部有5.81m（272.7～278.51m）为富含矿层，岩石为绿色透辉石绿帘石岩，密集发育层纹状、稀疏浸染状闪锌矿，少量层纹状方铅矿，方铅矿由顶→底逐渐出现层纹状方铅矿；278.51～281.01m为灰色千枚岩；281.01～282.81m为灰黑色绿帘石化千枚岩，发育条纹状闪锌矿。

275.7m（WS-421）：绿色透辉石绿帘石岩，密集发育层纹状-稀疏浸染状闪锌矿。

282.5m（XC-24）：绿色透辉石绿帘石岩，发育层纹状褐色闪锌矿化。呈浅灰色，具千枚细条纹条痕状构造，浅色、暗色及金属矿物分别呈厚度≤4 mm细条纹条痕富集。岩石片理斜交钻孔。镜下见岩石中定向排列透镜化各自呈条痕状富集的中粗晶方解石石英脉体矿物间残留显微条纹条痕状千糜岩基体。千糜岩基体由显微条纹条痕各自聚集的隐微晶透闪石、绿泥石、金云母、石英、方解石构成流纹状基质，其中残留少量小透镜状柱状透闪石、金云母、绿泥石碎斑。细微晶闪锌矿多在基脉体接触带富集成条痕（图3.23）。

第八层（282.81～294m）：含矿层2.1m，为灰色千枚岩，夹浅灰色硅质岩。其中289.5～291.6m，浅灰色硅质岩的含矿层中发育层纹状闪锌矿、少量菱铁矿化。

第九层（294～297.6m）：浅灰色-灰色菱铁矿化硅质岩、硅质岩。底部见10cm灰色角砾状硅质岩。

第十层（297.6～313.75m）：灰色-灰黄色千枚岩、硅化千枚岩，夹大理岩，局部发育少量层纹状闪锌矿。

第十一层（313.75～321.2m）：浅灰色-灰色硅质岩、硅化大理岩少量灰色大理岩、透辉石绿帘石岩。顶部313.75～317.9m，厚4.15m，为灰色-浅灰色硅质岩，发育层纹状闪锌矿，少量方铅矿；底部320.16～321.2m，厚1.04m，岩石为透辉石绿帘石岩，发育石英脉，见少量层纹状闪锌矿。

317.8m（XC-27）：灰白色-灰黄色硅质大理岩，发育层纹状褐色闪锌矿化。在浅灰黄

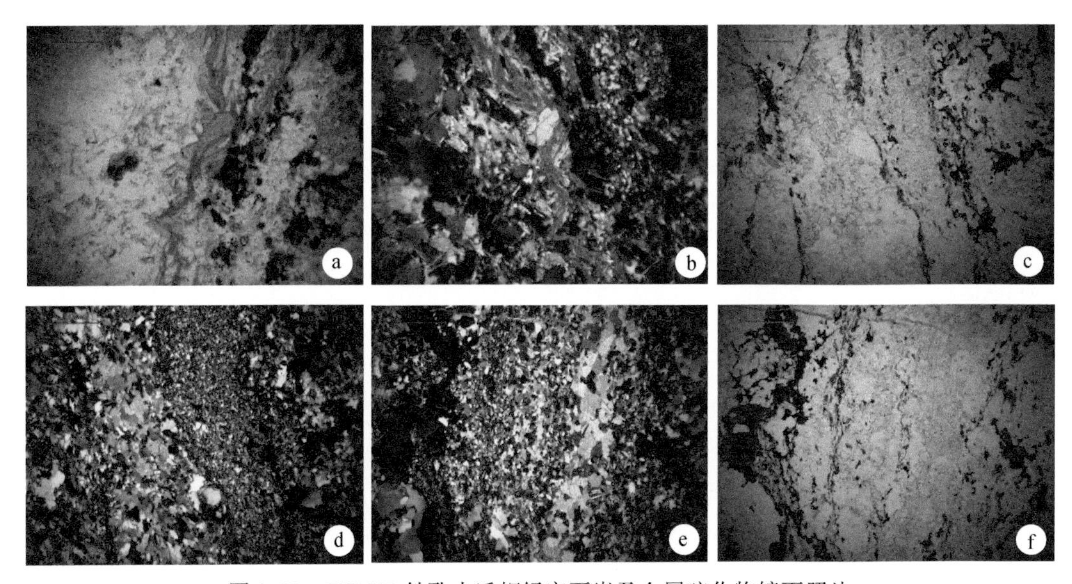

图 3. 23　ZK1602 钻孔中透辉绿帘石岩及金属硫化物镜下照片

a-金云母单偏光下为浅黄棕色，一组解理完全；b-金云母三级黄绿干涉色，平行消光；c-交代结构：金云母与闪锌矿共生交代；d-脉状构造：成矿晚阶段方解石、细微晶石英脉；e、f-脉状构造：成矿晚阶段形成的细晶方解石脉

色隐微晶基体间灰白色粗-细晶石英方解石脉体呈条痕状分布，金属矿物呈条痕状多在基体中富集，片理斜交钻孔。镜下可见在千糜岩基体中-粗晶方解石石英脉体矿物呈条痕状分布。千糜岩基体以定向排列的隐微晶透闪石为主，其间残留细晶透镜状透闪石碎斑，透镜-条痕状石榴子石或黝帘石集合体。中-细晶闪锌矿多与石榴子石呈镶嵌状，并在基体中富集成条痕条带。局部脉体中包含细柱状透闪石（图 3. 24）。

图 3. 24　ZK1602 钻孔中-细晶闪锌矿与石榴子石呈镶嵌结构

第十二层（321.2～321.88m）：灰色千枚岩，未见底。

2. ZK1602钻孔揭露的含矿地层矿化富集特征

该钻孔岩心见三层含矿层和两层矿化层，矿体类型主要为透辉绿帘石岩型层状闪锌矿-方铅矿（少）和硅质岩、硅化大理岩型的层状闪锌矿及灰色千枚岩、凝灰质千枚岩中的脉状黄铜矿，单个含矿层具有下部层状闪锌矿、上部脉状方铅矿的矿物分带。从含矿层底部→顶部含矿（矿化）层具有如下特征。

282.81～294.00m：含矿层-硅质岩型层状闪锌矿，岩石为灰色千枚岩夹浅灰色硅质岩。其中289.50～291.60m，见2.1m浅灰色硅质岩的含矿层，闪锌矿呈层纹状，少量菱铁矿化。

272.70～282.81m：含矿层-透辉绿帘石层状闪锌矿、少量方铅矿，岩石为绿色透辉绿帘石岩，少量灰色、深灰色绿帘石化千枚岩。顶部5.81m（272.7～278.51m）为富矿层，岩石为绿色透辉石、绿帘石岩，密集发育层纹状、稀疏浸染状闪锌矿，少量层纹状方铅矿，从顶部→底部逐渐出现层纹状方铅矿；278.51～281.01m为灰色千枚岩；281.01～282.81m为灰黑色绿帘石化千枚岩，发育条纹状闪锌矿。

263.07～270.40m：矿化层-弱含矿层-上部脉状黄铜矿，下部层状闪锌矿，岩石为灰色-灰黑色凝灰质千枚岩，夹浅灰色条纹状大理岩，发育石英细脉，石英脉多沿层分布，少量切层分布，顶部矿化以黄铜矿为主，多沿石英脉及石英脉旁侧呈细脉状分布，中部见少量层纹状闪锌矿。

225.50～263.07m：灰色-灰黑色千枚岩夹浅灰色、灰色条纹状大理岩、硅化大理岩、深灰色大理岩，局部发育方解石脉。其中见一厚1.14m（245.43～246.57m）的灰绿色绿帘石岩中层状闪锌矿层，发育少量层纹状闪锌矿，黄铁矿化。

131.50～144.97m：为脉状黄铜矿+层状闪锌矿含矿层，含矿层岩石组合为灰色千枚岩+浅灰色硅化大理岩+灰黑色绿帘石岩，该层顶部（131.50～135.71m，层厚4.21m）为灰色千枚岩（含矿层），密集发育不规则石英脉，矿化主要为细脉状的黄铜矿和少量黄铁矿及少量层纹状的闪锌矿→中部（135.71～138.10m，层厚2.39m）为浅灰色硅化大理岩（含矿层）和层纹状的黄铁矿、闪锌矿及少量脉状的黄铜矿→底部（138.10～144.97m，层厚6.87m）为灰黑色绿帘石岩（含矿层），其中发育3.10m（141.80～144.90m）的层纹状闪锌矿、黄铁矿。

3. ZK3107钻孔揭露的含矿地层矿化富集特征

93.17～97.00m：绿泥绢云千枚岩，岩石中发育石英脉体，宽0.5～3cm，脉体有切层和沿着千枚理两种状态产出，脉体边缘少量闪锌矿、方铅矿，矿化较弱。

97.00～104.50m：透辉绿帘石岩，局部见电气石，矿化强烈，以黄铜矿为主，少量闪锌矿、方铅矿、黄铜矿呈团块状、脉状，稀疏浸染状（图3.25）。

99.50m（XC-6）：灰色绿泥绢云千枚岩，透辉石绿帘石岩，沿层理发育黄铜矿化。具千枚状构造，以定向绢云母为主，片理小角度斜交钻孔，发育平行片理的条痕状矿化灰白色中细晶石英脉。镜下见岩石中基体矿物云母、绿泥石、石榴子石及脉体矿物黄铜矿、闪锌矿、方解石、石英，各自呈定向排列断续聚集的条痕分布。矿物组合为绢云母+石英+黑云

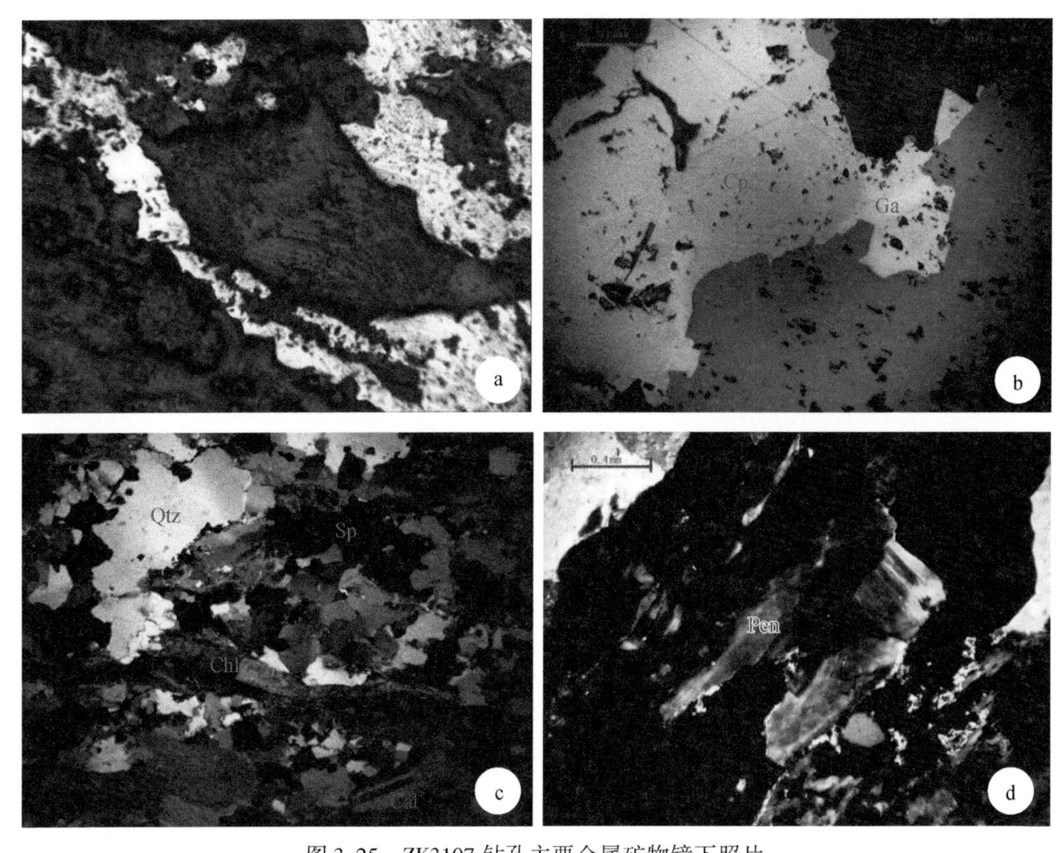

图 3.25　ZK3107 钻孔主要金属矿物镜下照片

a-不规则状黄铜矿充填在夕卡岩矿物中；b-黄铜矿、闪锌矿与方铅矿接触边界平直和舒缓波状呈共结边结构；c-绿泥石脉切穿早期形成的石英；d-叶绿泥石正交光下呈靛蓝色干涉色；说明：Chl-绿泥石；Pen-叶绿泥石

母+绿泥石+石榴子石。

103.20m（XC-7）：灰绿色，具斑杂状构造，以灰色隐微晶碳酸盐帘石为主的斑块状基体间含细晶翠绿色绿帘石、灰白色石英方解石及黄铜矿等，呈不规则填隙状脉体。镜下可见岩石中隐微晶碳酸盐帘石为主的斑块状基体中含细晶翠绿色绿帘石、透闪石灰白色石英方解石及黄铜矿等，呈不规则填隙状脉体。变质矿物组合为绿帘石+石英+透闪石+方解石+钙铝榴石，具不等粒粒状变晶结构，斑杂状构造，为火山热液夕卡岩。原岩为基性岩（图 3.26）。

104.1m（XC-8）：透辉石绿帘石岩，见星点状、稀疏浸染状黄铜矿化。灰绿色，具斑杂状构造，以灰色-灰白色中粗晶石英碳酸盐为主的基底状脉体中，残留黄绿色碎裂蚀变细微晶绿帘石英岩角砾。金属矿物多分布于黄绿色碎裂蚀变细微晶绿帘石英岩角砾中。镜下岩石中以灰色-灰白色中粗晶石英碳酸盐为主的基底状脉体中，残留黄绿色碎裂蚀变细微晶绿帘石英岩、浅灰黄色隐微晶绿帘石小条痕及细微晶石英构成的片理化细微晶绿帘石英岩、浅灰黄色细微晶绿帘石石英岩等角砾、碎块，其周边有透闪石化的中粗晶透辉石蚀变反应边。金属矿物外围多见石榴子石环边（图 3.27），多呈斑杂状分布于细微晶绿帘石石英岩碎块间的黄绿色中细晶自形绿帘石他形石英带中，细微晶绿帘石石英岩中偶见浸染状分布。

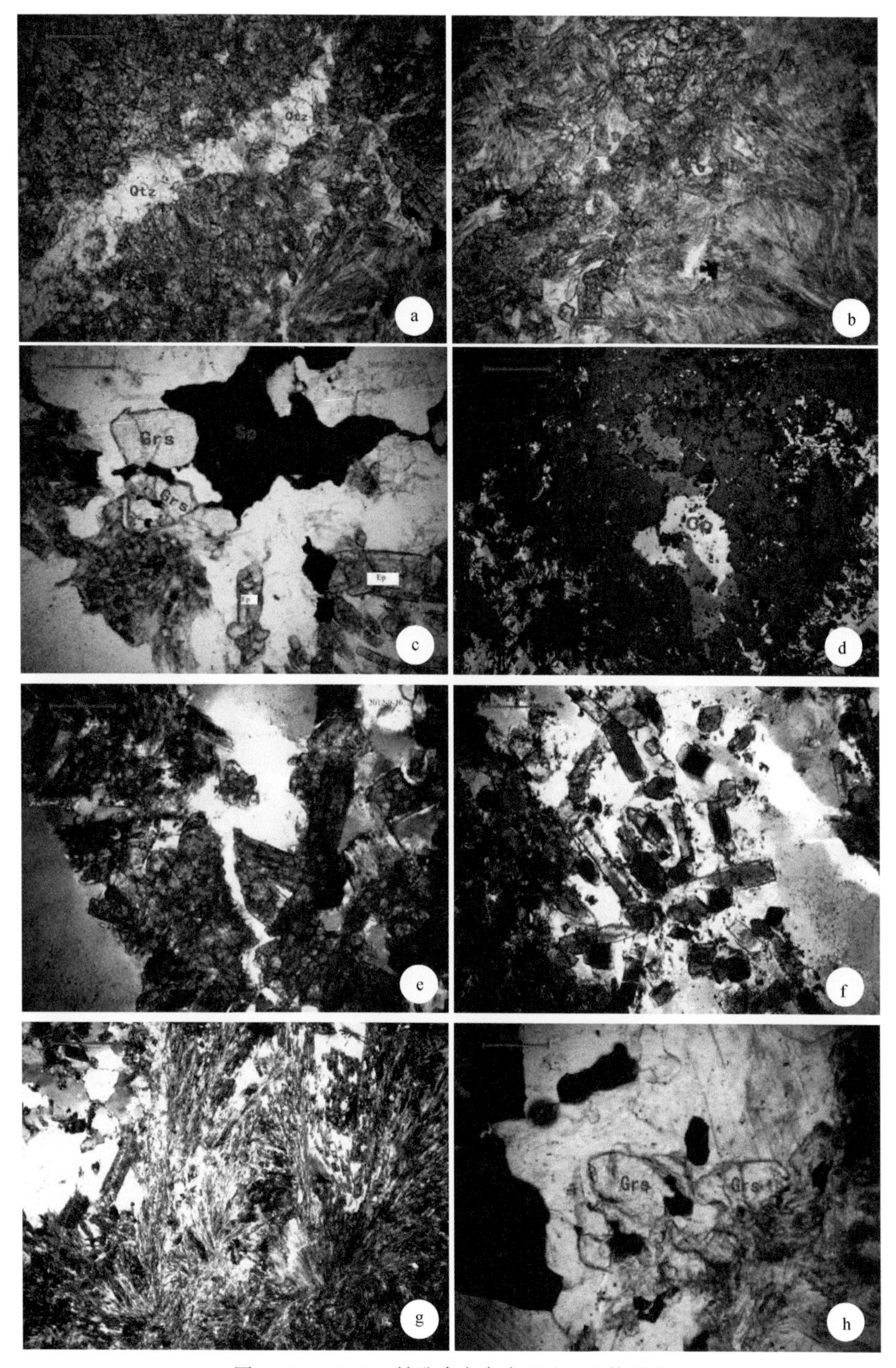

图3.26　ZK3107钻孔中夕卡岩型矿石组构照片

a、b-石英细脉穿插入绿帘石集合体内部，显示绿帘石早于石英脉、透闪石；c-自形绿帘石，钙铝榴石及闪锌矿相互关系；d-闪锌矿交代黄铜矿，呈尖角状插入黄铜矿中；e-石英脉穿入绿帘石集合体内部，并在绿帘石边部发生溶蚀；f-绿帘石呈自形结构；g-透闪石呈放射状集合体；h-与闪锌矿伴生透闪石化石榴子石；说明：Grs-钙铝榴石

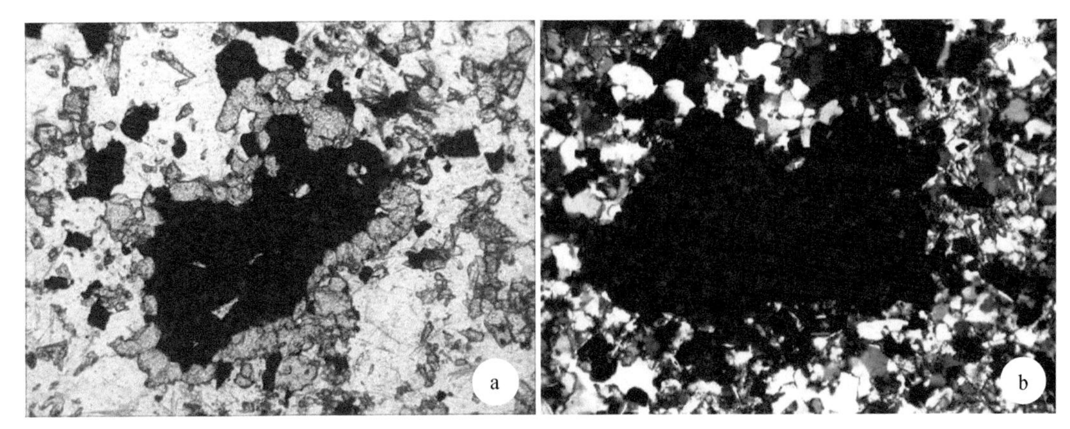

图 3. 27 ZK3107 钻孔中粒状石榴子石沿闪锌矿边缘生长的单偏光下照片（a）和正交偏光照片（b）

黄绿色碎裂化细微晶绿帘石英岩、糜棱岩化细微晶绿帘石英岩、细微晶绿帘石英岩角砾周边均有中细晶透辉石石英蚀变反应边，呈灰色（图 3. 28）。糜棱岩化细微晶绿帘石石英岩碎块间为黄绿色中细晶自形绿帘石他形石英充填结晶。

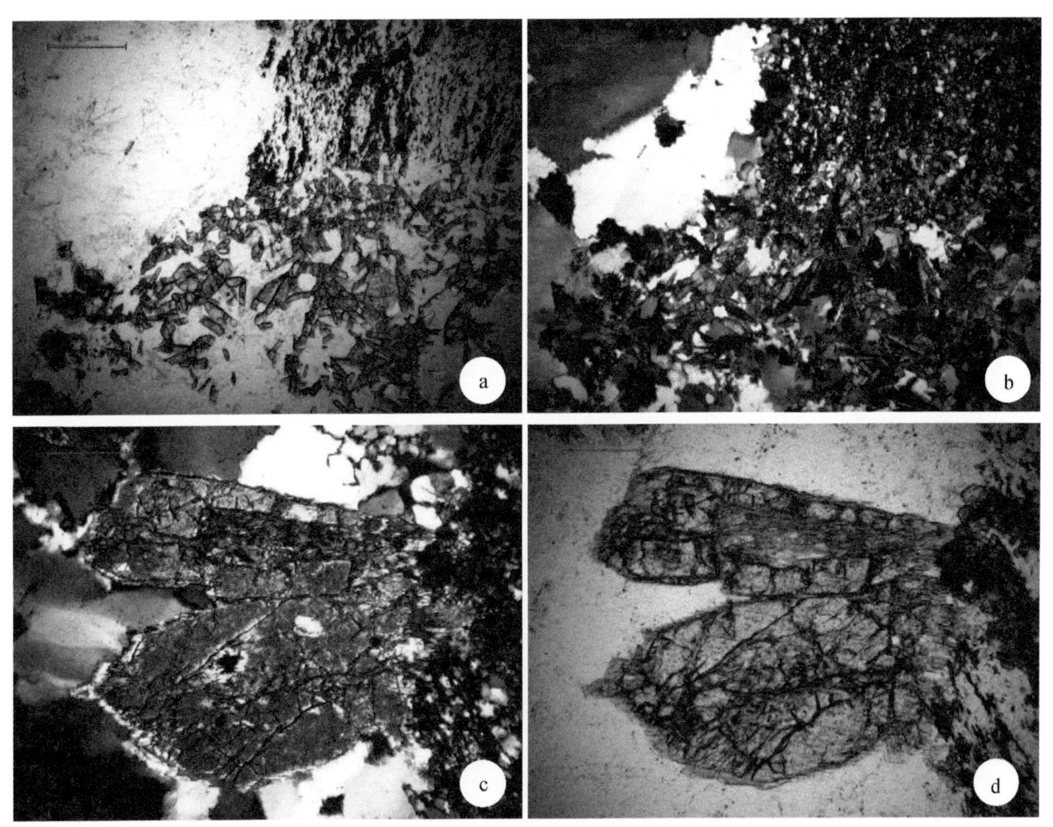

图 3. 28 ZK3107 钻孔中夕卡岩矿物显微结构照片

a-细微晶糜棱岩化石英绿帘石岩；b-透辉石化绿帘石石英岩；c、d-透辉石呈二级干涉色，其边部已发生透闪石化

104. 50 ~ 108. 35m，灰色-灰绿色绿泥千枚岩，局部大理岩化明显，少量大理岩夹绿帘石，见少量层状方铅矿、闪锌矿化。

108.35~110.80m 灰色-灰绿色-灰黑色绿泥千枚岩，矿化主要为闪锌矿，少量黄铜矿化分布，亦见矿化沿着绿帘石周围分布。

109.00m（XC-10）：灰色-灰绿色-灰黑色绿泥千枚岩。

110.30m（XC-11）：灰色-灰绿色-灰黑色绿泥千枚岩。在绿灰色千枚岩碎裂的裂隙间被黄绿色细晶绿帘石脉石充填。镜下见透闪千糜岩碎裂岩化，裂隙间被黄绿色细晶绿帘石脉石充填。透闪千糜岩由显微条纹条痕各自聚集的隐微晶透闪石、绿泥石构成流纹状基质，其中残留少量小透镜状绿帘石碎斑。

110.80~115.80m：硅化千枚岩，矿化弱。

115.80~124.00m：灰色-灰黑色千枚岩，从顶到底为闪锌矿化中部为黄铜矿闪锌矿化少量磁铁矿，底部矿化逐步减弱。

124.00~127.00m：浅灰色大理岩。

127.00~130.68m：浅灰色千枚岩，见星点状黄铁矿化。

128.40m（XC-15）：浅灰色千枚岩，见少量星点状黄铁矿化，杏仁状构造。具千枚状定向构造，以定向细微晶绢云母为主的基质中，见少量 $d\leqslant 3$mm 透镜-浑圆状变斑（图3.29），偶见 $d\leqslant 1.5$mm 立方体黄铁矿星散分布。镜下岩石中以定向排列连续分布的细微晶白绢云母为主，残留少量粉砂屑石英，可见透镜-浑圆状菱铁矿筛状变斑。变质矿物组合为绢云母+石英+菱铁矿。原岩为含粉砂质泥岩。

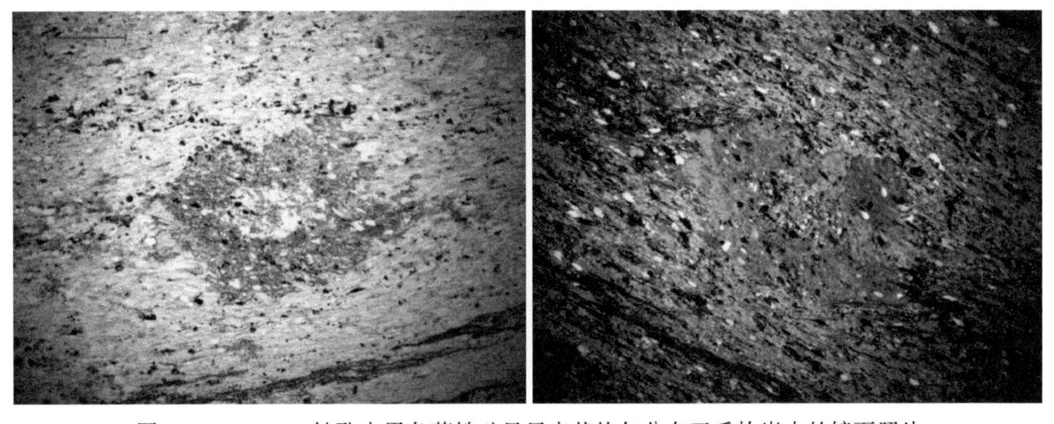

图3.29　ZK3107钻孔中黑色菱铁矿呈星点状均匀分布于千枚岩中的镜下照片

4. ZK2403钻孔揭露的含矿地层矿化特征

该钻孔位于雷打岩矿区东南部，孔深279.10m。实际编录的岩心具有如下特征。

第一层（25.50~76.50m）：灰白色、浅灰色硅质岩夹浅灰色千枚岩、绢云千枚岩，硅质岩石中发育少量细粒状、条纹状黄铁矿，偶见脉状黄铁矿，千枚岩较破碎。

第二层（76.50~127.30m）：灰黑色大理岩，夹少量千枚岩，发育大量石英脉及少量脉状、团块状方解石。92.20~100.10m 为灰色强硅化大理岩，石英脉密集产出，发育脉状方铅矿、黄铁矿，其中 92.20~97.00m 主要为脉状方铅矿，少量脉状黄铁矿；97.00~100.10m 主要为脉状黄铁矿、脉状方铅矿。

————断裂————（127.3~130m：浅灰色-灰黄色千枚质断层泥）

第三层（130.00～165.10m）：灰色-深灰色大理岩夹千枚岩，局部发育石英方解石脉，脉宽0～1cm。151.2～155.10m见一层灰色含重晶石大理岩，其中154.5～154.90m见一层块状、浸染状方铅矿、黄铁矿石。

第四层（165.1～192.2m）：灰色-深灰色千枚岩，岩石较破碎，夹少量大理岩，局部发育石英脉及星点状、粒状黄铁矿。偶见少量层纹状闪锌矿化。

————断裂————（192.2～194.50m：灰色断层泥）

第五层（194.5～194.90m）：灰色大理岩夹千枚岩。

第六层（194.9～195.60m）：深灰色-灰绿色绿帘石岩，见褐红色层纹状闪锌矿。

第七层（195.6～199.20m）：灰黑色碳质千枚岩。

第八层（199.2～215.50m）：灰色、灰绿色硅质岩、条纹状硅质岩，局部夹少量大理岩、千枚岩，偶见硅质岩与大理岩互层。发育少量层纹状黄铁矿及粒状黄铁矿，粒状黄铁矿多沿千枚岩与硅质岩界限产出。

————断裂————（215.5～216.40m：断层破碎带，主要为碎裂岩，原岩为千枚岩夹石英脉，局部可见层纹状黄铁矿沿千枚岩层理发育，石英脉体边缘发育粒状黄铁矿）

第九层（215.5～249.40m）：灰色、灰黄色、灰绿色千枚岩，局部为浅灰色条纹状大理岩，浅灰色-灰绿色大理岩夹千枚岩，灰绿色千枚岩夹硅质岩，顶部与底部发育层纹状黄铁矿沿层理分布，局部发育石英脉体，沿石英脉边缘发育粒状黄铁矿，239.6～243.70m为一矿化层，岩石为灰色千枚岩，局部发育石英脉，见层纹状闪锌矿、黄铁矿沿层理分布，偶见粒状黄铁矿。

第十层（249.4～279.10m）：灰色-深灰色、灰黑色大理岩夹千枚岩。局部为浅灰色条带状硅化大理岩，偶见石英脉沿裂隙分布，无矿化。

5. ZK2403 钻孔揭露的含矿地层矿化富集特征

ZK2403钻孔见三层含矿层和一层矿化层，矿化类型主要有灰色千枚岩的层状闪锌矿矿化，灰绿色绿帘石岩的层状闪锌矿，含重晶石大理岩中的块状、浸染状方铅矿，强硅化大理岩中的脉状方铅矿四种类型。从底部→顶部，含矿层具有如下特征。

239.6～243.70m：含矿化层-灰色千枚岩的层状闪锌矿，岩石为灰色千枚岩，局部发育石英脉，见层纹状闪锌矿、黄铁矿沿层理分布，偶见粒状黄铁矿。上下围岩为灰色、灰绿色、灰黄色千枚岩。

194.9～195.60m：含矿层-灰绿色绿帘石岩的层状闪锌矿，深灰-灰绿色绿帘石岩，见褐红色层纹状闪锌矿。上部（194.5～194.90m）岩石为灰色大理岩夹千枚岩，下部（195.6～199.20m）岩石为灰黑色碳质千枚岩。

151.2～155.10m：含矿层-含重晶石大理岩块状、浸染状方铅矿，见一层灰色含重晶石大理岩，其中154.5～154.90m见块状、浸染状方铅矿、黄铁矿石。上下围岩为灰色大理岩夹千枚岩。

92.2～100.10m：含矿层-强硅化大理岩中的脉状方铅矿，为灰色强硅化大理岩，石英脉密集产出，发育脉状方铅矿、黄铁矿，其中92.2～97.00m主要为脉状方铅矿，少量脉状黄铁矿；97.00～100.10m主要为脉状黄铁矿、脉状方铅矿。上下围岩为灰色-灰黑色大理岩、硅化大理岩，大理岩夹少量千枚岩。

3.5.2　含矿沉积岩系的岩石组合及其控矿特征

1. 含矿沉积岩系的岩石组合

综合16线ZK1602钻孔和31线ZK3105、ZK3107、ZK3123钻孔岩心等资料，发现明显存在四个火山喷流沉积亚旋回，其中第四、第三和第一亚旋回最发育，赋存三个铅锌铜矿层。从上到下的含矿岩石组合如下。

第四火山喷发沉积亚旋回的岩石组合（上部未见顶）：菱铁矿硅质岩→层纹状黄铜矿-方铅矿-闪锌矿矿石（上部为黄铜矿，下部闪锌矿）→层纹状闪锌矿-黄铁矿、细脉状黄铜矿矿石+条纹状大理岩→灰黑色绿帘石岩+层纹状闪锌矿-黄铁矿矿石。

第三火山喷发沉积亚旋回的岩石组合：条纹状大理岩→条纹状黄铁矿硅质岩→碳质千枚岩+大理岩→灰色绢云千枚岩→硅质岩→硅质岩与千枚岩互层+层纹状方铅矿-闪锌矿矿石→细粒浸染黄铁矿千枚岩→灰绿色绿帘石岩+层纹状闪锌矿-黄铁矿-少量重晶石岩。

第二火山喷发沉积亚旋回的岩石组合：条纹状硅化大理岩、千枚岩互层→灰黑色凝灰质千枚岩+细脉状、层状闪锌矿矿石→条纹状大理岩+千枚岩→绿色透辉绿帘石岩+层纹状、浸染状闪锌矿-方铅矿矿石。

第一火山喷发沉积亚旋回的岩石组合（下部）：层纹状菱铁矿-闪锌矿硅质岩→细条带状闪锌矿千枚岩→菱铁矿硅质岩→角砾状硅质岩→大理岩夹层纹状闪锌矿矿石→硅质岩-闪锌矿-方铅矿矿石→硅化大理岩→夕卡岩化碳酸岩化玄武质火山角砾岩+层纹状闪锌矿矿石。

在红石岩矿区，主要发育硅质岩、角砾状硅质岩、菱铁矿硅质岩和碳酸盐岩；见少量钾长石岩、电气石岩。矿体、矿化与硅质岩、菱铁矿硅质岩和碳酸盐岩在空间上关系密切，同时具有硅质岩厚度大，即矿体厚度大、矿化好的特点，所以硅质岩、碳酸盐岩可以作为该矿的标型矿物。

2. 含矿岩石组合控矿特征

基于区域构造和含矿沉积建造分析，该矿床受弧后盆地构造背景下莲花塘-马关深断裂控制。弧后盆地控制了本区火山喷流沉积作用及其铅锌多金属成矿作用的发生，形成了火山喷流沉积的含矿岩石组合及其铅锌铜矿床。其含矿岩石组合的控矿特征表现为岩性/岩相转化界面，即矿体主要赋存于菱铁矿硅质岩、千枚岩与透辉石绿帘石岩的岩性/岩相转化界面上。

3.5.3　含矿层成矿元素含量变化特征

从ZK1602钻孔和ZK3105钻孔岩心样品的成矿元素含量与矿化蚀变垂向变化关系图（图3.30和图3.31）可以看出，矿化层Ag、Cu、Pb、Zn元素含量明显增高（图3.30和图3.31），在60～100m、200m±及300m±处，其含量峰值处的岩石均为透辉绿帘石夕卡岩和硅质岩。

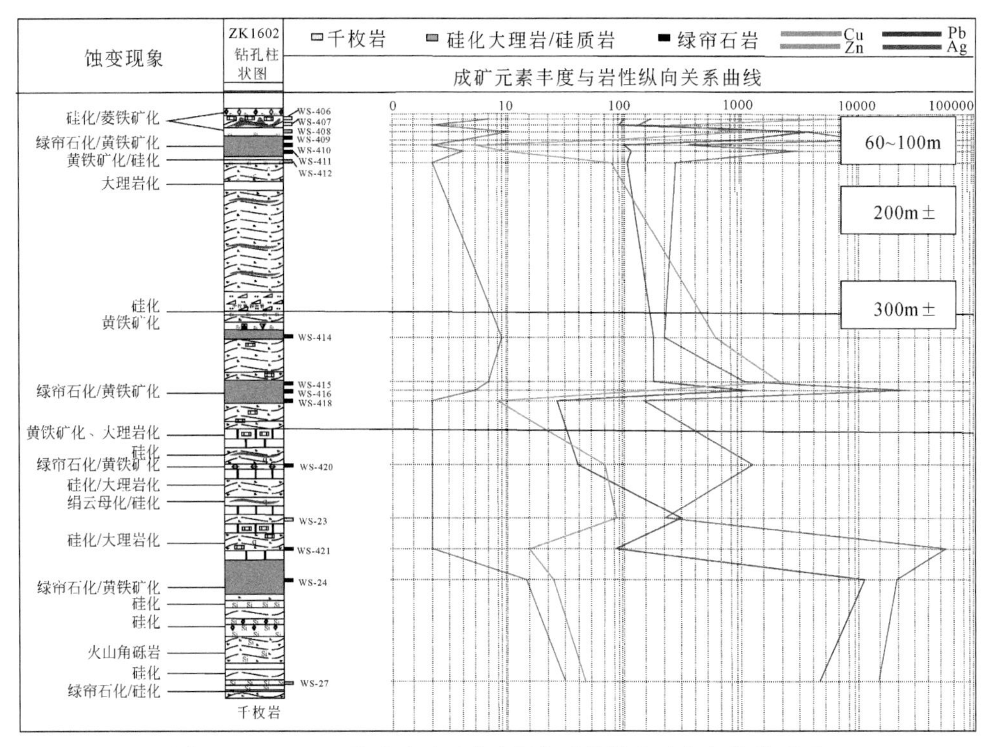

图 3.30　ZK1602 钻孔成矿元素含量与矿化蚀变垂向变化关系图

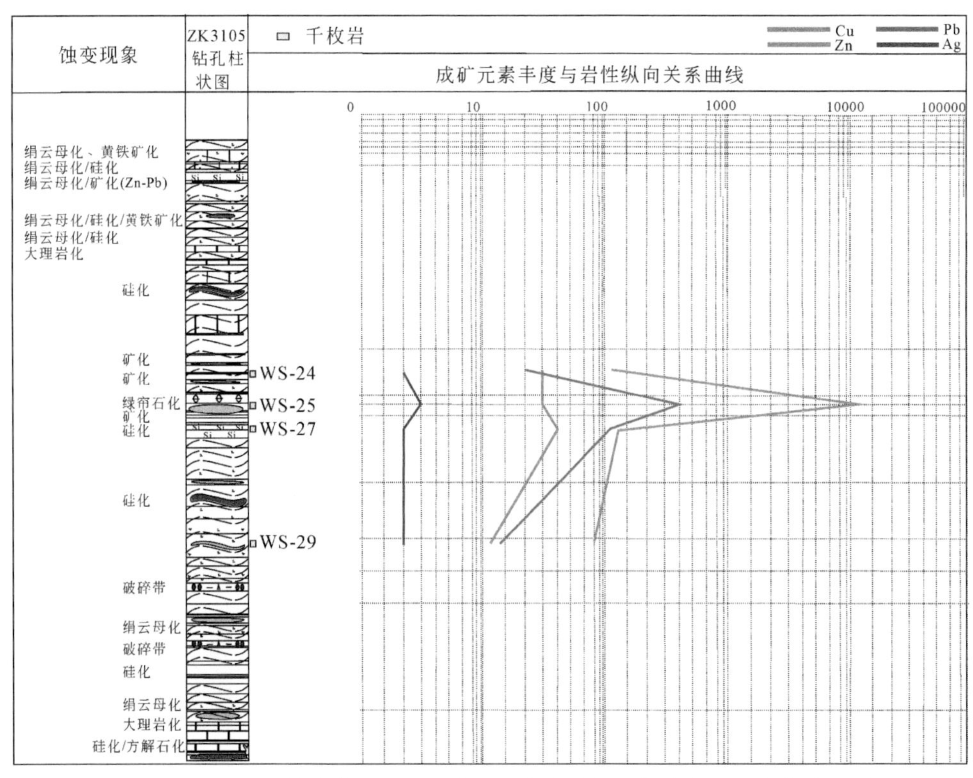

图 3.31　ZK3105 钻孔岩心中地层成矿元素含量与矿化蚀变垂向变化关系图

从绿帘石岩等厚线立体图（图3.32）可以看出，区内绿帘石岩出露最厚的钻孔为ZK726和ZK1602，揭露的矿体厚度大、品位高，反映了这些地段可能为火山喷流中心位置，即矿化中心位置。同时，反映该区存在多个成矿次级中心。

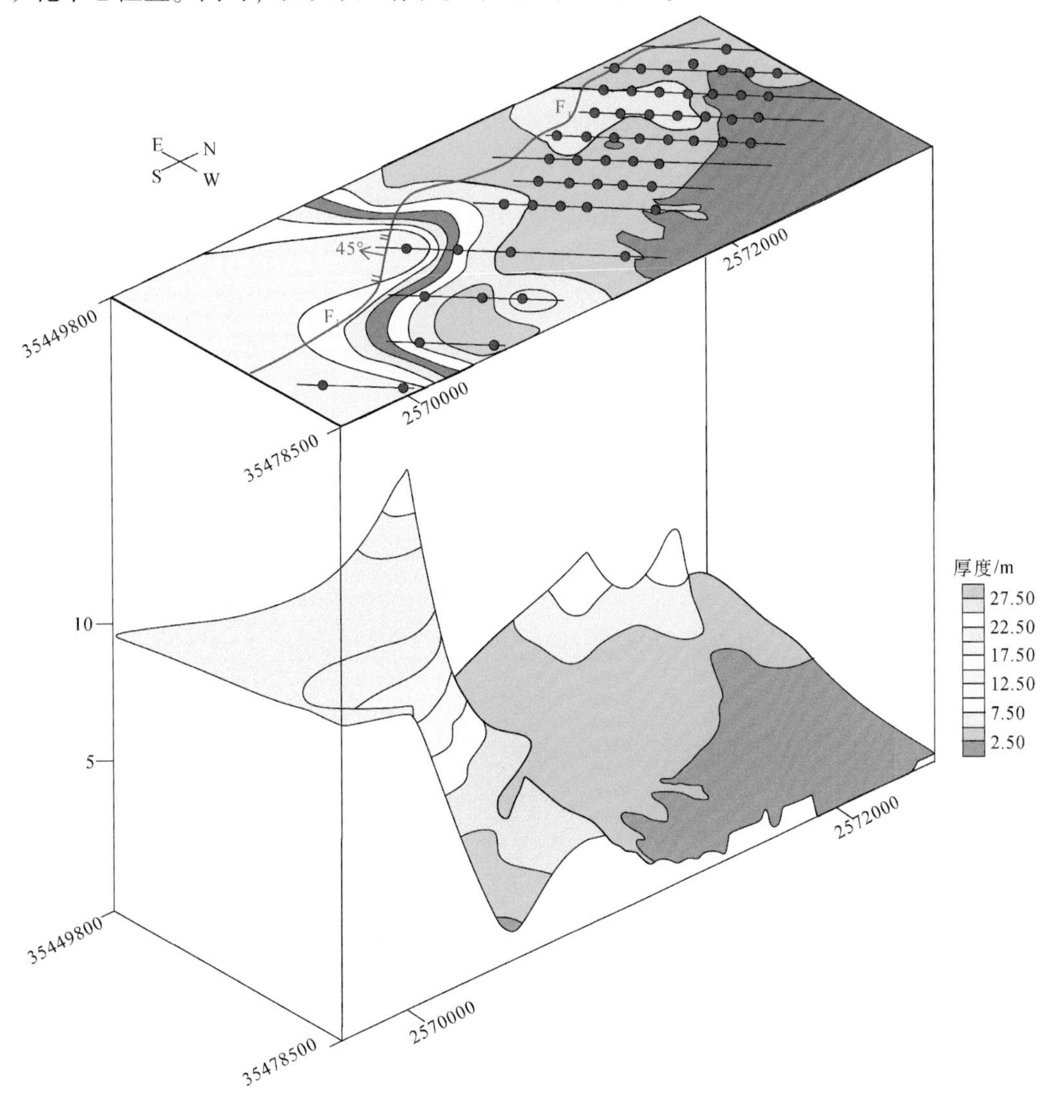

图3.32　红石岩矿区绿帘石岩等厚线立体图

3.5.4　含矿岩石地球化学特征

（1）千枚岩类：主要为绿泥石化、绿帘石化、凝灰质千枚岩，原岩为火山岩。浅灰色千枚岩具有较高的ΣREE-轻稀土富集-重稀土亏损-Eu负异常的特征（图3.33），而微量元素含量变化较大，呈锯齿状分布。

（2）硅质岩：REE、微量元素分配模式示踪其具有热水沉积的特征（图3.34）。

（3）碎屑岩：砂岩岩石地球化学特征在一定程度上可反映物源区性质和古代沉积盆地

的构造背景（Bhatia，1983）。田蓬组碎屑岩的化学组成特征（表 3.3），其中 Fe 和 Ti 因迁移能力低，在海水中停留的时间短而具判别意义：Al_2O_3/ SiO_2值代表碎屑岩中石英的富集程度；K_2O/Na_2O 值代表岩石中钾长石和云母对斜长石含量比；其主量元素和特征参数变化范围较小（表3.1），指示物源区构造环境和母岩组合。在 Roser 和 Korsch（1986）的 K_2O/Na_2O-SiO_2% 图解中（图 3.35），样品多落入活动大陆边缘区，而在 Blatt 等（1972）的 Fe_2O_3+MgO-Na_2O-K_2O 图解中（图 3.36），样品多落入断裂地槽区。

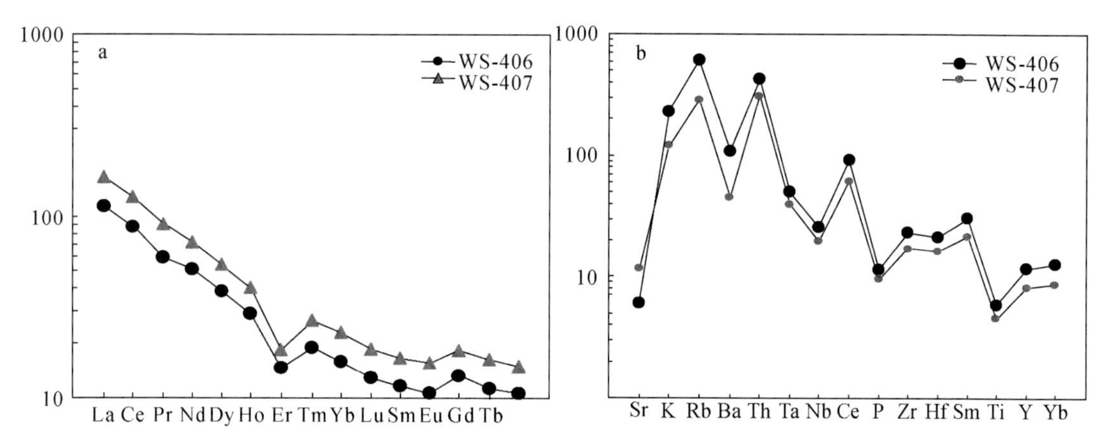

图 3.33　千枚岩稀土元素球粒陨石标准化配分图（a）和原始地幔标准化微量元素蛛网图（b）
（Sun and McDonough，1989）

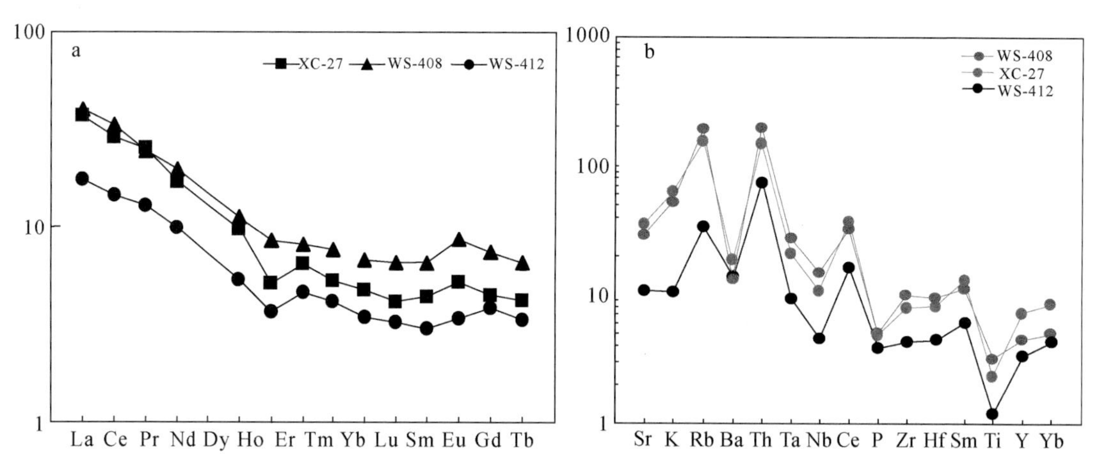

图 3.34　硅质岩稀土元素球粒陨石标准化配分图（a）和原始地幔标准化微量元素蛛网图（b）
（Sun and McDonough，1989）

表 3.3　田蓬组碎屑岩岩石化学参数表

样品编号	XC-6	XC-15	XC-19	XC-28	WS-18	WS-27	WS-29	WS-403	WS-406	WS-407
岩性	泥质粉砂岩	粉砂岩	泥质粉砂岩	泥质粉砂岩	泥质粉砂岩	泥质粉砂岩	粉砂岩	粉砂岩	泥质粉砂岩	泥质粉砂岩
SiO_2/%	53.28	67.27	53.96	54.99	57.02	58.56	65.48	79.27	56.17	56.06

续表

样品编号	XC-6	XC-15	XC-19	XC-28	WS-18	WS-27	WS-29	WS-403	WS-406	WS-407
岩性	泥质粉砂岩	粉砂岩	泥质粉砂岩	泥质粉砂岩	泥质粉砂岩	泥质粉砂岩	粉砂岩	粉砂岩	泥质粉砂岩	泥质粉砂岩
TiO_2/%	0.52	1.00	0.52	0.87	0.76	0.72	0.75	0.78	0.46	0.61
Al_2O_3/%	11.51	11.86	10.94	17.81	18.90	16.83	14.92	8.53	9.41	13.00
Fe_2O_3/%	1.37	1.91	1.37	2.68	1.87	1.74	2.04	1.92	3.36	2.71
FeO/%	6.01	6.85	5.69	8.62	6.08	5.34	4.37	2.48	11.24	7.36
MnO/%	0.17	0.13	0.15	0.27	0.21	0.17	0.13	0.04	0.70	0.26
MgO/%	3.22	1.90	4.46	2.40	3.54	2.76	2.14	0.89	3.93	3.44
CaO/%	15.54	0.75	13.32	0.62	0.84	1.63	0.88	0.40	9.35	4.04
Na_2O/%	1.14	2.17	0.72	1.19	1.09	1.25	1.66	2.19	1.49	1.89
K_2O/%	2.30	2.15	2.64	3.38	5.08	4.17	4.12	2.07	2.75	3.78
P_2O_5/%	0.10	0.26	0.08	0.11	0.15	0.11	0.20	0.15	0.10	0.12
LOI	4.56	3.36	6.03	7.35	4.31	6.90	4.07	0.70	0.62	6.13
总量/%	99.72	99.61	99.88	100.29	99.85	100.18	100.76	99.42	99.58	99.40
K_2O/Na_2O	2.02	0.99	3.67	2.84	4.66	3.34	2.48	0.95	1.85	2.00
SiO_2/Al_2O_3	4.63	5.67	4.93	3.09	3.02	3.48	4.39	9.29	5.97	4.31
Fe_2O_3+MgO	4.59	3.81	5.83	5.08	5.41	4.50	4.18	2.81	7.29	6.15
K_2O/Na_2O+CaO	0.14	0.74	0.19	1.87	2.63	1.45	1.62	0.80	0.25	0.64

测试单位：西北有色金属地质研究院测试中心，分析样品的岩性下同。

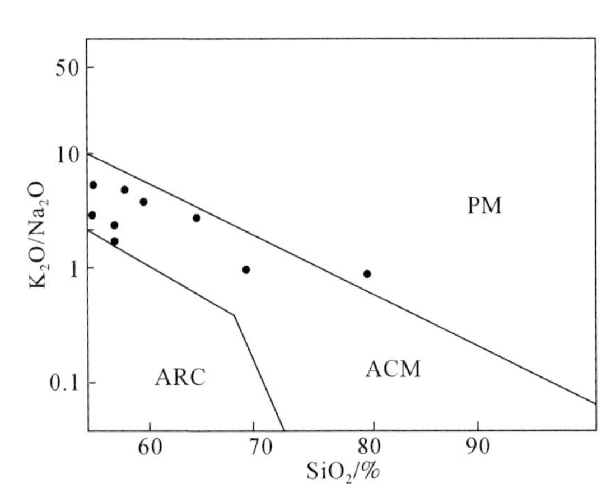

图3.35　碎屑岩化学成分与板块构造背景分析图（Roser and Korsch，1986）

PM-被动大陆边缘；ACM-活动大陆边缘；ARC-海洋岛弧带

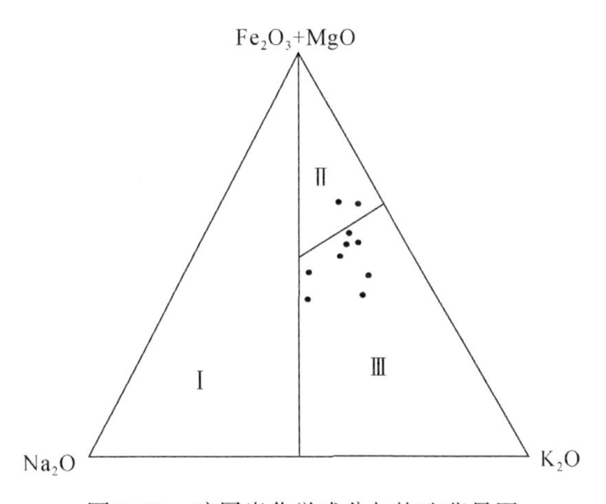

图3.36　碎屑岩化学成分与构造背景图（Blatt et al.，1972）

Ⅰ-优地槽；Ⅱ-准地槽；Ⅲ-断裂地槽

微量元素地球化学特征是分析母岩类型和判别物源区构造环境的有效手段之一。一般情况下，微量元素在各类沉积岩中的含量呈规律性的变化。从田蓬组碎屑岩微量元素含量表中可以看出（表 3.4），与 Bhatia 和 Crook（1986）等不同构造背景砂岩微量元素特征参数（表 3.5）相比较，Sc、V、Zn 偏高，其他元素则较为一致；显示为活动大陆边缘的构造环境；在不相容元素分配图上，田蓬组的碎屑岩微量元素配分形式极相似（图 3.37），显示了活动大陆边缘环境富集大离子亲石元素（如 Rb、Ba、Th 等）和亏损 P、Ti 等元素的特征。

表 3.4　田蓬组碎屑岩微量元素含量表

样品编号	XC-6	XC-15	XC-19	XC-28	WS-18	WS-27	WS-29	WS-403	WS-406	WS-407
$Ba/10^{-6}$	517.00	3940.00	578.00	455.00	1340.00	2220.00	3930.00	5620.00	310.00	752.00
$Li/10^{-6}$	40.75	28.18	76.34	37.03	37.09	39.08	37.24	26.63	36.02	47.27
$Be/10^{-6}$	3.17	2.75	2.72	3.20	4.69	4.28	3.73	2.30	2.60	4.11
$Sc/10^{-6}$	11.45	13.14	10.26	14.77	18.29	15.36	12.43	8.45	9.20	11.63
$V/10^{-6}$	90.21	97.17	87.67	42.57	106.69	90.00	79.77	52.22	51.90	67.18
$Cr/10^{-6}$	447.87	748.46	470.63	174.64	790.84	607.63	854.72	612.03	321.40	481.52
$Co/10^{-6}$	14.19	12.32	12.43	20.52	22.55	24.19	12.29	6.75	41.46	19.81
$Ni/10^{-6}$	25.62	33.79	33.41	65.14	113.46	68.67	37.31	12.22	33.56	52.09
$Cu/10^{-6}$	95.33	68.01	45.17	80.12	61.80	52.65	12.70	165.47	5600.00	331.11
$Zn/10^{-6}$	76.61	367.47	448.37	171.58	128.06	158.21	87.16	106.32	225.77	168.24
$Sr/10^{-6}$	294.00	29.00	141.00	46.00	24.00	54.00	41.00	18.00	138.00	71.00
$Ga/10^{-6}$	15.96	17.50	13.74	20.93	24.29	21.25	19.51	12.50	12.81	16.04
$Ge/10^{-6}$	2.75	1.98	2.70	1.24	3.20	2.97	3.21	2.93	3.94	4.08
$Rb/10^{-6}$	187.94	256.05	165.69	176.97	357.24	339.16	331.82	154.25	100.29	210.33
$Zr/10^{-6}$	117.17	464.36	125.63	146.60	129.40	98.59	230.55	137.23	118.18	157.55
$Nb/10^{-6}$	8.75	13.40	8.24	11.84	12.37	10.38	10.33	7.32	6.82	8.94
$Mo/10^{-6}$	0.06	1.71	0.59	0.26	0.61	1.53	0.21	1.31	0.12	0.53
$Ag/10^{-6}$	2.00	2.00	2.00	2.00	2.00	2.00	2.00	2.00	6.18	2.00
$Cd/10^{-6}$	0.25	1.56	1.77	0.30	0.06	0.47	0.12	0.48	0.55	0.29
$In/10^{-6}$	0.04	0.02	0.04	0.02	0.02	0.02	0.02	0.10	0.15	0.14
$Sn/10^{-6}$	1.45	2.14	1.38	2.47	2.09	2.11	1.78	1.38	4.44	2.09
$Cs/10^{-6}$	8.30	11.27	14.64	31.48	17.51	14.24	17.94	8.03	8.36	11.27
$Hf/10^{-6}$	3.09	12.01	3.33	4.20	3.66	2.82	6.41	3.99	3.24	4.22
$Ta/10^{-6}$	0.94	1.88	0.92	1.16	1.29	1.08	1.02	0.80	0.79	1.00
$W/10^{-6}$	2.09	45.33	7.19	3.19	7.64	9.24	5.22	4.15	10.25	10.53
$Tl/10^{-6}$	1.11	2.17	1.34	1.30	2.08	2.21	2.25	1.36	1.07	1.71

续表

样品编号	XC-6	XC-15	XC-19	XC-28	WS-18	WS-27	WS-29	WS-403	WS-406	WS-407
Pb/10^{-6}	39.27	42.88	65.06	281.32	14.01	133.76	17.95	73.59	96.75	82.53
Bi/10^{-6}	0.51	0.12	0.25	0.37	0.14	0.27	0.14	0.22	2.16	1.03
Th/10^{-6}	16.23	36.52	16.88	19.19	23.47	19.33	21.79	15.37	13.19	18.02
U/10^{-6}	2.72	4.56	2.39	4.68	3.32	3.35	3.31	2.62	2.10	2.69
As/10^{-6}	47.00	180.00	57.00	45.00	42.00	85.00	47.00	50.00	410.00	70.00
Sb/10^{-6}	6.50	8.70	7.90	7.10	21.00	9.30	4.10	26.00	20.00	16.00
Hg/10^{-6}	0.70	3.80	0.35	0.25	0.12	0.29	0.46	0.22	0.10	0.15
Ti/Zr	26.63	12.92	24.84	35.61	35.24	43.82	19.52	34.10	23.35	23.23
La/Sc	2.86	5.04	3.17	2.64	2.44	2.49	3.96	4.33	2.91	3.37

测试单位：西北有色金属地质研究院测试中心，岩石特征同上。

表 3.5　不同构造背景砂岩微量元素参数（据 Bhatia 和 Crook，1986）

元素	大洋岛弧	大陆岛弧	活动陆缘	被动陆缘	田蓬组的平均值
Th/10^{-6}	2.27±0.7	11.1±1.1	18.8±3	16.7±3.5	20.00
Zr/10^{-6}	96±20	229±27	179±33	298±80	172.52
Nb/10^{-6}	2±0.4	8.5±0.8	10.7±1.4	7.9±1.9	9.84
Ti/10^{-6}	0.48±0.12	0.39±0.06	0.26±0.02	0.22±0.06	0.70
Sc/10^{-6}	19.5±5.2	14.8±1.7	8.0±1.1	6.0±1.4	12.50
V/10^{-6}	131±40	89±13.7	48±5.9	31±9.9	76.54
Co/10^{-6}	18±6.3	12±2.7	10±1.7	5±2.4	18.65
Zn/10^{-6}	89±18.6	74±9.8	52±8.6	26±12	193.78
La/10^{-6}	8.72±2.5	24.4±2.3	33±4.5	33.5±5.8	40.53
Ce/10^{-6}	22.53±5.9	50.5±4.3	72.7±9.8	71.9±11.5	82.31
Zr/Th	48±13.4	21.5±2.4	9.5±0.7	19.1±5.8	8.63
La/Y	0.48±0.12	1.02±0.07	1.33±0.09	1.31±0.26	1.83
La/Th	4.26±1.2	2.36±0.3	1.77±0.1	2.20±0.47	2.03
La/Sc	0.55±0.22	1.82±0.3	4.55±0.8	6.25±1.35	3.24
Th/Sc	0.15±0.08	0.85±0.13	2.59±0.5	3.06±0.8	1.60
Ti/Zr	56.8±2.14	19.7±4.3	15.3±2.4	6.74±0.9	12.70
Sc/Cr	0.57±0.16	0.32±0.06	0.3±0.02	0.16±0.02	0.02

测试单位：西北有色金属地质研究院测试中心，岩性特征同上。

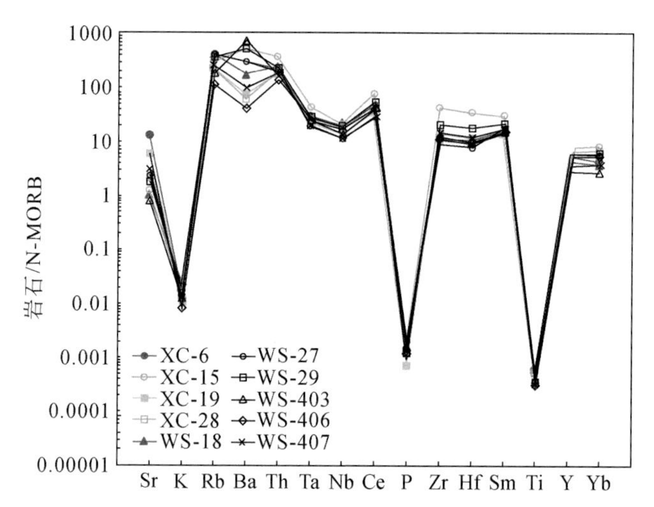

图 3.37　碎屑岩原始地幔标准化微量元素蛛网图（标准化值据 Sun and McDonough，1989）

在 Th-Co-Zr/10 和 Th-Sc-Zr/10 判别图解中（Bhatia，1981）（图 3.38），样品多落入活动大陆边缘区。

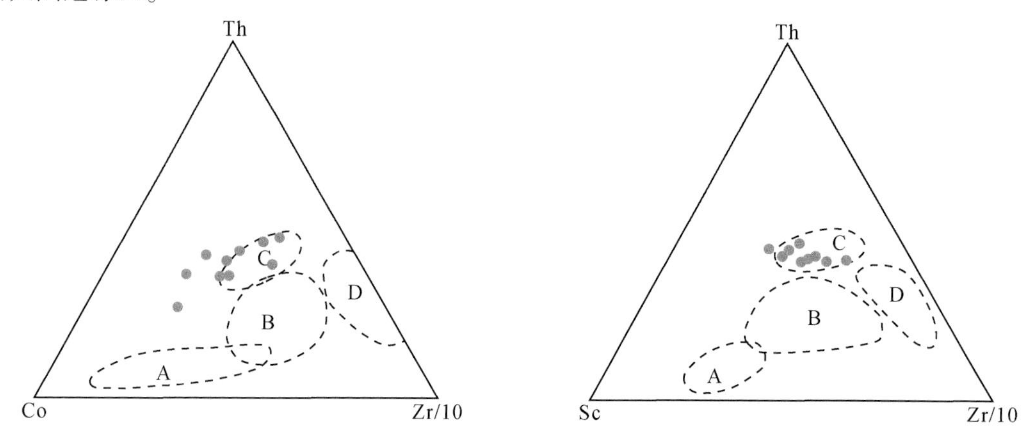

图 3.38　碎屑岩 Th-Co-Zr/10 和 Th-Sc-Zr/10 构造环境图（Bhatia，1981）

A-大洋岛弧；B-大陆岛弧；C-活动陆缘；D-被动陆缘

稀土元素的含量及配分模式可以真实地反映沉积建造的母岩特征和物源区的构造性质（Bhatia and Crook，1986）。田蓬组碎屑岩稀土元素及特征参数见表 3.6。$\sum$REE 为 $127.53\times10^{-6}\sim327.53\times10^{-6}$，平均为 193.80×10^{-6}，LREE/HREE 为 8.18 ~ 13.57，平均为 10.05，$(La/Yb)_N$为 7.93 ~ 19.18，平均为 11.23，δEu 为 0.55 ~ 0.80，平均为 0.56，δCe 为 0.93 ~ 1.02，平均为 0.98。La 为 $26.80\times10^{-6}\sim66.23\times10^{-6}$，平均为 40.53×10^{-6}，Ce 为 $53.41\times10^{-6}\sim141.73\times10^{-6}$，平均为 82.31×10^{-6}。稀土元素球粒陨石配分模式呈右倾式轻稀土富集-重稀土平坦型，Eu 负异常，Ce 无异常，与活动大陆边缘构造环境的稀土元素球粒陨石配分模式（Bhatia and Crook，1986）类似（图 3.38）。

表3.6　田蓬组碎屑岩稀土元素组成表

样品编号	XC-6	XC-15	XC-19	XC-28	WS-18	WS-27	WS-29	WS-403	WS-406	WS-407	平均值
La/10^{-6}	32.71	66.23	32.57	39.05	44.66	38.27	49.16	36.62	26.80	39.19	40.53
Ce/10^{-6}	64.94	141.73	65.12	78.98	88.25	73.84	102.62	75.68	53.41	78.50	82.31
Pr/10^{-6}	7.49	15.98	7.55	10.22	10.51	8.98	11.59	7.91	5.60	8.58	9.44
Nd/10^{-6}	28.44	60.41	28.91	35.44	38.54	32.62	43.97	32.89	23.75	33.63	35.86
Sm/10^{-6}	5.08	11.29	5.14	6.61	6.66	5.97	8.27	5.78	4.45	6.13	6.54
Eu/10^{-6}	0.99	2.38	1.04	1.29	1.31	1.28	1.76	1.40	0.84	1.06	1.34
Gd/10^{-6}	4.44	9.68	4.76	5.94	5.19	5.22	6.99	4.69	3.88	5.42	5.62
Tb/10^{-6}	0.70	1.45	0.77	0.97	0.72	0.81	1.03	0.63	0.59	0.86	0.85
Dy/10^{-6}	3.88	7.57	4.29	5.32	3.43	4.20	5.08	2.86	3.26	4.72	4.46
Ho/10^{-6}	0.78	1.47	0.87	1.08	0.63	0.85	0.99	0.51	0.65	0.94	0.88
Er/10^{-6}	2.47	4.27	2.84	3.32	1.93	2.56	2.99	1.41	1.76	2.58	2.61
Tm/10^{-6}	0.40	0.67	0.46	0.55	0.31	0.41	0.48	0.22	0.34	0.47	0.43
Yb/10^{-6}	2.51	3.84	2.76	3.32	1.93	2.42	2.88	1.29	1.92	2.76	2.56
Lu/10^{-6}	0.36	0.58	0.42	0.47	0.29	0.34	0.42	0.20	0.27	0.38	0.37
Y/10^{-6}	20.71	37.64	22.29	26.49	15.70	21.39	25.83	11.70	16.26	23.10	22.11
ΣREE	155.19	327.53	157.48	192.55	204.36	177.77	238.23	172.09	127.53	185.22	193.80
LREE	139.65	298.01	140.32	171.58	189.93	160.95	217.37	160.28	114.86	167.10	176.01
HREE	15.54	29.52	17.16	20.97	14.43	16.81	20.86	11.81	12.67	18.12	17.79
LREE/HREE	8.99	10.10	8.18	8.18	13.16	9.57	10.42	13.57	9.06	9.22	10.05
La_N/Yb_N	8.80	11.63	7.95	7.93	15.64	10.67	11.53	19.18	9.41	9.59	11.23
δEu	0.62	0.68	0.63	0.62	0.66	0.69	0.69	0.80	0.61	0.55	0.65
δCe	0.96	1.02	0.97	0.93	0.95	0.93	1.00	1.02	1.00	0.99	0.98

测试单位：西北有色金属地质研究院测试中心，岩性特征同上。

从区域沉积特征来看，区内稳定发育一套浅海相的碎屑岩和碳酸盐岩沉积，并伴有层状硅质岩和海相火山喷流沉积岩的沉积岩组合，说明该区的沉积物源具有双向性，具有弧后盆地的沉积建造特点（彭勇民等，1999）。虽然不同研究者对于该区构造背景有不同的认识，但其共同点为该区属于拉张构造环境。本次研究依据微量元素、稀土元素特征，推断该区构造背景应属于弧后盆地。

3.5.5　绿帘石岩的岩石学和地球化学特征

1. 岩石学特征

该区绿帘石岩类由透辉绿帘石岩、透闪石化绿帘石岩等组成，其主要矿物组合为绿帘石+透辉石+纤闪石（阳起石、透闪石），次要矿物组合为石英+方解石+绿泥石+石榴子石。

推断其原岩可能为玄武岩-玄武安山岩的火山岩组合。

透辉绿帘石岩：呈灰绿色，具柱粒状（0.3～1.38mm）变晶结构，块状构造。其中，透辉石含量为30%～35%，绿帘石含量为35%～55%，石英含量为5%～10%，亦见有少量金云母、透闪石。沿透辉石的裂隙和边缘见纤闪石化反映边结构（图3.39a），绿帘石交代透辉石，微细粒状石英分布在透辉石、绿帘石粒间。岩石中局部可见环带和条带状石榴子石（图3.39b）。

透闪绿帘石岩：呈深绿色，具不等粒自形粒状（0.05～0.4mm）变晶结构，块状-斑杂状构造。其中绿帘石含量为50%～60%，透闪石含量为10%～30%，石英含量为15%～30%。绿帘石多呈隐晶质结构，部分呈自形、半自形（图3.39c），边部常具纤闪石的反应边结构，部分保留了绿帘石的轮廓，形成绿帘石的假象结构（图3.39d）。

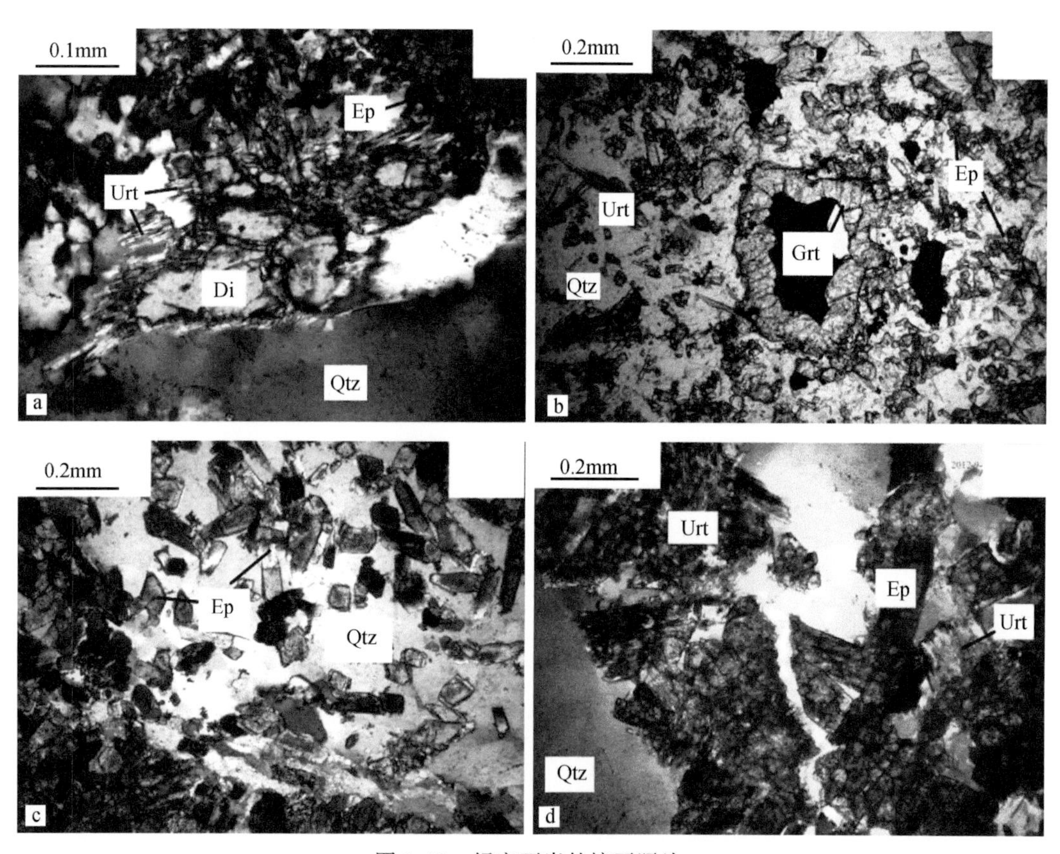

图3.39 绿帘石岩的境下照片

a-早期形成的辉石被蚀变为绿帘石；b-早期形成的石榴子石被蚀变为绿帘石；c-被石英破坏后的碎粒状绿帘石1；d-被石英破坏后的碎粒状绿帘石2。说明：Di-辉石；Ep-绿帘石；Grt-石榴子石；Qtz-石英；Urt-纤闪石

2. 地球化学特征

主量元素的测定采用X-射线荧光光谱仪（X-ray Fluorescence Spectrometer，XRF）：首先选取定量的样品，然后加入适量硼酸高温熔融成玻璃片，然后在X射线荧光光谱仪（ZSX Primus Ⅱ）上采用外标法测定氧化物含量，分析误差优于5%。微量元素测定采用电感耦合

等离子体质谱法（ICP-MS）：首先选取定量样品和国家标准（GRS1、GRS2、GRS3）用酸溶法制定溶液，然后在等离子质谱仪（ICP-MS）上进行测定，分析精度优于5%。

1）主量元素特征

绿帘石岩主量元素见表 3.7。透闪绿帘石岩 SiO_2 含量为 42.65% ~43.59%，平均为 43.12%，个别为 52.09%；Al_2O_3 平均为 12.33%；FeO^* 平均为 13.27%；MgO 平均为 3.91%；CaO 平均为 12.09%；Na_2O 平均为 0.20%；K_2O 平均为 1.97%；MnO 平均为 1.24%；P_2O_5 平均为 0.14%；TiO_2 平均为 0.59%；透辉绿帘石岩 SiO_2 含量为 42.07% ~44.48%，平均为43.17%，个别样品为 51.55% ~51.42%，平均为 51.49%；Al_2O_3 平均为 5.51%；FeO^* 平均为 14.37%；MgO 平均为 4.55%；CaO 平均为 15.08%；Na_2O 平均为 0.34%；K_2O 平均为 0.47%；MnO 平均为 2.31%；P_2O_5 平均为 0.06%；TiO_2 平均为 0.31%。两种岩石均呈高 FeO^*、CaO、MnO，低 MgO、P_2O_5、TiO_2 的特征，其较低的镁含量表明玄武质岩浆经历了明显的结晶分异作用（原始岩浆 MgO>8%），MnO 含量明显高于原始岩浆（MnO ≈0.2%），表明了岩浆上升过程中混染了壳源物质。TiO_2 的含量较低，P_2O_5（0.1% ~0.22%）含量中等，这一特征与大陆溢流玄武岩高钛、低铝的特征相异，而接近于岛弧玄武岩。

表 3.7　红石岩矿区绿帘石岩岩石化学组成　（单位:%）

样品编号	WS-14	WS-410	WS-418	WS-404	WS-411	WS-414	WS-415	WS-420
样品名称	透闪绿帘石岩	透闪绿帘石岩	透闪绿帘石岩	透辉绿帘石岩	透辉绿帘石岩	透辉绿帘石岩	透辉绿帘石岩	透辉绿帘石岩
SiO_2	42.65	43.59	52.09	44.48	51.55	51.42	42.07	42.97
Al_2O_3	11.65	10.60	14.75	3.02	6.12	5.82	6.02	6.58
FeO^*	18.77	10.13	10.92	15.92	10.55	18.61	13.53	13.23
MgO	4.97	4.38	2.38	4.28	3.28	2.47	6.35	6.83
CaO	11.09	14.03	11.16	13.69	12.90	5.21	16.73	17.01
Na_2O	0.36	0.08	0.17	0.48	0.25	0.34	0.26	0.38
K_2O	0.95	2.27	2.70	0.64	0.73	0.52	0.27	0.20
MnO	1.55	1.35	0.82	2.14	1.56	1.60	2.87	3.37
P_2O_5	0.11	0.10	0.22	0.07	0.06	0.06	0.06	0.05
TiO_2	0.63	0.51	0.63	0.40	0.31	0.24	0.35	0.25
LOI	7.11	12.92	4.01	13.49	12.24	13.82	11.00	8.80
总和	99.84	99.96	99.85	98.61	99.55	100.11	99.51	99.67

测试单位：西北有色地质研究院测试中心。测试方法和误差见正文；FeO^* 为全铁，$FeO^*=FeO+0.899Fe_2O_3$。

2）微量元素特征

透闪绿帘石岩微量元素（表 3.8）具有 Th/Yb、Ta/Yb 较低和 Th/Ta、La/Nb 较高特征，显示岛弧火山岩的特征；岩石中的 Rb/Sr 变化范围较大（0.07 ~0.83），但均高于地幔的相应值（约 0.025），表明岩浆经历了较高程度的分异演化；透辉绿帘石岩的微量元素特征与透闪绿帘石岩较为一致，其 Th/Ta 为 14.75～17.8，均值为 16.12，显示岛弧玄武岩的特点；Nb/Zr 为 0.07～0.12，均值为 0.08>0.04；La/Nb 为 3.47～5.73，均值为 4.48>1.11，反映了弧后盆地的拉张环境的特征。两种岩石的微量元素原始地幔标准化蛛网图（图 3.40）均呈“隆起”的特点，大离子亲石元素 LILE 富集，Sr、Ta、Nb、Ti 等元素亏损，原因是岩浆源区受古俯冲带流体的交代，反映了火山弧岩浆的特征，高场强元素（HFSE）丰度较低，低场强元素（LFSE）丰度较高，$(Rb/Yb)_N$值为 23.61～76.81，平均为 45.25 和11.15～43.12，平均为 23.59，远大于 1 表现为强不相容元素富集型，显示了弧后盆地火山岩的特点。微量元素异常值 Nb^* 为 0.13～0.43，平均为 0.27；P^* 为 0.23～0.77，平均为 0.42；Sr^* 为 0.32～1.28，平均为 0.84；Zr^* 为 0.57～1.85，平均为 1.10，表明了岩石为同化混染大陆壳物质的玄武质岩石。同时，Nh、Ta、Ti、P 明显亏损，Zr、Hf 等元素的特征，暗示源区遭受过不同程度的俯冲带流体交代。

表 3.8　红石岩矿区绿帘石岩稀土、微量元素分析结果

样品编号	WS-14	WS-410	WS-418	WS-404	WS-411	WS-414	WS-415	WS-420
样品名称	透闪绿帘石岩	透闪绿帘石岩	透闪绿帘石岩	透辉绿帘石岩	透辉绿帘石岩	透辉绿帘石岩	透辉绿帘石岩	透辉绿帘石岩
$Sc/10^{-6}$	10.91	8.83	15.00	2.65	4.69	3.81	5.15	4.19
$V/10^{-6}$	77.59	55.98	91.92	20.30	29.34	31.05	30.27	33.02
$Cr/10^{-6}$	120.50	34.65	114.93	390.99	68.04	301.06	127.69	102.78
$Co/10^{-6}$	30.30	15.41	19.58	26.77	21.58	56.28	24.72	23.97
$Ni/10^{-6}$	49.27	15.89	43.45	19.58	20.28	44.16	95.07	27.21
$Rb/10^{-6}$	125.00	245.00	87.00	53.00	54.00	36.00	28.00	20.00
$Sr/10^{-6}$	685.00	295.00	911.00	272.00	193.00	83.00	248.00	305.00
$Zr/10^{-6}$	151.00	156.00	115.00	22.00	34.00	42.00	61.00	43.00
$Nb/10^{-6}$	9.40	8.40	10.00	1.50	4.20	2.80	4.90	3.40
$Ba/10^{-6}$	1580.00	632.00	1550.00	3780.00	759.00	1020.00	1210.00	774.00
$Hf/10^{-6}$	4.00	4.10	3.20	0.70	1.90	1.30	1.90	1.30
$Ta/10^{-6}$	1.00	1.00	1.10	0.20	0.50	0.30	0.50	0.40
$Th/10^{-6}$	18.00	16.00	18.00	3.10	7.94	5.00	8.90	5.90
$U/10^{-6}$	2.80	2.90	3.40	1.00	1.67	1.10	1.50	1.10
$La/10^{-6}$	36.00	33.00	37.00	8.60	19.00	12.00	17.00	15.00
$Ce/10^{-6}$	71.00	67.00	76.00	21.00	40.00	27.00	36.00	35.00
$Pr/10^{-6}$	8.30	7.40	8.10	2.30	4.30	3.00	4.10	4.10
$Nd/10^{-6}$	31.00	29.00	33.00	9.10	17.00	13.00	15.00	15.00
$Sm/10^{-6}$	5.70	4.60	5.60	1.70	3.10	2.20	2.40	2.40
$Eu/10^{-6}$	1.20	0.90	1.30	0.60	0.60	0.60	0.60	0.60

续表

样品编号	WS-14	WS-410	WS-418	WS-404	WS-411	WS-414	WS-415	WS-420
样品名称	透闪绿帘石岩	透闪绿帘石岩	透闪绿帘石岩	透辉绿帘石岩	透辉绿帘石岩	透辉绿帘石岩	透辉绿帘石岩	透辉绿帘石岩
Gd/10^{-6}	4. 90	4. 50	5. 40	1. 70	3. 00	2. 50	2. 40	2. 50
Tb/10^{-6}	0. 80	0. 70	0. 80	0. 20	0. 50	0. 50	0. 40	0. 30
Dy/10^{-6}	4. 40	3. 90	4. 70	1. 40	2. 50	2. 70	2. 00	2. 10
Ho/10^{-6}	0. 90	0. 80	1. 00	0. 30	0. 50	0. 60	0. 40	0. 50
Er/10^{-6}	2. 80	2. 30	2. 80	0. 90	1. 40	1. 50	1. 30	1. 30
Tm/10^{-6}	0. 50	0. 40	0. 40	0. 10	0. 20	0. 20	0. 20	0. 20
Yb/10^{-6}	2. 70	2. 50	2. 80	1. 00	1. 40	1. 50	1. 40	1. 40
Lu/10^{-6}	0. 40	0. 30	0. 40	0. 20	0. 20	0. 20	0. 20	0. 20
Y/10^{-6}	23. 00	21. 00	25. 00	7. 50	12. 00	13. 00	11. 00	12. 00
ΣREE/10^{-6}	170. 84	157. 10	179. 60	48. 71	93. 54	67. 30	83. 01	80. 27
LREE/10^{-6}	153. 53	141. 66	161. 24	43. 03	83. 83	57. 69	74. 82	71. 84
HREE/10^{-6}	17. 31	15. 45	18. 36	5. 68	9. 71	9. 61	8. 19	8. 43
LREE/HREE	8. 87	9. 17	8. 78	7. 57	8. 64	6. 00	9. 14	8. 52
$(La/Sm)_N$	4. 02	4. 66	4. 29	3. 27	3. 90	3. 65	4. 51	4. 05
$(La/Yb)_N$	9. 32	9. 58	9. 36	6. 45	9. 41	5. 68	8. 90	7. 90
δEu	0. 72	0. 59	0. 73	1. 02	0. 61	0. 78	0. 77	0. 69
δCe	1. 02	1. 05	1. 08	1. 16	1. 08	1. 10	1. 06	1. 06
∑Ce/∑Y	3. 79	3. 90	3. 71	3. 27	3. 82	2. 61	3. 92	3. 59
Nb/Zr	0. 06	0. 05	0. 09	0. 07	0. 12	0. 07	0. 08	0. 08
Eu/Sm	0. 21	0. 20	0. 23	0. 35	0. 19	0. 27	0. 25	0. 25
Th/Ta	18. 00	16. 00	16. 36	15. 50	15. 88	16. 67	17. 80	14. 75
$(Rb/Yb)_N$	35. 34	76. 81	23. 61	43. 12	29. 34	18. 25	16. 11	11. 15
Nb^*	0. 32	0. 19	0. 19	0. 13	0. 23	0. 22	0. 41	0. 33
Sr^*	1. 03	0. 47	1. 28	1. 40	0. 52	0. 32	0. 75	0. 95
P^*	0. 28	0. 27	0. 59	0. 72	0. 29	0. 41	0. 32	0. 3
Zr^*	1. 51	1. 85	0. 90	0. 57	0. 62	1. 00	1. 32	0. 99

测试单位：西北有色地质研究院测试中心；微量、稀土用 ICP-MS 质谱仪测定：$Nb^* = 2Nb_N/(La_N+K_N)$；$Sr^* = 2Sr_N/(Ce_N+Nd_N)$；$P^* = 2P_N/(Nd_N+Hf_N)$；$Zr^* = 2Zr_N/(P_N+Sm_N)$。

3）稀土元素特征

绿帘石岩的稀土元素含量（表 3. 8）及其配分模式与岛弧火山岩较接近，ΣREE 变化不大。其中，透辉绿帘石岩的 ΣREE 较低（$48.71\times10^{-6}\sim93.54\times10^{-6}$，平均为 74.57×10^{-6}）；LREE/HREE 为 6 ~9. 14，平均为 7. 97；La_N/Yb_N 为 5. 68 ~9. 41，平均为 7. 67；δEu（1. 02 ~0. 61）平均为 0. 77；δCe 为 1. 06 ~1. 16，平均为 1. 09；∑Ce/∑Y 均值为 3. 44；透闪绿帘石

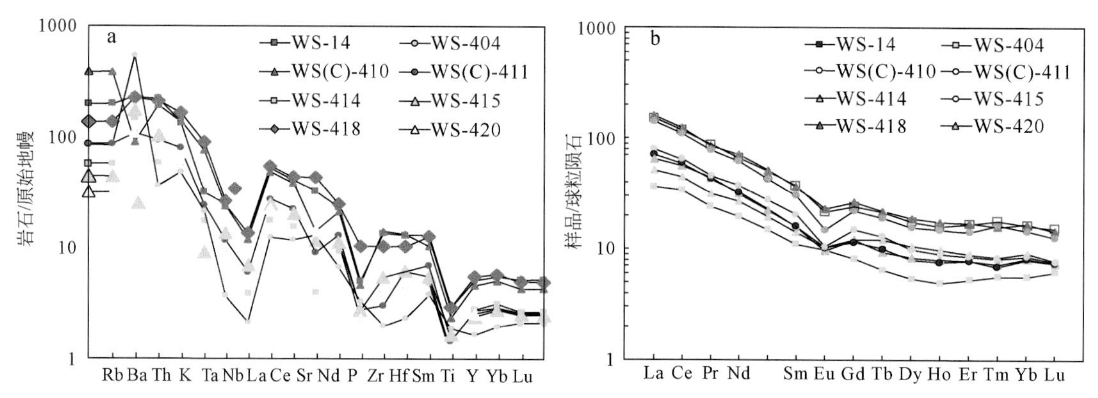

图 3.40　红石岩-荒田地区绿帘石岩原始地幔标准化微量元素蛛网图（a）和稀土元素球粒陨石标准化配分图（b）（Sun and McDonough，1989）

岩稀土总量较高，$\Sigma REE=157.1\times10^{-6}\sim179.6\times10^{-6}$，平均为 169.18×10^{-6}；LREE/HREE 为 8.78～9.17，平均为 8.94；La_N/Yb_N 为 9.32～9.58，平均为 9.42；δEu：0.59～0.73，平均为 0.68；δCe 为 1.02～1.08，平均为 1.05；$\sum Ce/\sum Y$ 均值为 3.8。两种岩石均具有较低的稀土总量，其分配模式（图 3.40）表现为轻稀土富集右倾型，具岛弧火山岩稀土分配模式。Eu/Sm 平均都为 0.24 $(La/Sm)_N$ 均值为 4.04，Ce 正异常不明显，Eu 中等负异常（WS-404 样品 Eu 呈不明显的正异常，可能与斜长石分离结晶有关），$\sum Ce/\sum Y>3$，$La_N/Yb_N>7$，轻重稀土分馏较为明显，可能是石榴子石与角闪石分离结晶的结果。不同的是玄武安山岩稀土总量较高，Eu 负异常明显，轻重稀土分馏更明显。

4）绿帘石岩的原岩恢复

矿区内岩石历经了海底热液蚀变和区域变质作用，虽然岩石的部分元素已经发生了变化，但 K、Ca、Na、Mg、大离子亲石元素（LILE）及部分 LREE 元素等活动元素，不能反映岩石的原岩性质；Al、Ti、Nb、Zr、Y、V 及 HREE 等不活动性元素，可以反变质灿岩的一些原岩性质（徐启东，1998）。因此，选用与 Al、Ti、Nb、Zr、Y、V 及 HREE 等元素有关的图解讨论研究区绿帘石岩的地球化学特征，并进行原岩恢复。

根据变质火山岩和变质沉积岩的 Zr/TiO_2-Ni 图解（图 3.41a）（Winchester et al.，1980），结合岩石的矿物组合和微观特征，表明绿帘石岩的原岩为火山岩；在 SiO_2-Zr/TiO_2 图解（图 3.41b）中，样品全落入玄武岩区内；依据火成岩分类的 Zr/TiO_2-Nb/Y 图解（图 3.41c），多数样品落入安山岩区，部分样品落入玄武岩区。在 SiO_2-Nb/Y 图解（图 3.41d）中，样品全落入亚碱性玄武岩系列内，而 Nb 异常值为 0.13～0.41（均值为 0.25<1），较高的 Zr 含量，显示原始岩浆混染了地壳物质；在 Zr/TiO_2-Nb/Y 图解中，大部分样品落入亚碱性玄武岩区域，与镜下观察结果一致；依据 SiO_2-Nb/Y 图解（图 3.41d），大部分样品落在拉斑玄武岩系列。

5）绿帘石岩成因

研究认为，绿帘石岩为间歇性喷溢作用形成的基性岩发生夕卡岩化的产物。其原岩为斑状玄武岩、玄武质火山角砾岩等，主要矿物成分为基性的斜长石、辉石、角闪岩及火山玻璃基质等。根据化学反应原理，在应力作用下，斜长石越呈酸性，越不易析出 SiO_2；反之，越

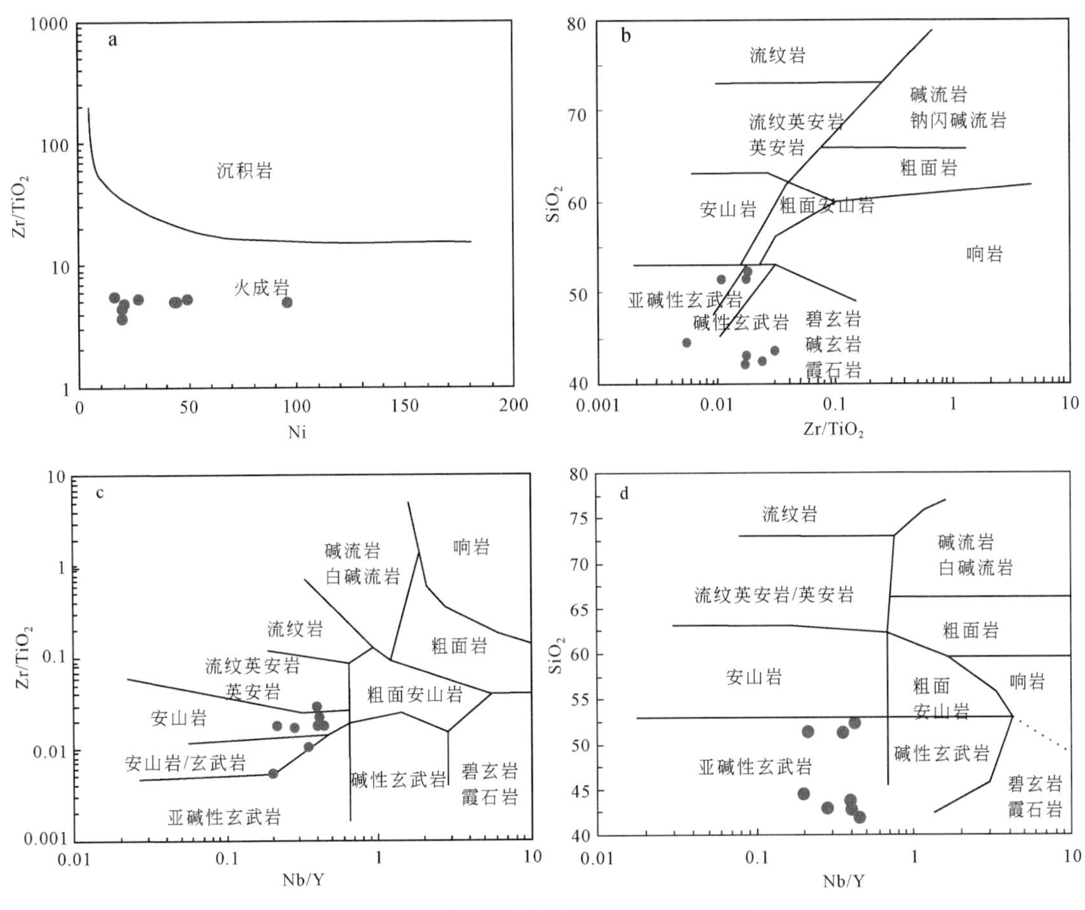

图3.41　红石岩矿床绿帘石岩判别图解

呈基性越易析出SiO_2，且析出量越多，形成石英的可能性越大。斜长石趋于释放SiO_2而形成更加基性的钙长石。因此，基性玄武岩含有大量的基性斜长石，在构造应力的作用下，很容易释放SiO_2，形成石英的可能性也就越大。当石英析出后，某些活性组分在不均匀压力作用下，从高压处向低压处集中。Ramberg（1952）指出，差异应力可以使活动元素按Si、Fe、Mg、Ca、Al、K、Na的顺序分异于低压条件下，因而Si、Fe、Mg等组分在化学作用下，首先从高压区进入相对低压的层内滑动带中集中形成石英。同时，在火山热液作用下，基性玄武岩中的角闪岩、斜长石、辉石等矿物可以析出Ca^{2+}，并与Fe^{2+}、Mg^{2+}等结合形成绿帘石族矿物。如角闪石与流体发生反应形成绿泥石，并析出SiO_2，其反应式如下：

$$Na,Ca(Mg,Fe)_4(Al,Fe)[(Si,Al)_4O_{11}](OH)_{11}（角闪石）+(OH^-)\longrightarrow (Al,Fe)(Mg,Fe)_5(OH)_8(Al,Si)4O_{11}（绿泥石）+Na^++Ca^{2+}+SiO_2（石英）$$

通过上述化学反应过程，石英、绿帘石等矿物在层内滑动带中形成石英-绿帘石脉。

石英-绿帘石脉形成的温压条件。根据前人实验和总结，在通常情况下，钙长石分解析出SiO_2所需要的压力须达1×10^8Pa，温度为240℃。根据项目组在中国科学院地球化学研究所矿床实验室测定，层内滑动带中的石英、绿帘石条带中的石英中包裹体均一温度为160～200℃（均值为160℃），压力为3×10^7～2×10^8Pa。因此，石英-绿帘石脉的形成温度在

160℃左右，压力为 $3\times10^7 \sim 2\times10^8$ Pa。

3.6　成矿流体特征

3.6.1　流体包裹体岩相学

经显微镜下细致观察和系统鉴定，仅有少数样品的流体包裹体发育，且类型较单一。这些包裹体在石英中主要分布于生长环带内，在方解石中成带分布。绝大多数包裹体个体较小，一般<10μm。石英和方解石中相对较大的液体包裹体，大小以 6～14μm 为主，个别达 20μm。这些包裹体的形态以近椭圆形为主，次为长条状和不规则状，偶见负晶形包裹体。据镜下观察判断，这些包裹体呈孤立分布或不规则分布，均为原生包裹体，其气液比相对较小，绝大多数<5%。

根据卢焕章等（2004）分类方案，气液两相包裹体在石英中发育最为广泛，呈群状、孤立状分布（图 3.42e），形态较规则，大小一般为 5～10μm，最大者可达 20μm；石英中包裹体局部呈线状分布，但观察到明显的裂隙，所以判定为假次生包裹体（图 3.42c）。同时，局部发现次生包裹体沿裂隙分布；含矿方解石中也观察到原生包裹体，一般呈孤立状分布（图 3.42d），形态较规则，大小一般为 5～10μm。其中，石英流体包裹体分为 4 类。

Ⅰ-纯液相（L）包裹体：由单一液相组成，粒径一般为 1～3μm，个别达 4～6μm，形态呈椭圆形或圆形。该类包裹体较少见，多成群分布，与富液相气液两相包裹体共生，少数呈孤立状。

Ⅱ-富液相气液两相（L+V）包裹体：本次研究的主要对象。由液相（L）和气相（V）组成，以液相为主，液相占整个包裹体体积的 70%～90%。包裹体大小主要为 3～13μm，呈管状、椭圆形、圆形及不规则状生长，多呈孤立状、串珠状分布（图 3.41f、g），少数和纯液相共生成群分布。

Ⅲ-富气相气液两相（L+V）包裹体：由液相（L）和气相（V）组成，以气相为主，气相占整个包裹体体积的 80%（图 3.42b）。这类包裹体较少，主要呈孤立状分布，包裹体大小<5μm。

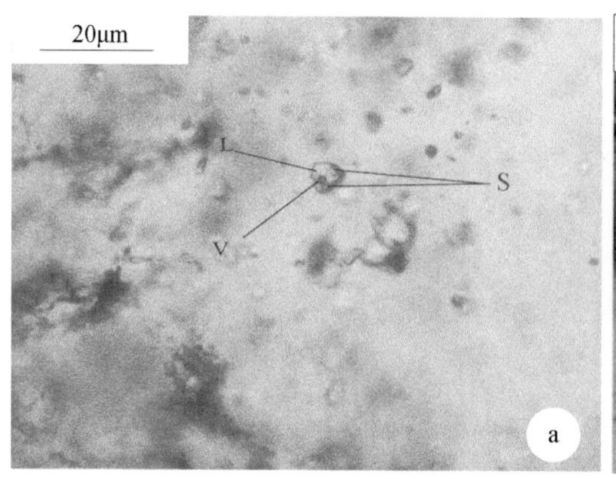

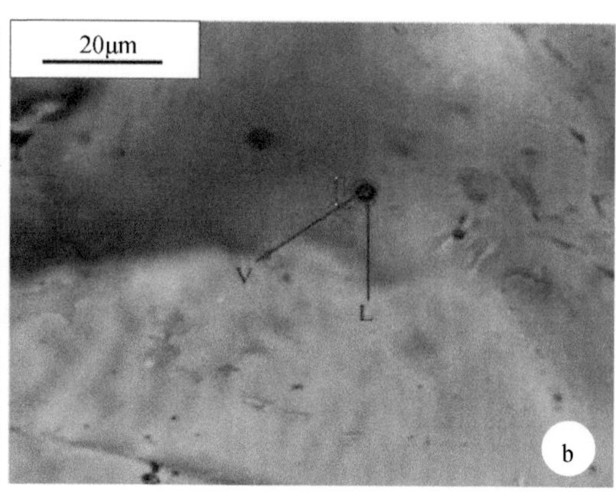

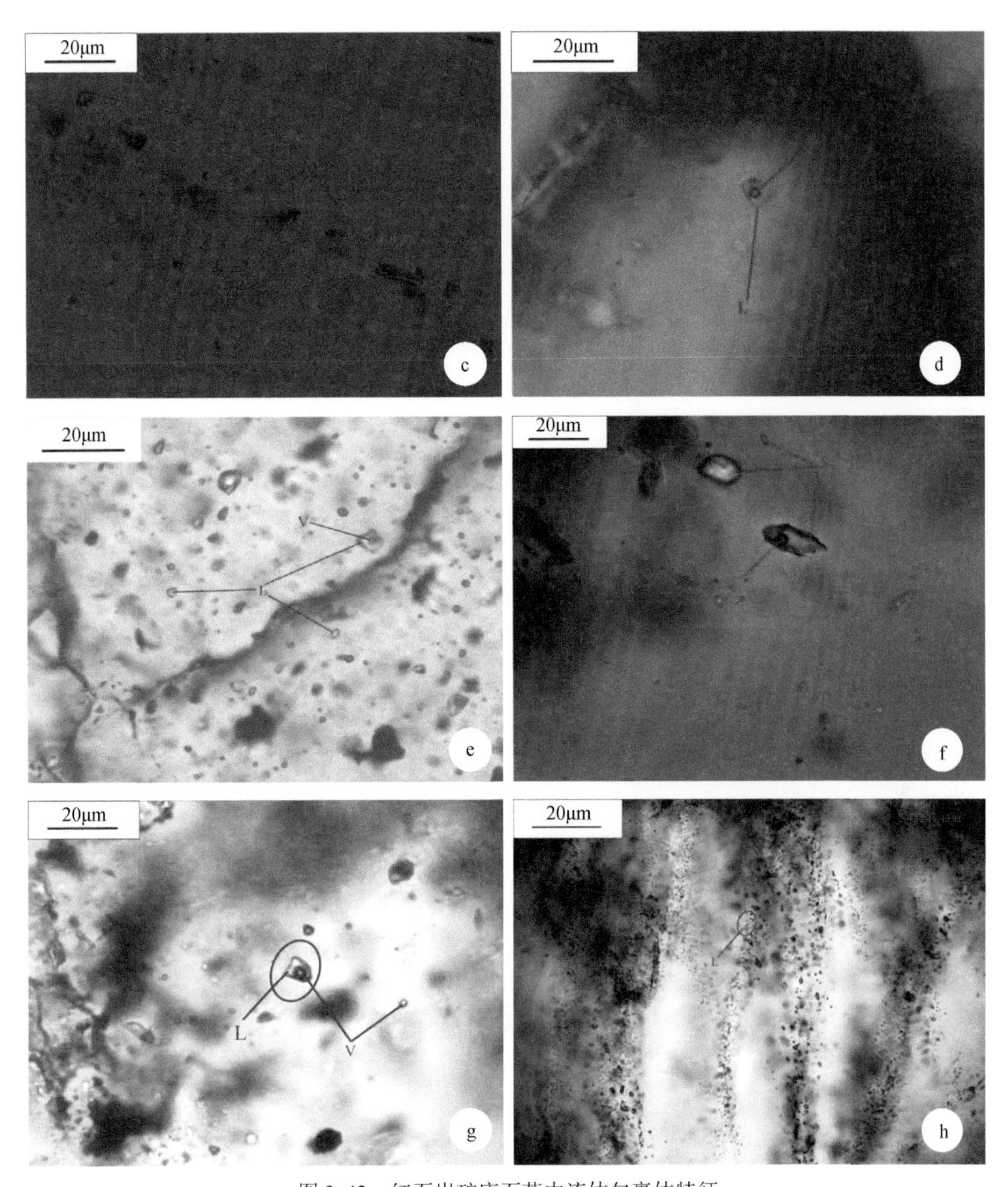

图3.42　红石岩矿床石英中流体包裹体特征

a-含子晶气液两相原生流体包裹体，形态近圆形，大小为4～6μm，气液相比约10%，包裹体中含有两颗固体子矿物；b-为原生富气相气液两相包裹体，形态规则近圆形，长为4～5μm，气液相比约为80%；c-富液相气液两相包裹体，形态为长柱状、菱形状，最大长度为12～15μm，气液相比约为10%；d-石英矿物呈他形结构，流体包裹体为富液相气液两相包裹体，气液相比为15%～20%，呈四边形形状，大小为8～10μm（-）；e-石英矿物呈他形结构，流体包裹体由富液相气液两相和纯液相包裹体组成，气液两相包裹体大小为5～6μm，液相包裹体较小为1～2μm；f-石英矿物呈他形结构，流体包裹体由富液相气液两相和纯液相包裹体组成，气液两相包裹体大小为15～20μm，气液相比为10%～20%；液相包裹体大小变化较大，为1～12μm；g-由富液相气液两相和纯气相包裹体组成，气液两相包裹体大小为6～8μm，气液相比为30%～40%；气相包裹体大小为1～2μm。包裹体均为原生；h-由富液相气液两相和纯液相包裹体组成，为次生就、假次生包裹体组成，包裹体呈串珠状，成群分布，大小较小，一般<2μm

Ⅳ-含子矿物三相（L+V+S）包裹体：由液相（L）、气相（V）和 NaCl 子矿物组成，此类包裹体少见，包裹体大小为6～8μm，呈孤立状分布，富液相成分，并含有 NaCl 子矿物（图 3. 42a）。

石英中次生包裹体和假次生包裹体较小，大小为1～2μm，多为纯液相包裹体，呈成群状或线状分布。

3. 6. 2 流体温度、盐度和成分

通过石英中流体包裹体显微测温，认为该矿床的形成主要经历了三个阶段：①第一阶段均一温度为 203. 2～222. 1℃，盐度为 7. 31%～8. 28% $NaCl_{eq}$；②第二阶段均一温度为 150～210℃，盐度为 3. 23%～8. 14% $NaCl_{eq}$；③第三阶段均一温度为 130～170℃，盐度为 0. 88%～9. 21% $NaCl_{eq}$。在均一温度直方图上，三个阶段的成矿流体温度变化明显（图 3. 43）。

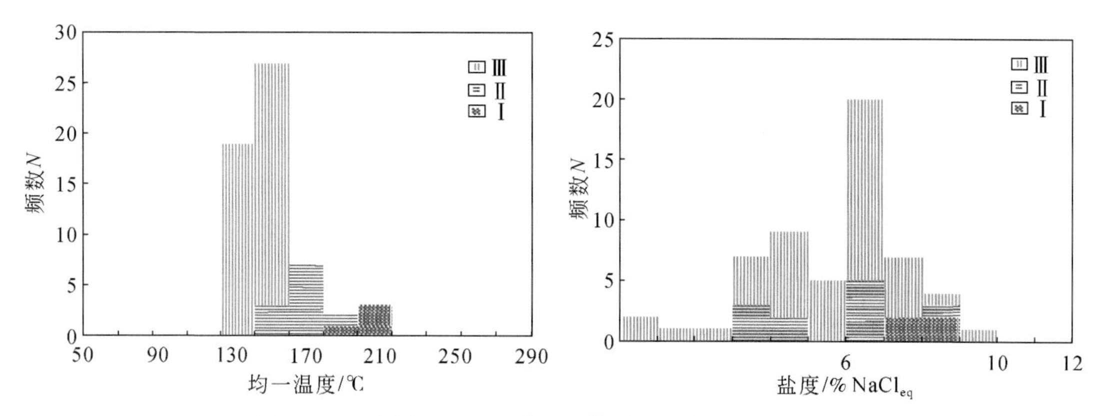

图 3. 43 不同成矿阶段流体包裹体均一温度和盐度直方图

在均一温度-盐度图（图 3. 43）上，成矿流体总体具有低温、低盐度为主的特点，其均一温度低于典型的 VMS 矿床主成矿期温度，特别是块状矿石的成矿温度相对较高，降温较为缓慢，而脉状矿石为快速降温的结果，流体密度也相对较低。该特征显示了流体迅速、充分地与海水发生混合作用，成矿物质快速沉淀。

成矿流体密度（P）与流体介质浓度或盐度有关。在一定的物化条件下，依据流体盐度、温度与流体密度的函数关系，可获得相对密度（图 3. 44 和图 3. 45）。该矿床成矿流体密度总体变化于 0. 909～0. 981cm^3（表 3. 9），与日本黑矿成矿流体密度基本相同。

研究认为，火山喷流沉积成矿系统的形成过程与温度关系密切，热液密度对硫化物沉淀起关键性作用。当热液密度低于海水密度时，热液与海水快速混合而骤然降温，矿化散布于海水中难以形成大规模矿化富集；当热液密度大于海水时，易形成热水在喷口附近沉淀。当温度逐渐降低，形成与海水相对隔离的环境，发生大规模流体沉淀成矿。

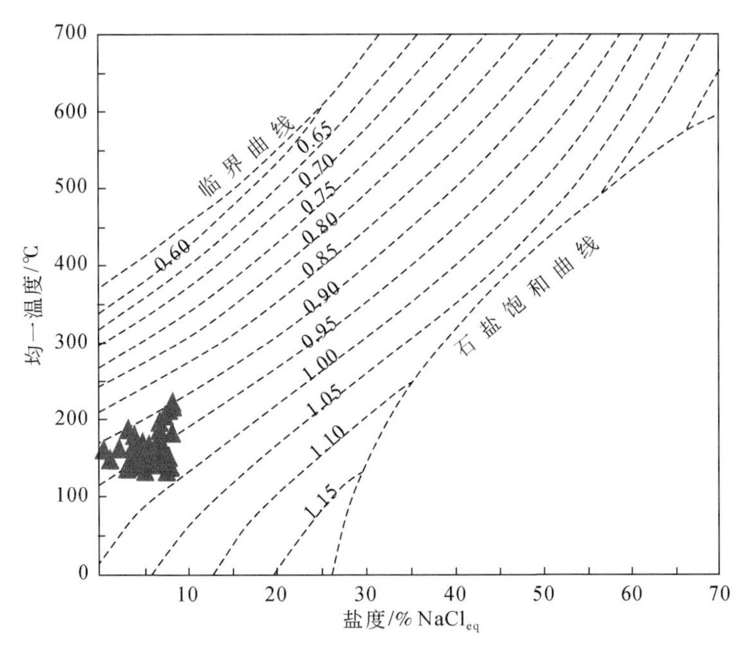

图3.44 红石岩矿床流体均一温度-盐度-密度关系图

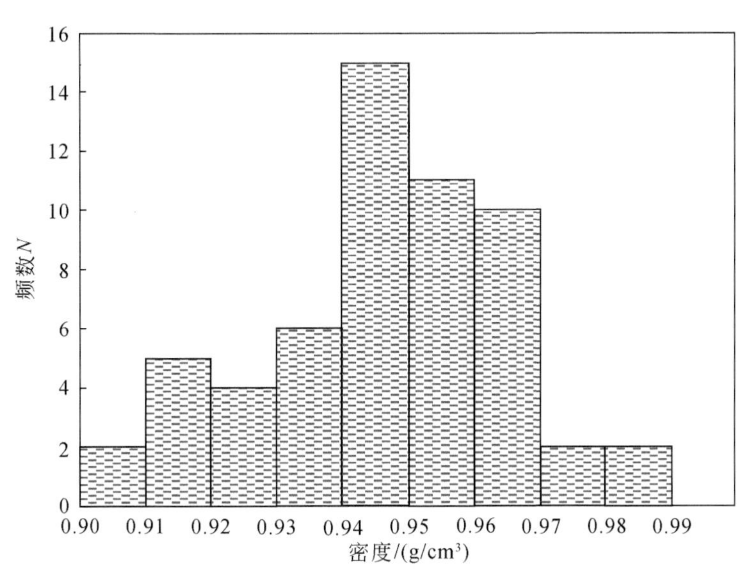

图3.45 红石岩矿床流体密度直方图

表3.9 红石岩矿床石英中原生流体包裹体测试数据

序号	样品编号	大小/μm	充填度/%	群体产状	冰点温度/℃	盐度/% $NaCl_{eq}$	均一		密度/(g/cm³)	压力/10^5 Pa
							温度/℃	均一方式		
1	红石岩 XC-13	6.2×4.7	85	孤立	-3.8	6.16	141.7	L+V→L	0.965	5
2		4.1×3.5	75～80	孤立	-3.7	6.01	139.8	L+V→L	0.966	5
3		15.5×2.0	85	孤立	-4.1	6.59	166.2	L+V→L	0.95	6

续表

序号	样品编号	大小/μm	充填度/%	群体产状	冰点温度/℃	盐度/% $NaCl_{eq}$	均一		密度/(g/cm^3)	压力/10^5Pa
							温度/℃	均一方式		
4	红石岩 XC-13	4.3×2.0	80	孤立	—	—	135.2	L+V→L		
5		8.0×5.0	85	孤立	-4.2	6.74	149.6	L+V→L	0.963	5
6		7.6×6.7	85	孤立	-5.1	8	139.1	L+V→L	0.978	5
7		11.1×4.7	80	孤立	-4.7	7.45	151.6	L+V→L	0.966	5
8		7.1×5.1	62	孤立	-4.9	7.73	210.9	L+V→L	0.917	16
9		7.5×4.2	75	孤立	-4.9	7.73	150.7	L+V→L	0.968	5
10		7.5×3.0	82	孤立	-4.8	7.59	131.3	L+V→L	0.981	4
11		4.3×4.0	80	孤立	-4.8	7.59	133.4	L+V→L	0.979	4
12		8.8×4.0	80	孤立			152.4	L+V→L		
13	红石岩 WS-35	5.8×4.3	85	孤立	-4.6	7.31	203.2	L+V→L	0.922	13
14		5.0×3.1	85	孤立	-5.2	8.14	222.1	L+V→L	0.909	20
15		5.4×5.3	85	孤立	-5.3	8.28	215.5	L+V→L	0.916	18
16		7.0×5.6	80	孤立	-4.2	6.74	186.4	L+V→L	0.933	9
17		7.1×4.7	80	孤立	-4.2	6.74	146.9	L+V→L	0.965	5
18		7.4×6.6	75	孤立	-3	4.96	170.1	L+V→L	0.936	7
19		6.4×6.0	85	孤立	-5.2	8.14	181.3	L+V→L	0.947	8
20		5.4×3.4	85	孤立	-4.2	6.74	195.5	L+V→L	0.924	12
21	红石岩 XC-8/6	6.5×2.5	80	成群	-4.2	6.74	157.3	L+V→L	0.958	5
22		5.1×3.8	85	成群	-4.2	6.74	145.7	L+V→L	0.966	5
23		11.0×3.4	85	孤立	-2.6	4.34	165.5	L+V→L	0.935	6
24		7.4×4.8	85	成群	-4.1	6.59	162.4	L+V→L	0.953	6
25		6.7×4.2	85	成群	-4.1	6.59	166.7	L+V→L	0.949	6
26		6.5×3.7	85	成群	-4.1	6.59	163.7	L+V→L	0.951	6
27		7.9×4.8	85	孤立	-2.1	3.55	148.3	L+V→L	0.945	5
28		5.5×4.2	80	孤立	-0.5	0.88	147.6	L+V→L	0.929	5
29		5.9×4.4	85	孤立	-2	3.39	147.1	L+V→L	0.945	5
30		4.7×3.4	85	成群	-1.8	3.06	137.4	L+V→L	0.951	5
31		5.1×2.8	80	成群	-1.9	3.23	186.4	L+V→L	0.908	9
32	红石岩 WS-25	3.7×2.9	82	孤立	-3.9	6.30	144.5	L+V→L	0.964	5
33		6.7×4.0	80	孤立	-3.9	6.30	157.5	L+V→L	0.954	5
34		6.3×5.0	85	孤立	-3.8	6.16	168.0	L+V→L	0.945	6
35		6.4×3.2	85	孤立	-3.8	6.16	165.3	L+V→L	0.948	6
36		6.4×4.2	80	孤立	-4.1	6.59	151.0	L+V→L	0.961	5
37		5.5×3.8	85	孤立	-4.3	6.88	158.7	L+V→L	0.957	5
38		6.5×6.5	80	孤立	-2.0	3.39	181.3	L+V→L	0.914	8
39		11.8×7.7	85	孤立	-2.3	3.87	179.8	L+V→L	0.919	8

续表

序号	样品编号	大小/μm	充填度/%	群体产状	冰点温度/℃	盐度/% $NaCl_{eq}$	均一 温度/℃	均一方式	密度/(g/cm^3)	压力/10^5 Pa
40	红石岩 XC-12	6.5×3.1	80	孤立	-3.0	4.96	156.4	L+V→L	0.947	5
41		6.7×3.4	75	孤立	-2.9	4.80	171.4	L+V→L	0.934	7
42		8.3×5.6	80	孤立	-6.0	9.21	>137.8	L+V→L	0.981	5
43		4.3×2.8	75	孤立	-2.9	4.80	161.5	L+V→L	0.941	6
44		5.5×4.2	90	孤立	-3.1	5.11	131.5	L+V→L	0.966	4
45		11.5×6.9	85	孤立	-4.1	6.59	162.7	L+V→L	0.952	6
46		7.8×6.8	75	孤立	-3.4	5.56	168.4	L+V→L	0.941	6
47		12.1×5.4	85	孤立	-3.4	5.56	166.1	L+V→L	0.943	6
48		11.5×8.8	85	孤立	-3.7	6.01	164.5	L+V→L	0.947	6
49	红石岩 WS-32	9.0×5.3	85	成群	-1.2	2.07	160.5	L+V→L	0.925	6
50		5.1×4.9	80	成群	-2.1	3.55	161.1	L+V→L	0.934	6
51		5.5×3.3	85	成群	-0.2	0.35	158.8	L+V→L	0.915	5
52		6.1×3.1	80	成群	-0.7	1.23	147.9	L+V→L	0.931	5
53		7.4×5.4	80	成群	-2.7	4.49	151.6	L+V→L	0.948	5
54		6.3×5.9	85	成群	-2.6	4.34	155.8	L+V→L	0.944	5
55		5.3×3.5	80	成群	-4.5	7.17	163.1	L+V→L	0.956	6
56		5.1×3.6	80	成群	-3.5	5.71	147.5	L+V→L	0.958	5
57		5.4×3.8	80	成群	-3.4	5.56	145.4	L+V→L	0.959	5
58		4.1×2.6	75	成群	-2.4	4.03	151.6	L+V→L	0.945	5
59		4.8×2.3	75	成群	-2.7	4.49	137.7	L+V→L	0.958	5

该矿床成矿压力估算值多小于 9bar① (图 3.46)，显示了 VMS 矿床在开放体系下流体的主要特征。流体包裹体主要为气液两相包裹体，并未发现含 CO_2 包裹体，含子矿物包裹体少见，为典型的 VMS 矿床包裹体类型。

3.6.3　硫同位素组成特征

14 件硫同位素分析样品主要采自钻孔岩心，其中黄铁矿 7 件、闪锌矿 2 件、方铅矿 5 件。闪锌矿主要呈块状、条带状产出；方铅矿主要呈脉状产出；黄铜矿呈斑团状、细脉状产出。从表 3.10 和图 3.47 所知，方铅矿的硫同位素组成变化于 5.01‰～6.23‰，平均值为 5.74‰；闪锌矿的硫同位素组成变化于 5.27‰～6.20‰，平均值为 5.73‰；黄铜矿的硫同位素组成变化于 4.85‰～6.88‰，平均值为 5.46‰。

① 1bar = 10^5 Pa。

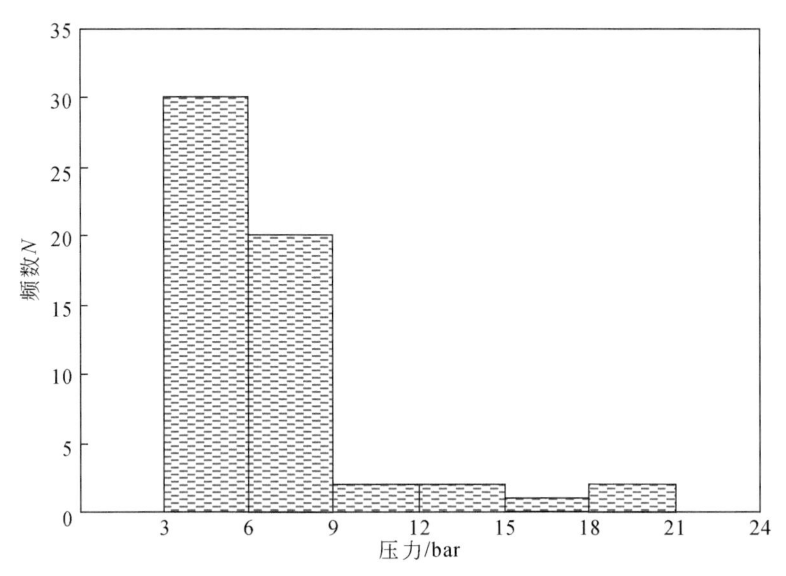

图 3.46　红石岩矿床成矿压力估算图

表 3.10　红石岩矿床硫同位素组成分析结果

序号	样品编号	矿物	硫同位素组成 $\delta^{34}S$/‰	平均硫同位素组成 $\delta^{34}S$/%
1	WS-219	方铅矿	5.01	5.74
2	WS-36		6.23	
3	WS-427		6.12	
4	XC-17		6.08	
5	WS-17		5.26	
6	WS-25	闪锌矿	5.27	5.73
7	WS-219		6.20	
8	WS-11	黄铜矿	5.63	5.46
9	XC-13		4.90	
10	WS-17		4.85	
11	WS-427		5.42	
12	XC-8		5.20	
13	WS-35		6.88	
14	WS-3		5.34	

测试单位：中国科学院地球化学研究所。

关于 VMS 矿床硫的来源，一直存在争议。Sangster（1968）认为硫化物中的硫是海水硫酸盐的硫同位素分馏造成的。Ohmoto（1983）认为还原海水硫酸盐和岩浆硫是 VMS 矿床中主要两种硫源，且岩浆硫可直接来源于岩浆喷气和从火山岩中淋滤出。

前人研究认为，对于 $\delta^{34}S$ 为 4‰～10‰的矿床，其硫源可能是硫酸盐和深源硫的混合，也可能为各种成因硫混合的结果。因此，为了正确评价不同来源硫在成矿过程中的作用，开

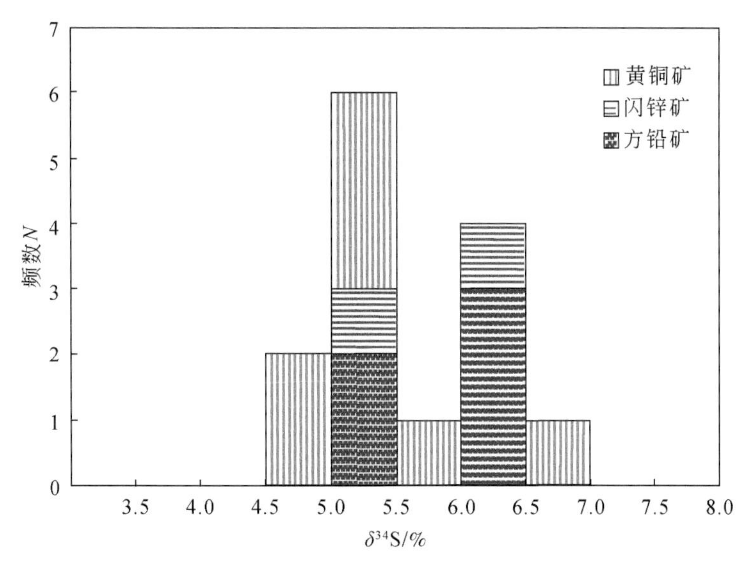

图3.47　红石岩矿床硫同位素组成直方图

展了同类矿床和特定构造环境中的硫同位素组成对比研究。

根据Ueda等和Woodhead等的研究，岛弧型火山岩（长英质火山岩）的硫同位素组成为$\delta^{34}S$=5‰～7‰，而在冲绳海槽中部JADE热液活动区的热液沉积物中$\delta^{34}S$值为5.2‰～7.2‰；日本黑矿的硫化物硫同位素组成为$\delta^{34}S$=5‰～8‰。前人对冲绳海槽研究认为，该区火山岩中的硫与中酸性火山岩具有相同的演化过程：幔源硫伴随地幔源的岩浆，在海底地壳中经历了不同程度的结晶分异作用和同化混染作用，从而导致了其同位素组成偏重洋中脊玄武岩的硫同位素组成（$\delta^{34}S$ =0.1‰±0.5‰）。

金属硫化物硫同位素组成特征表明，$\delta^{34}S$为+4.9‰～+6.2‰，极差为1.3，平均值为5.60‰，变化范围较窄，且金属硫化物之间相差不大，$\delta^{34}S_{黄铜矿} \approx \delta^{34}S_{闪锌矿} \approx \delta^{34}S_{方铅矿}$，表明红石岩矿床成矿流体中硫同位分馏素未达到平衡。

将该矿床硫化物硫同位素组成与JADE区的热液沉积物、日本黑矿的硫化物及岛弧火山岩的硫同位素组成进行对比，发现其变化范围基本一致，反映出该矿床与现代海底热液形成的热液沉积物及古代块状硫化物矿床具有一定的类似性；该矿床比岛弧型火山岩的硫同位素组成$\delta^{34}S$值（平均）为+4‰～+5‰略微偏重硫，说明热液流体中硫以深源为主，并在演化过程中可能遭受不同程度的结晶分异作用和同化混染作用。通过矿区详细勘查发现，在火山岩系中存在块状、层状、似层状、少量网脉状的闪锌矿、方铅矿、黄铁矿、黄铜矿，表明该区的海底热液活动与这套弧后盆地基性火山岩存在密切关系，并为海底热液活动提供物质来源。因此，该区的金属硫化物的硫同位素组成与冲绳海槽JADE区、日本黑矿有较高的相似度，而略重于岛弧火山岩的硫同位素组成，反映了其硫源以弧后盆地的幔源硫为主，并在地质演化过程中伴随岩浆遭受不同程度的结晶分异作用和同化混染作用。这一结论与微量元素显示的特征一致。

在火山喷流沉积成矿阶段，块状、条带状矿体硫化物间的同位素分馏未达到平衡。因热液流体和海水均含有一定量的SO_4^{2-}，据研究海水硫同位素$\delta^{34}S_{SO_4^{2-}}$为20‰～21‰。因此，推测同位素分馏未达平衡的原因是流体—海水快速混合导致平衡破坏的结果。

如上所述，该区金属硫化物 $\delta^{34}S$ 为+4.9‰～+6.2‰，极差为1.3，变化范围较窄，并且金属硫化物之间硫同位素组成相差不大，硫同位素分馏未达平衡，与岛弧型火山岩的硫同位素组成 $\delta^{34}S$ 值（平均）（+4‰～+5‰）大致相同，显示该矿床的硫源以深部硫为主，而且热液流体中硫可能遭受了沉积物和海水的影响，这与VMS矿床金属硫化物硫源来自于火山岩系并受沉积物和海水的影响相一致。将该矿床硫化物的 $\delta^{34}S$ 值与典型的VMS矿床和现代海底热液区沉积物中的硫化物对比（图3.48）。发现该矿床 $\delta^{34}S$ 值与日本黑矿、JADE区极为相似，均产于与弧后盆地系统有关的伸展构造背景下。

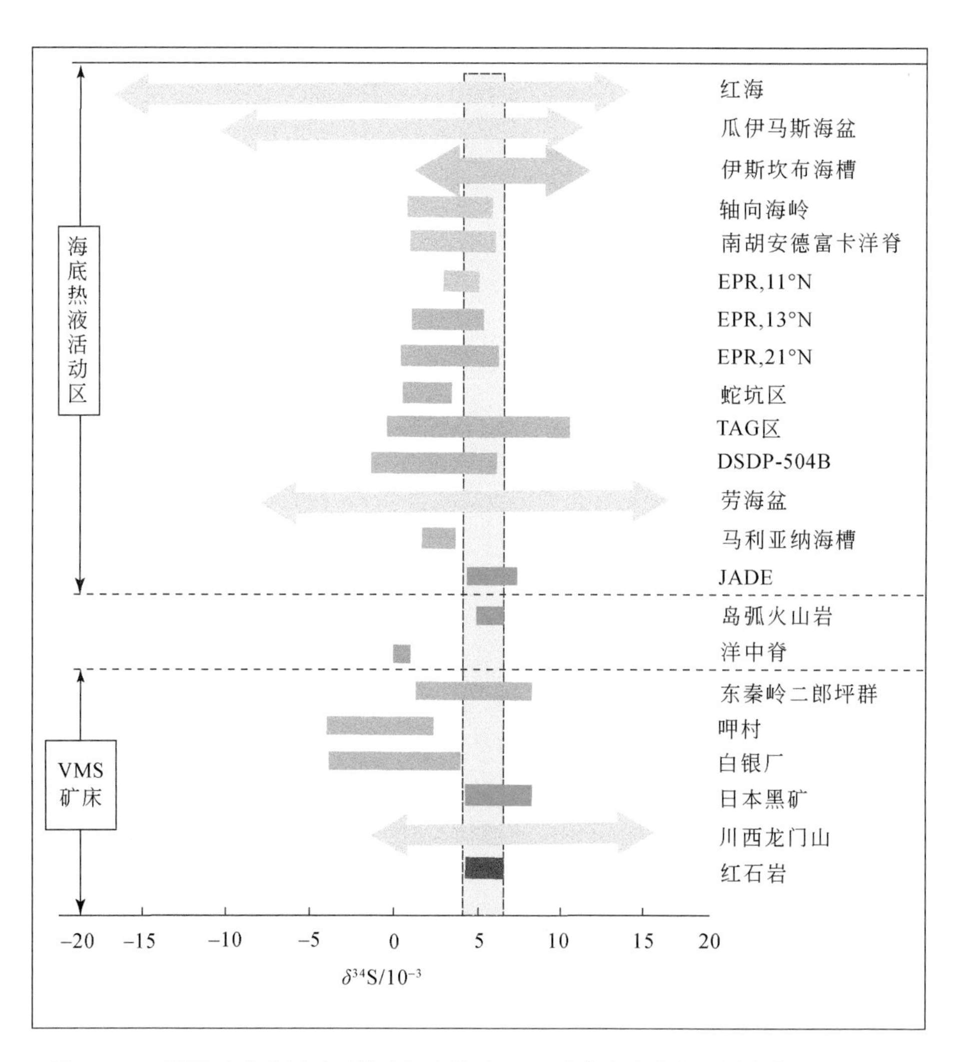

图3.48　不同海底热液活动区热液沉积物及VMS矿床中硫化物硫同位素组成对比图（综合其他数据资料）

3.7　矿床成矿规律及其成因

3.7.1　火山喷流成矿中心的讨论

在空间上，透辉透闪绿帘石岩、凝灰质千枚岩和硅质岩为富矿围岩，它们与成矿存在密切的关系。该矿床成矿的火山喷流成矿中心具有如下证据。

（1）从区内绿帘石岩等厚线图可以看出，绿帘石岩最厚的钻孔为ZK726和ZK1602，大致在60～100m、160～200m、260～300m进尺段集中，与成矿元素变化特征一致，反映了这些部位可能是火山喷流中心部位（图3.1）。

（2）ZK3923、ZK3523、ZK3105、ZK2723、ZK2303、ZK1921等钻孔揭露出绿帘石岩和硅质岩厚度较大，矿化较强，在绿帘石岩较厚部位，铜矿化增强。而且，自上到下，该区喷流中心剖面的岩石组合依次为条纹状大理岩→条纹状黄铁矿硅质岩→碳质千枚岩+大理岩→灰色绢云千枚岩→硅质岩→硅质岩与千枚岩互层+层纹状方铅矿-闪锌矿矿石。

（3）在平面上，火山岩厚度中心区具有北东向串珠状展布的特征，据此推断控制矿床分布的NE向构造带是该区的火山喷流中心，所在的弧后盆地呈近南北向展布，喷流中心呈北东向分布，延展至F_1断裂以东地段。因此，推断矿区北部-炭达村一带、F_1以东断层下掩盖部分具有良好的找矿前景。

3.7.2　矿化富集规律

（1）主要的矿石矿物为闪锌矿、少量方铅矿、黄铜矿、磁黄铁矿，多呈条纹状、条带状产出，矿体与围岩呈整合接触关系，局部地段少见闪锌矿-方铅矿-黄铜矿石英脉。

（2）矿化主要赋存于夕卡岩化绿帘石岩与千枚岩、硅质岩的转化界面上，即在绿帘石岩及其上部的千枚岩中矿化增强，远离绿帘石岩矿化明显变弱；绿帘石岩上覆的千枚岩，矿化变弱。

（3）在绿帘石岩→菱铁矿硅质岩→千枚岩岩石组合中，矿化主要赋存于其下部和顶部的千枚岩中，上部为条纹状Cu、Zn矿化强烈，少量Pb矿化；中部Cu、Zn矿化强烈，Pb矿化较差；下部Zn矿化强烈及少量Pb矿化。

（4）从喷流中心往东西两侧，大理岩逐渐增多、厚度变大，而绿帘石岩、硅质岩逐渐变少，矿化也逐渐变弱；在剖面上，从上到下的矿化也从Cu、Zn、Pb变为Zn、Pb、Ag；铜矿化增强地段，硅化强烈，石英细脉较为发育。

3.7.3　矿床成因与成矿模式

该矿床的主要矿体呈层状、似层状，赋存于田蓬组二段下部的菱铁矿硅质岩、千枚岩与蚀变基性岩（透辉石绿帘石岩）的岩性组合转化界面上，具典型的VMS铅锌铜矿床特征。在空间上，蚀变基性火山岩和凝灰质千枚岩、硅质岩为含矿围岩，指示其与成矿密切相关：

①基性火山喷流口是成矿热液运移的通道和良好的导矿/容矿场所；②千枚岩作为良好的封闭层，使成矿流体局限于蚀变基性火山岩与凝灰质千枚岩、硅质岩之间。综合研究认为，该矿床属海底火山喷流沉积型铅锌铜矿床，但具有多阶段成矿特征，同时也可能存在多个火山喷流口，因此本研究建立了“火山热液间歇式脉动成矿”模式（图 3.49），证据如下。

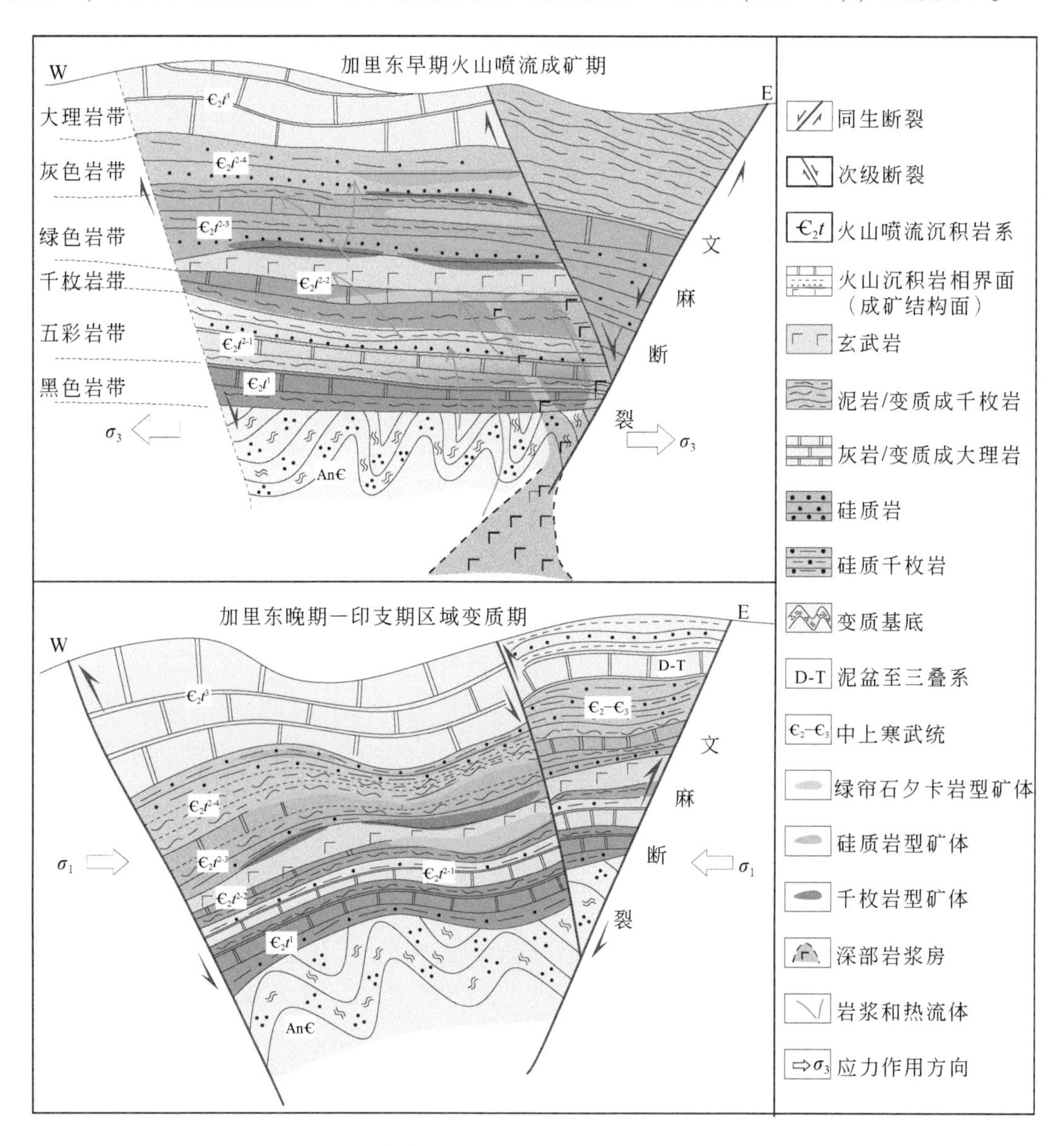

图 3.49　红石岩铅锌铜银矿床“火山热液间歇式脉动成矿”模式图

（1）在寒武纪中期，滇东南地区的断陷作用导致海底火山喷发，形成与成矿密切相关的“双峰式”火山沉积建造。

（2）矿床由多个层状或似层状硫化物矿层组成，单个矿层为 0.5～10m，侧向延伸可达 1～3km，含矿层位和矿层较稳定，可对比性强，反映出成矿流体间歇式脉动成矿特征。

（3）矿体与含矿地层呈整合关系，矿石具明显的条纹状、条带状、条纹状构造，且与地层围岩一致，局部可见条纹理或条带构造受后期构造应力作用形成层间褶曲构造。

（4）该矿床主要含矿绿色岩系原岩为一套基性火山岩系经蚀变作用而成，因此红石岩 Pb-Zn-Cu-Ag 矿床具 VMS 矿床特征，而硅质岩为海底火山热液喷出的二氧化硅呈凝胶状沉淀而成。

（5）据石英中的流体包裹体显微测温研究，其均一温度为 130 ~ 220℃，盐度为 0 ~ 10% $NaCl_{eq}$，其特征与典型的 VMS 矿床接近。

（6）矿石矿物为闪锌矿、方铅矿、黄铜矿、黄铁矿、磁黄铁矿，偶见磁铁矿和毒砂，而脉石矿物为绢云母、绿泥石、石英、绿帘石、透辉石及少量重晶石、阳起石等，具有火山喷流沉积型矿床的矿物组合特征。

（7）石英、方解石多呈脉状穿插，少量呈面型分布于各类岩石中，说明热液改造作用不甚明显。

综上所述，基于火山喷流多中心串珠状定向分布、多矿化类型、多层多类矿体及矿石组构、矿物组合、成矿流体等特征，建立了“火山热液间歇式脉动成矿”模式（图 3.49）。该模式揭示了加里东早期在弧后裂谷构造背景下基性岩浆沿文山–麻栗坡等同生断裂发生了脉动式喷溢作用，导致岩浆和成矿热液沿次级断裂（F_1）发生间歇式多中心喷流沉积作用，形成各类不同颜色的岩石带（即从下向上分布的五彩岩带、千枚岩带、绿色岩带等），以及多层、多矿化类型的铜铅锌矿体群。该模式反映出该区具有 VMS 矿床的成矿特色。

第 4 章　荒田白钨矿-萤石矿床及其成因

4.1　矿床发现和评价过程

荒田地区是“云南省西畴县香坪山铜多金属矿区普查”探矿权区西段的“绿地”。2011年5月，项目组在深入开展红石岩铅锌铜矿床成矿规律研究和矿产评价过程中，在充分研究区域成矿地质条件、物化探异常及矿化信息的基础上，认为老君山中酸性岩浆侵入活动，不仅在其周缘形成强烈的钨锡铜铅锌多金属成矿作用，而且广泛发育（远程）钨成矿作用，并发现老君山岩体在深部向北东侧伏，岩浆热液活动广泛作用于荒田-田冲地区推覆构造带、层间滑脱带及其碎裂岩带。2011 年 7 月初，根据云南省 1：20 万化探异常图上钨异常分布特征，开展了异常查证，发现老硐 1 处（图 4.1），样品分析后该处具有明显的钨矿化显示，萤石矿化主要出现于中寒武统龙哈组碎裂岩带。

图 4.1　白钨矿-萤石矿床发现野外照片（荒田村）

2011 年 7 月底，研究团队开展荒田地区第二次野外地质调查，发现萤石-石英堆积物8 处，其中 6 处有荧光反应分别位于 4 个不同地段，呈北西向延伸约 500m。随后，系统开展了地质填图、控矿构造解析、蚀变类型及其分布特征、矿化富集规律等综合研究，配合构造地球化学剖面测量，并进行多条路线剖面测量和采样（图 4.2）。研究认为，该区具有形成岩浆热液型萤石-钨矿床的成矿地质条件，萤石-钨矿化可能源于老君山岩体向北东侧伏隐伏岩体的热液作用，受控于近东西向推覆-滑脱构造系统，萤石化、硅化是白钨矿矿化的主要标志，初步圈定了矿床分布范围；通过构造-蚀变岩相分带和流体地球化学等研究，基于中寒武统龙哈组中层间滑动带、推覆构造碎裂岩带中白钨矿的识别，构建了“构造–岩浆流体–断褶带成矿”模型，圈定出 4 个矿化带和重点找矿靶区。在此基础上，向文山州大豪矿业开发有限公司提交了第二阶段研究报告，报告认为“钨矿是本区最重要的矿化类型，有望成为中型以上规模的钨矿床”，从而拉开了钨矿床评价勘查工作的序幕。

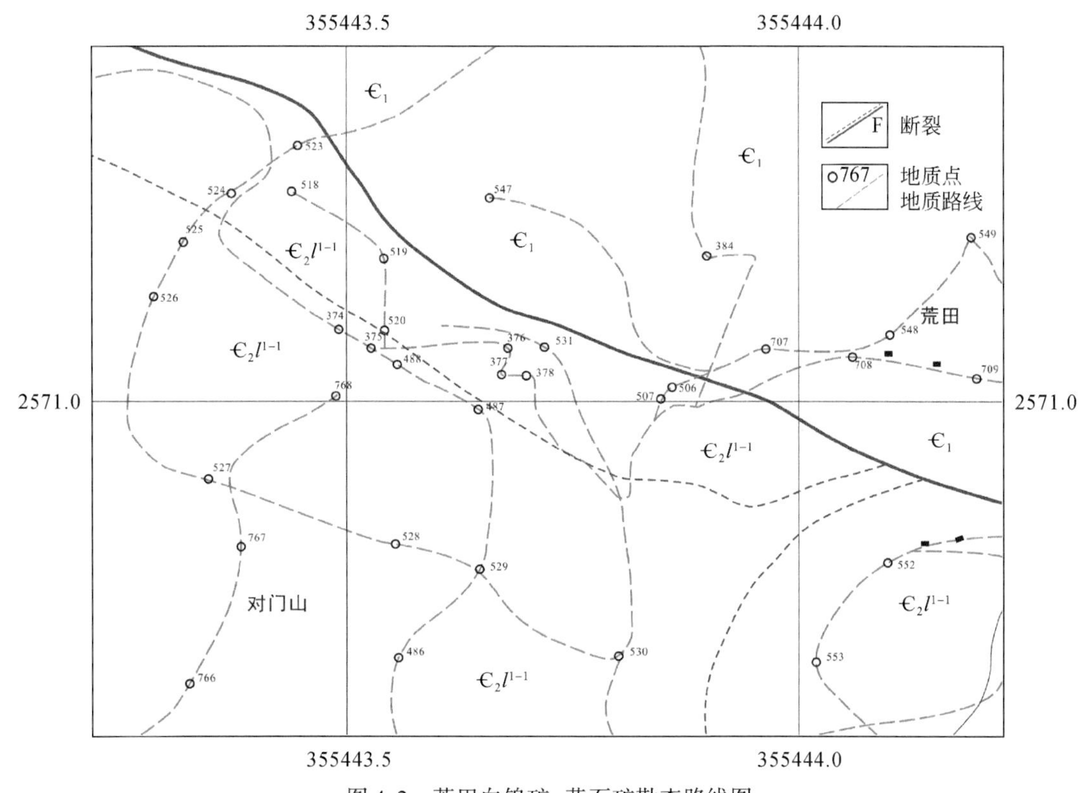

图 4.2　荒田白钨矿–萤石矿勘查路线图

2012 年 1 月，通过找矿靶区的工程验证和系统勘查，在深部发现两个萤石–石英–白钨矿隐伏矿体。通过福建省闽西地质大队大规模深部勘查，在荒田地区评价出控制和推断的钨矿和萤石矿资源量均达到大型规模，取得了文山州西畴地区第一个大型白钨矿–萤石矿床找矿的新突破。因此，该矿床的发现，历经了“区域成矿地质条件和物化探异常分析→控矿构造解析与构造地球化学剖面测量→蚀变岩相分带与流体地球化学研究→靶区验证和系统勘查评价”的过程。

4.2　矿床地质特征

4.2.1　矿床赋矿地层和矿化蚀变带特征

荒田白钨矿–萤石矿床地处莲花塘乡南西角，东与红石岩黄洞矿段铅锌铜矿相接，北与大锡板锑矿相连。区内出露的中寒武统龙哈组可分为两个岩性段：二段（$\epsilon_2 l^2$）为深灰色中厚层状结晶灰岩夹灰色千枚岩，灰岩具角砾状构造，角砾为次棱角状，砾径为2～6mm，钙质胶结，胶结物质呈红色，大量褐铁矿薄膜沿岩石裂隙分布，钨矿体主要产于灰岩与千枚岩界面间的层间断裂带内；一段（$€_2l^1$）为灰色、浅灰色千枚岩，见顺层的铅矿化。

矿区内可划分出四条蚀变带（图4.3）：分别是Ⅰ区和Ⅱ区的强硅化-萤石-碳酸盐化带，主要表现为硅化灰岩与千枚岩间的层间断裂带内分布大量萤石-石英-方解石脉；Ⅲ区和Ⅳ区为碳酸盐化-硅化带，主要发育大量顺层方解石脉和石英脉。根据控矿构造和矿化蚀变带特征，进一步划分为四个矿化带（图4.3）：沿F_7断裂带分布的Ⅰ号矿化带，长约800m，宽度为50～150m，以萤石-石英-方解石脉型矿化为主。在荒田村附近分布的白钨矿-萤石矿脉宽约8m，垂高大于8m，矿脉产状为倾向192°、倾角56°。自上而下，含矿石英脉逐渐增多，矿化增强；Ⅱ号矿化带位于田冲断裂及F_7断裂的交会部位，长约600m，出露宽度为80～150m，以萤石-石英-方解石型矿化为主，在田冲村附近矿脉主要由白钨矿-石英细脉硅化灰岩组成，矿体产状为倾向15°、倾角86°；Ⅲ号矿化带位于小河沟断裂带的西侧，长约700m，出露宽度为50～100m，沿北东向硅化灰岩带分布，主要矿化类型为含矿方解石-石英脉型；Ⅳ号矿化带沿小河沟断裂带分布，长约1000m，出露宽度为10～30m，方解石-石英脉型矿化明显。

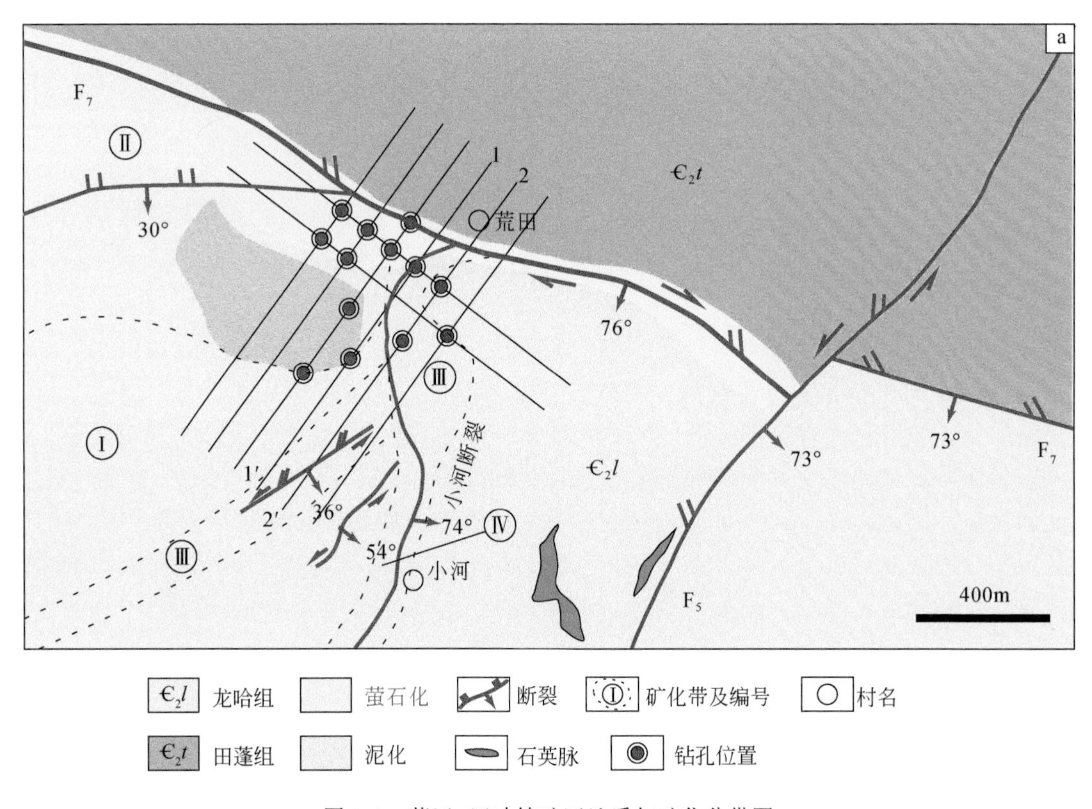

图4.3　荒田-田冲钨矿区地质与矿化分带图

4.2.2　矿体特征

白钨矿–萤石矿体主要赋存于硅化灰岩与千枚岩界面间发育的 F_{0-1}、F_{0-2}层间断裂带内，裂带内，主要分布碎裂状萤石–石英脉和灰质、千枚质碎粉岩，泥化强烈，是构造应力作用下成矿热液的产物；次要的赋矿围岩为强硅化灰岩，其中可见明显的网脉状石英细脉和网脉状方解石脉。共圈定了两个矿体，其产状与地层大体一致，其倾向为 120°、倾角为 30° ~ 35°。(图 4.4 和图 4.5)。

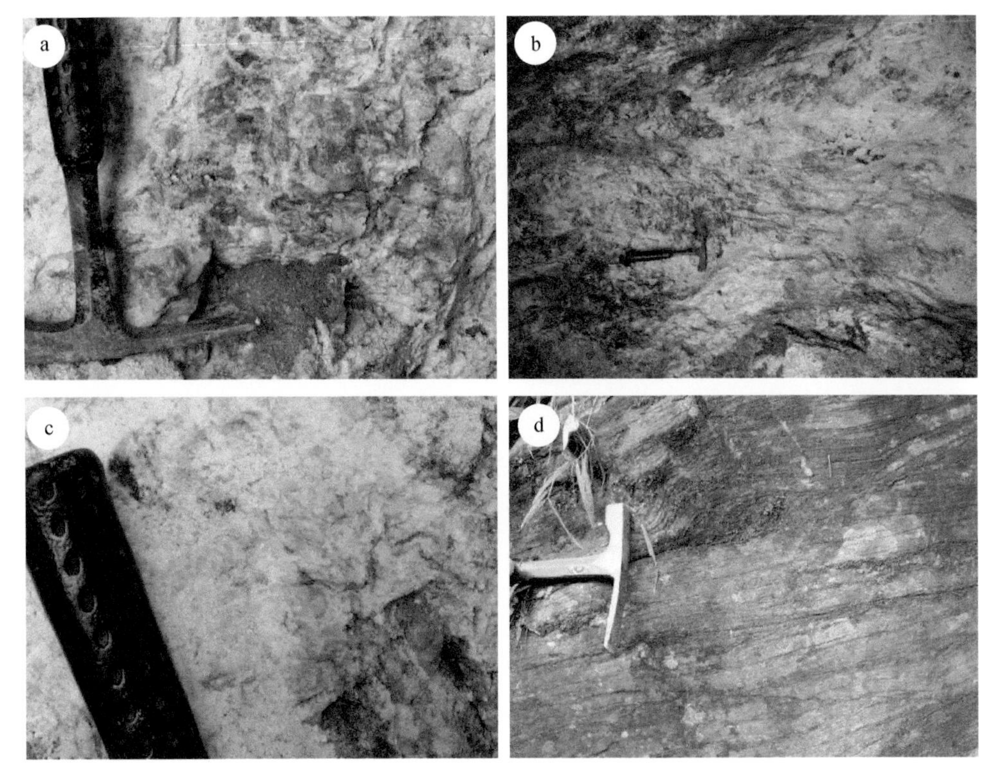

图 4.4　荒田白钨矿–萤石矿体野外特征照片

a-硅化泥化蚀变带中白钨矿–石英脉；b-蚀变带中白钨矿矿体；c-断裂带中白钨矿–萤石–石英脉矿体；d-白钨矿矿体上覆的条带状硅化灰岩

(1) Ⅰ号矿体：地表出露于 ZK801 钻孔附近，由 PD1 平硐控制、深部有 23 个钻孔。矿体呈透镜状、似层状产出，长度为 640m，延深为 240 ~ 510m。矿化较连续，东部受 F_9断层错开，矿体平均厚度为 3.73m，主要由白钨矿和萤石组成。WO_3（平均）为 0.78%，共生的萤石 CaF_2平均品位为 16.16%，与钨矿化呈正相关关系。

(2) Ⅱ号矿体：地表出露于 12 ~ 15 线，深部有 28 个钻孔控制。钨矿石量占全矿床的 68.45%。矿体呈似层状产出，已控制矿体长度约 1040m，延深为 180 ~ 990m，平均为 585m。矿体厚度最大为 34.15m（ZK806），最薄为 0.39m（ZK707），一般为 1.03 ~ 3.46m，平均为 3.40m。矿石以白钨为主，共生萤石。单工程的 WO_3 为 0.12% ~ 1.48%，平均为

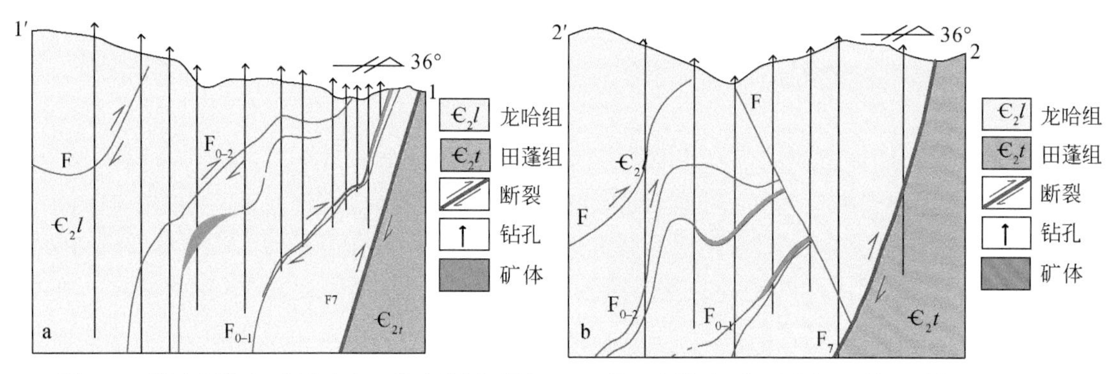

图 4.5　荒田白钨矿–萤石矿床 8 线地质剖面图（a）；荒田白钨矿–萤石矿床 16 线地质剖面图（b）

1.02%。共生 CaF_2 单工程品位为 1.19%～23.27%，平均 19.32%，与钨矿化呈正相关。

4.2.3　主要矿化类型

该矿床的矿化类型有网脉状石英–构造蚀变岩型、白钨矿–萤石–石英脉型及白钨矿–方解石–（石英）脉型三类，以前两者为主（图 4.6）。

图 4.6　荒田矿床中主要矿化类型照片

a-方解石–（石英）脉型矿石；b-萤石–石英脉型矿石；c、d-网脉状石英–构造蚀变岩型矿石

4.2.4　矿石特征

1. 矿石组成

主要矿石矿物为白钨矿、萤石，脉石矿物为方解石、石英、水云母。各矿物多呈他形-半自形粒状，粒径粗细不一。白钨矿粒径一般为0.02～0.3mm，萤石粒径一般为0.02～5mm，以细粒嵌布为主。集合体多呈细脉状、斑杂状及团块状。矿石矿物相互间并发生了交代作用，以交代结构为主，部分具残余结构。

矿石中主要有用组分为WO_3，共生CaF_2。WO_3品位一般为0.01%～5.95%，平均为0.94%，其品位与矿体厚度呈正相关，CaF_2含量中等时，钨矿化最好。CaF_2品位一般为0.92%～70.06%，平均为18.70%，局部可形成独立的萤石矿体。其他伴生组分，如Mo、Sb、Bi、Sn、Pb、Zn、Cu等含量甚微，达不到伴生元素评价要求，As、S、P有害元素含量较低。

1）矿石矿物

白钨矿（$CaWO_4$）：半自形-他形粒状、呈斑团状、星点状、细脉状充填于萤石、石英及碳酸盐矿物裂隙中，粒径一般为1～5mm，大者可达2cm以上。

黄铁矿：呈自形-半自形粒状，粒径为1～5mm，多呈立方体晶形，呈稀疏浸染状、稠密浸染状产出，部分沿岩石裂隙或绿泥石化千枚岩与大理岩化灰岩界面充填、交代，或充填于脉石矿物间。在其发育地段钨矿化明显增强。

辉锑矿：仅在ZK801钻孔中可见，呈细至中粒状半自形-他形结构，其晶粒无完整晶面，不具一定外形，辉锑矿与石英、萤石等矿物颗粒多呈镶嵌状。

萤石：与石英、方解石呈脉状产出，脉宽为0.1～10m不等。可分为两类：①紫色粒状结构的萤石，主要在ZK801钻孔的浅部发现，与钨矿化关系不密切（图4.7c）；②无色、淡绿色透明粒状结构的脉状萤石，与白钨矿共生（图4.7d～f）。由于后期构造作用，在钻孔岩心及露头上，萤石碎裂化现象普遍，可见数十米宽的萤石-石英破碎带，如图4.7a、b所示为碎裂状萤石大脉。

2）脉石矿物

石英：主要呈脉状产出，往往形成粗脉，脉幅大于1cm，主要分布于含矿断裂裂隙带中，在硅化灰岩中较少见。可见乳白色石英、方解石脉穿切早阶段透明、微带紫色的萤石-石英脉（图4.8）。

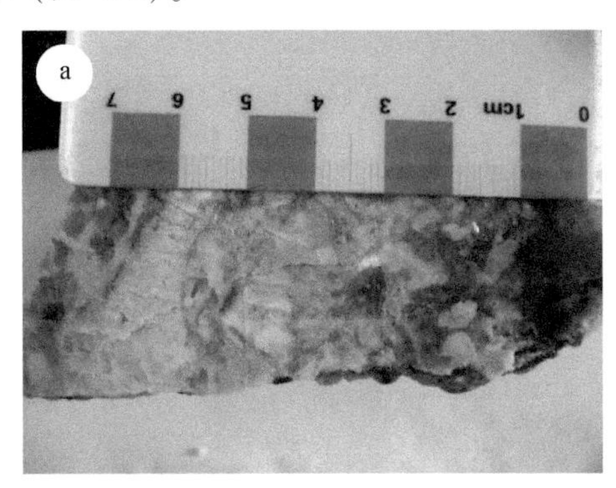

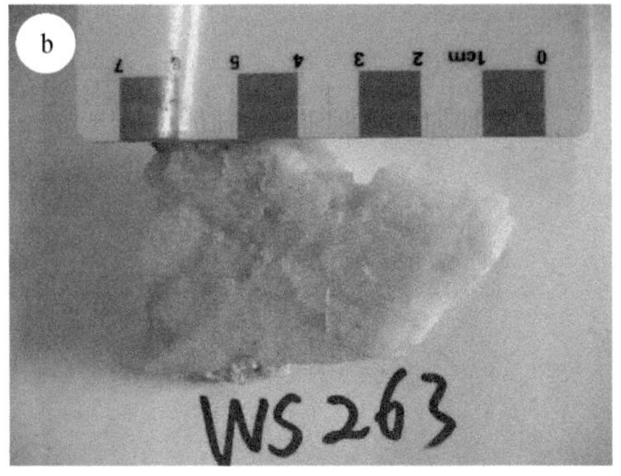

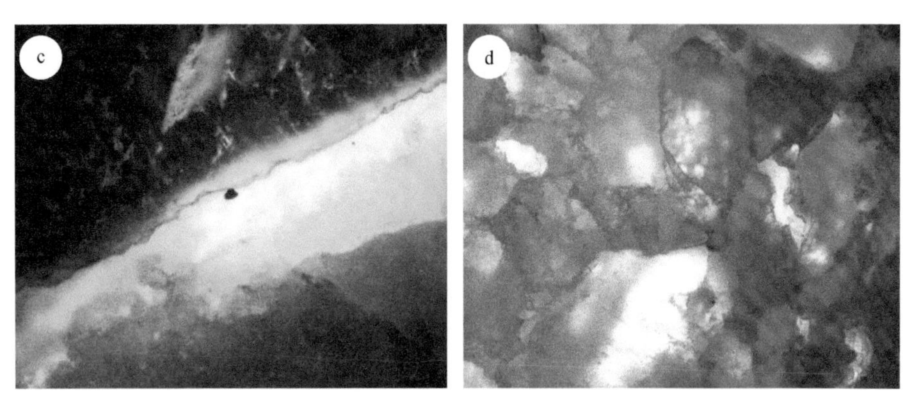

图 4.7　荒田矿床萤石手标本及镜下照片

a-紫色萤石；b-淡绿色萤石；c-镜下萤石脉状构造；d-镜下的粒状萤石矿物

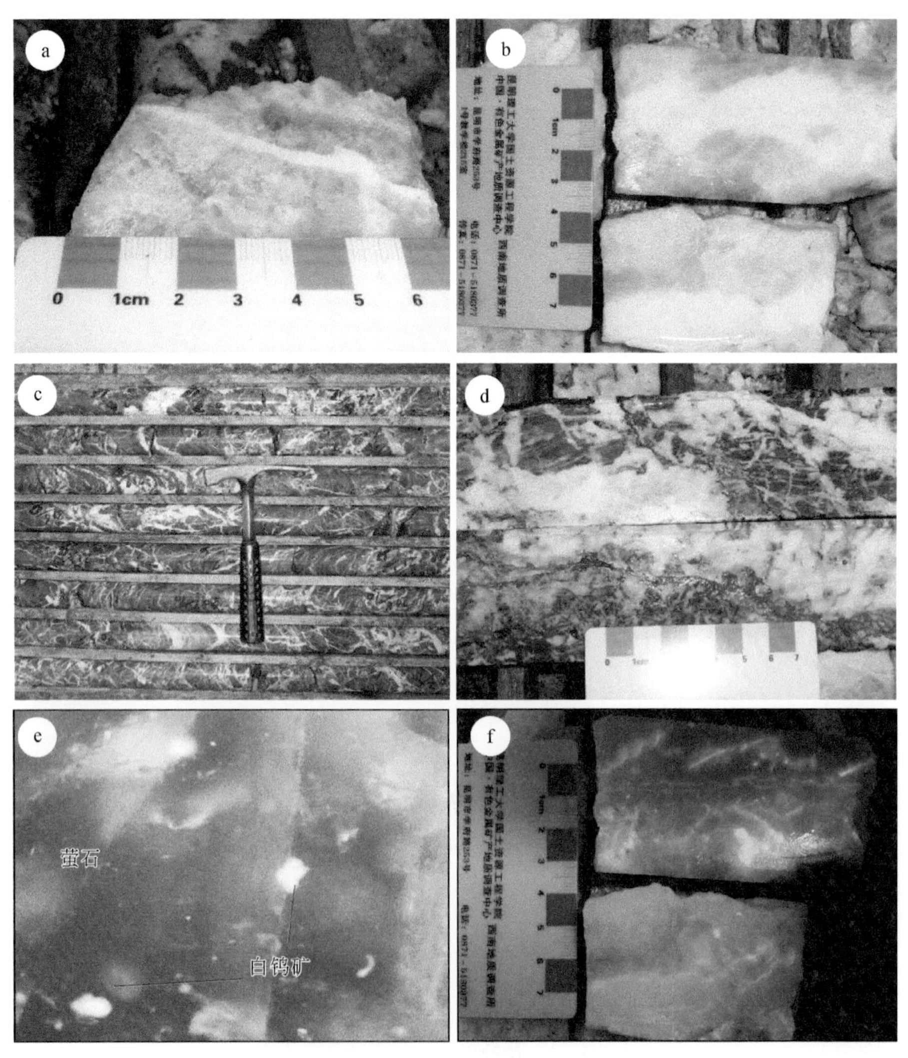

图 4.8　含矿石英-萤石、方解石和白钨矿照片

a、b-含白钨矿的萤石-石英粗脉；c、d-龙哈组灰岩中网脉状方解石；e-萤石中粒状白钨矿；f-萤石-石英脉状中不规则细脉状白钨矿

方解石：呈脉状、细脉状、网脉状，脉幅为 0.5～10cm，是区内最为发育的脉石矿物，分布面积广（矿区及外围），在厚达 200m 以上的灰岩地层中广泛发育。其总体变化趋势为在浅部主要为脉状方解石，脉体密度较小，而靠近钨矿体脉体密度增大、脉幅变小，往往形成网脉状方解石脉（图 4.8）。与灰岩界面常形成大理岩化硅化灰岩，呈现以方解石脉为中心的蚀变分带：大理岩化灰岩（外带）-硅化大理岩（过渡带）-方解石（中心带），呈对称分布。

2. 矿石结构

半自形-他形粒状结构：白钨矿呈半自形-他形粒状（图 4.9），粒径为 0.01～2mm，嵌布于含矿脉体中。

充填交代结构：白钨矿沿石英、方解石、萤石间或裂隙间充填交代形成这种结构。

3. 矿石构造

浸染状、星点状构造：白钨矿呈星点状、弥散状、稀疏-中等-稠密浸染状分布于含矿萤石-石英-方解石脉中，为该矿床主要的矿石类型。在局部强硅化灰岩中也发现弥散状白钨矿（图 4.9）。

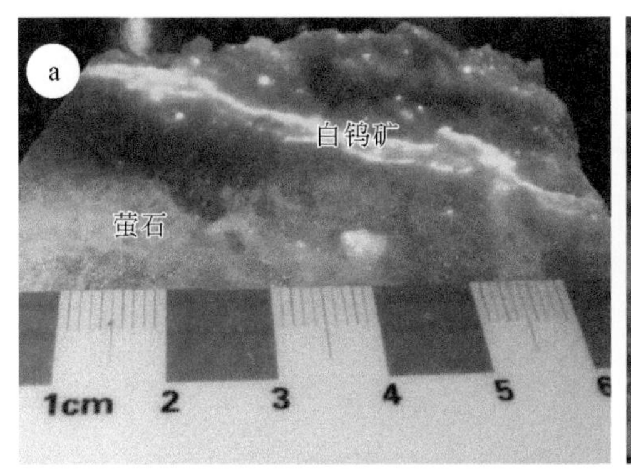

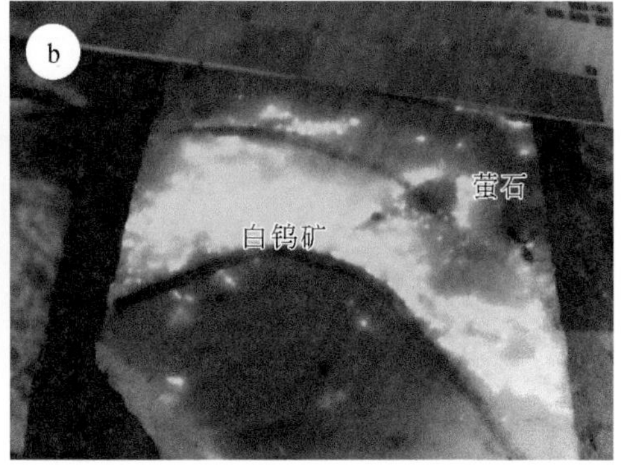

图 4.9　不同类型钨矿石照片

a-白钨矿呈细脉充填于萤石-石英-方解石脉中；b-白钨矿以团块状、斑点状、浸染状分布于萤石-石英-方解石粗脉中

团块状、斑点状构造：白钨矿以斑点状分布于萤石-石英-方解石粗脉中，在局部集中成团块状、斑状。斑点大小为 0.3～5cm（图 4.9b）。

细脉状构造：白钨矿呈细脉状充填于萤石-石英-方解石脉、岩石裂隙或矿物解理面中，脉幅小于 1cm（图 4.9a）。

4. 矿物共生组合

根据野外及镜下观察，主要的矿物共生组合如下。

白钨矿-萤石组合：为矿床主要的矿物组合，常呈脉状产出。主要的金属矿物为白钨矿，主要的脉石矿物为萤石、方解石等。该类矿石品位较高。

白钨矿-石英组合：普遍常见，亦是主要矿物组合，呈脉状产出。主要的矿石矿物为白钨矿，主要的脉石矿物为石英、方解石。该类矿石品位较低。

白钨矿-方解石组合：该组合分布次于上述两者，也呈脉状产出。主要矿石矿物为白钨矿，脉石矿物主要为方解石、绿泥石。该类矿石品位低。

4.2.5　成矿期次及矿物生成顺序

基于不同方向断裂中矿脉的穿插关系、不同矿物组合及矿化类型等特征，认为该矿床主要形成于岩浆热液期，可划分为三个成矿阶段（图4.10）。

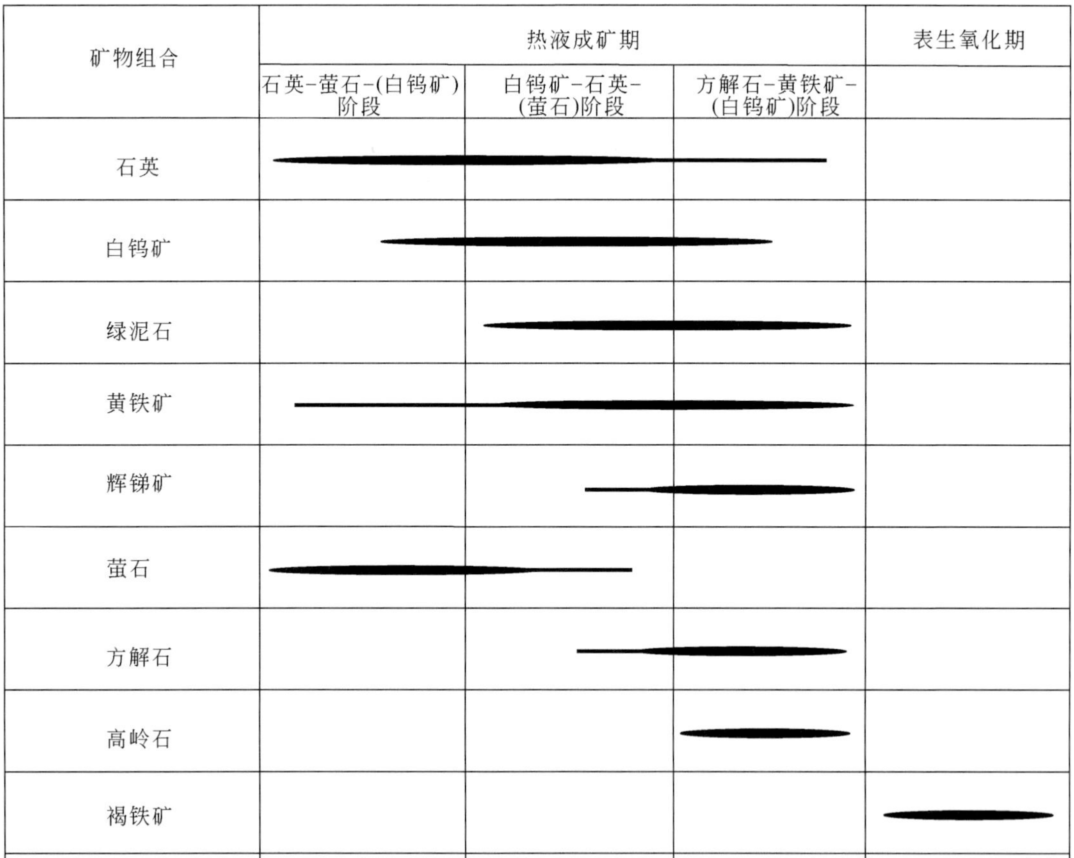

矿物组合	热液成矿期			表生氧化期
	石英-萤石-(白钨矿)阶段	白钨矿-石英-(萤石)阶段	方解石-黄铁矿-(白钨矿)阶段	
石英				
白钨矿				
绿泥石				
黄铁矿				
辉锑矿				
萤石				
方解石				
高岭石				
褐铁矿				
矿石结构	半自形粗粒状 交代-充填	半自形-他形粒状 充填-交代	他形粒状 充填	
矿石构造	中等浸染状、 星点状、脉状	团块状、稠密状、 浸染状、斑点状、 大脉状	稀疏状、浸染状、 弥散状、细脉状	蜂窝状
主要矿物组合	石英、萤石、白钨矿	白钨矿、石英、萤石	方解石、白钨矿、 高岭石、黄铁矿、 辉锑矿	褐铁矿
热液蚀变	硅化、萤石化	硅化、萤石化、 少量方解石化	方解石化、 黄铁矿化、泥化	

图4.10　荒田白钨矿-萤石矿床主要矿物生成顺序图

（1）石英-萤石-（白钨矿）阶段：矿物组合为石英-萤石-白钨矿，萤石主要呈粒状产出，石英呈脉状，此阶段含少量星点状白钨矿。

（2）白钨矿-石英-（萤石）阶段：白钨矿-石英-（萤石）为主成矿阶段的矿物组合，形成石英-白钨矿-（萤石）细脉和网脉，偶见萤石、白钨矿以斑状、细脉状、浸染状分布于石英-方解石脉中。

（3）方解石-黄铁矿-（白钨矿）阶段：大致呈顺层状方解石脉（含细脉、粗脉），局部见石英脉，见弥散状白钨矿。

4.3　成矿地质体研究

一般来说，萤石-石英-方解石脉型钨矿床与中酸性侵入岩的关系密切。尽管该区尚未发现直接与白钨矿-萤石矿床有关的侵入岩体，但是根据该矿床的主要控矿因素、矿体（脉）及其赋存特征、热液蚀变特征等综合分析，其成矿地质作用为远程中酸性岩浆热液作用。因此，推断矿区外围或深部的花岗岩体（如矿区南部田冲地区）与 F_{0-1}、F_{0-2}断裂带夹持的构造-矿化蚀变体的组合为该矿床的成矿地质体。其中，构造-矿化蚀变体是指推覆作用形成的褶皱和层间断裂带及其发育的钨矿化蚀变带。换言之，该矿床主要受推覆作用形成的褶皱和层间断裂构造系统控制。

4.3.1　成矿地质体与矿体的空间关系

依据矿体群展布特征，矿体主要分布于 F_{0-1}、F_{0-2}断裂带夹持的构造-矿化蚀变带内。从荒田矿床纵 2 线地质剖面图（图 4.11）可看出，由 7 号线→14 号线揭露的矿体均赋存于$\epsilon_2 l$中 F_{0-2}、F_8与 F_{0-1}夹持的硅化破碎带中，其中 F_8为$\epsilon_2 l$与$\epsilon_2 t$层间断裂；14 号线→32 号线间的矿体赋存于 F_8与 F_{0-1}夹持的硅化破碎带中，在 16 号线处矿体最厚，且具有缓宽陡窄的特点，反映矿体受硅化蚀变的层间破碎带所控制。

从纵 3 线地质剖面图（图 4.12）可看出，7 号线→20 号线间的矿体也赋存于 F_{0-2}与 F_{0-1}夹持的硅化破碎带中，20 号线→32 号线间的矿体赋存于 F_7与 F_{0-1}夹持的硅化破碎带中，其中 4 号线→12 号线间的矿体最厚，矿体也具有“缓宽陡窄”的特点，反映该矿体同样受压扭性断裂带控制。

7、0、8、16、24 号线横剖面图（图 4.5）也反映了多条钨矿脉均赋存于 F_{0-2}与 F_{0-1}夹持的硅化破碎带中。矿体赋存部位、围岩蚀变、控矿构造等特征，均反映了该矿床受一系列褶皱构造、主体向南西倾斜的层间断裂带控制，其中主断裂（F_7）是该矿床的主要主断裂（F_7）和导矿构造，而层间断裂带夹持的蚀变破碎带是矿体主要的赋存部位。

目前发现的萤石-钨矿脉主要分布在矿区北侧的北西西向断裂、东西向断裂及矿区东部的北西向断裂带中；矿区中部的南北向断裂与矿区南部的北东向、北西向断裂中，发现的钨矿脉在平面上大致呈环形分布，且断裂多倾向于该环形中心，预示其深部存在隐伏岩体。

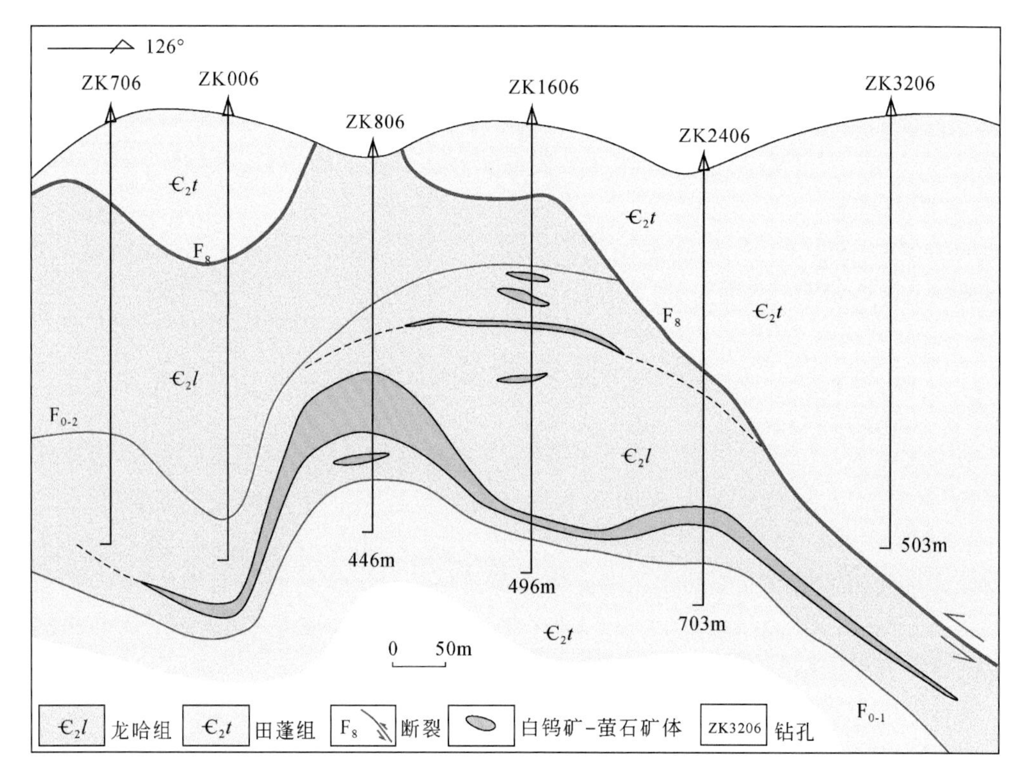

图 4.11　荒田矿床纵 2 线地质剖面图

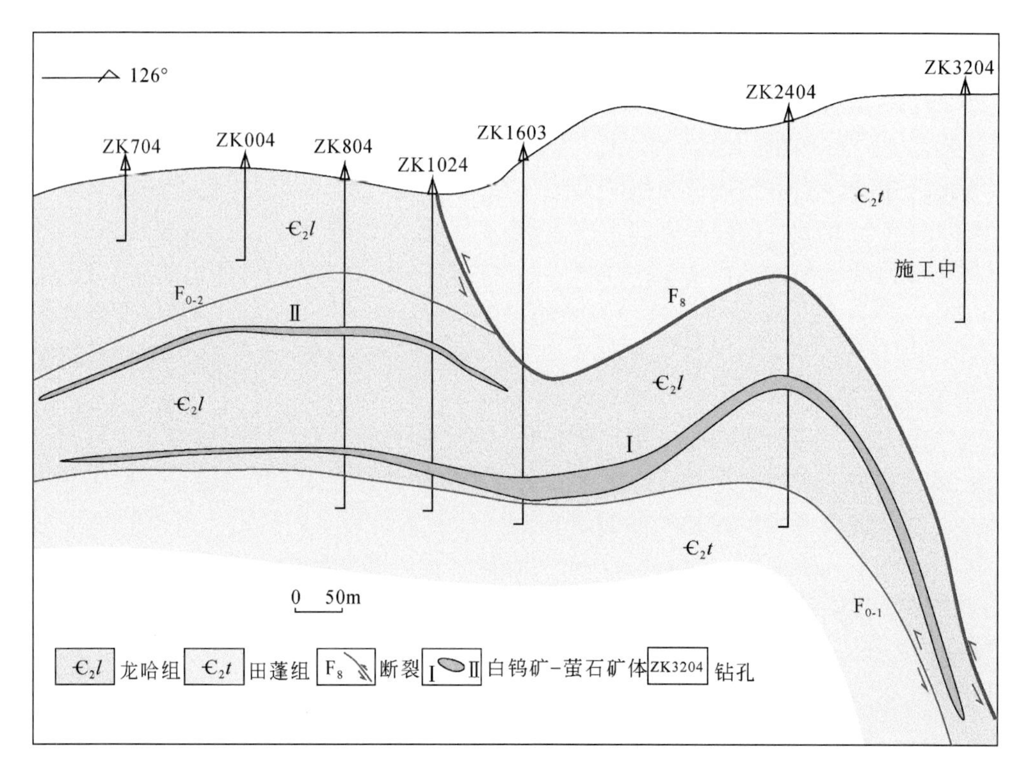

图 4.12　荒田白钨矿–萤石矿床纵 3 线地质剖面图

4.3.2 成矿地质体与成矿岩体的时间关系

老君山花岗岩呈岩基状侵位于老君山弯窿核部寒武系中，属燕山晚期花岗岩（118～89Ma），出露面积约153km^2，为复式岩体：早期为中粗粒似斑状黑云母花岗岩；中期为中细粒二云母花岗岩、白云母花岗岩；晚期则为花岗斑岩岩脉。岩石酸碱度和成矿元素Sn、W、Zn等丰度均高，其化学成分属铝过饱和系列。

该矿床位于老君山岩体的北部，根据矿床地质特征和成矿时代（白钨矿-萤石Sm-Wd等时线定年：66+16Ma）来看，荒田白钨矿-萤石矿床与老君山燕山晚期岩体成岩时代一致，或者直接受老君山岩体的远程控制。在莲花塘地区，特别是荒田矿床北侧跌马坎地区，可能存在浅成侵入岩体。同时，区域重力资料揭示出独树村地段存在重力异常区，其下是否存在花岗岩体，还有待进一步研究。浅成重熔岩浆系列的成矿岩体，常以岩株产出，岩钟、岩墙、岩盖等次之，在岩体顶部从接触界面向外约2km的范围内均可能有钨矿床产出。深成混熔岩浆形成的成矿岩体，主要呈岩钟、岩筒、岩被、岩舌和岩枝，钨矿床以产于岩体内或接触带中的斑岩型、夕卡岩型矿床为主，如外围的四角田夕卡岩型-热液型钨铜钼矿床。

4.4 成矿结构面及其控矿特征

该矿床的成矿构造系统主要表现为构造推覆作用形成的断裂-褶皱构造及其配套的层间断裂裂隙系统，其主要的成矿结构面包括断裂、褶皱构造及岩性转化结构面，控制了矿体（脉）的空间分布和形态产状。

4.4.1 构造成矿结构面及其控矿特征

1. 莲花塘-马关断裂

在区域上，马关断裂明显表现为一条南北向的左行走滑构造，控制了区内钨多金属矿床的分布。该断裂切割北西向断层，控制了新近系马关盆地，具左行走滑或斜冲性质。这条断裂的西侧可见上寒武统、奥陶系、二叠系—三叠系，而断层之东则缺失。在铜厂坡一带见其露头，产状为82°∠33°，断裂主要出露于泥盆系中，见宽约15m的破碎带，具压扭性特征（图2.6和图4.13）。该断裂位于荒田-田冲地区东部约1km，其走向近北东东向，倾向南东，倾角为30°～40°。

2. F_7断裂及其次级断裂特征

通过构造-蚀变岩相学填图，F_7断裂呈北西西向，该断裂总体沿灰岩与千枚岩分界线展布，局部切穿灰岩（图4.14a、b），含矿石英-方解石脉位于断裂带内及断裂上盘硅化灰岩中。硅化灰岩中方解石-石英脉呈不规则状、团块状分布，靠近脉体钨矿化强烈，向南西方向延伸。该断裂控制钨矿体长约1km，钨品位较高，是矿区内主要的控矿构造。

图 4. 13　大锡板矿区南部莲花塘-马关断裂野外照片

图 4. 14　荒田地区地表和钻孔揭露的 F_7 断裂照片（镜头方向 NW40°）

F_7断裂上盘的北西向次级含矿断裂（D383 点）（图 4. 14c、d 和图 4-15a）：该断裂上盘分布硅化、方解石化灰岩，钨矿化明显，主要分布在次级断裂带及其旁侧方解石脉、石英脉中，少量分布在硅化灰岩中；断裂带中的薄脉状石英-萤石-方解石-白钨矿脉，宽 1. 2m，经后期构造作用，碎裂明显，局部破碎形成砂状。其结构面特征显示，该断裂早期呈右行扭张性，晚期呈左行扭压性。

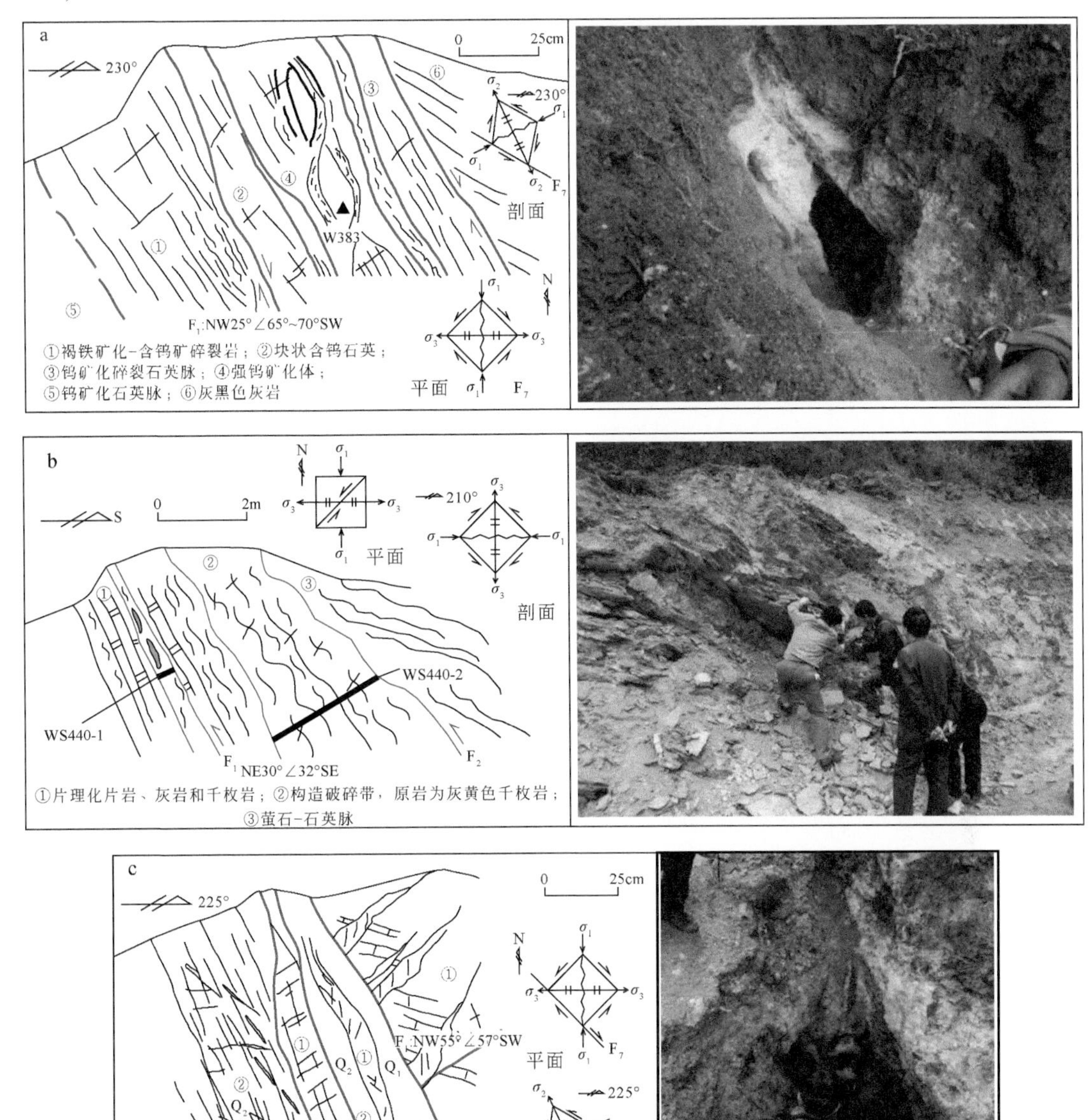

图 4.15　北西向、北东向断裂带剖面素描图、照片及应力解析图

a-D383 点钨矿体特征剖面素描及照片（镜头方向 145°）；b-WS440 点断裂构造剖面及照片；c-D374 点断裂充填的钨矿脉素描图及照片（镜头方向 145°）

440 点、374 点北西向断裂（图 4. 15b、c）：断裂带中发育碎裂、碎粉状石英、方解石脉体，其中钨矿化明显，断裂上下盘围岩发育穿层方解石-石英细脉，具有明显的热液蚀变特征。其构造特征反映该断裂具有右行张扭→左行扭压性的转变。

3. 大坪子断裂

在大坪子南西西方向发育北东向控矿断裂。WS412 构造点的北东向断裂产状为 135°∠75°，断裂带宽 60～80cm，其中发育石英透镜体和颗粒状石英团块（图 4.16），断裂较陡，断裂两盘为千枚岩，靠近断裂旁侧存在 1～2m 宽的破碎带，破碎带中发育石英团块。这些反映了该断裂的力学性质经历了早期压扭性→晚期张性的转变，钨矿化体产于石英脉体中，其碎裂部位钨矿化增强，指示了热液沿层间断裂裂隙带运移，在有利的裂隙空间就位沉淀，在空间上矿床似乎受层位控制，但实际上明显受构造控制。

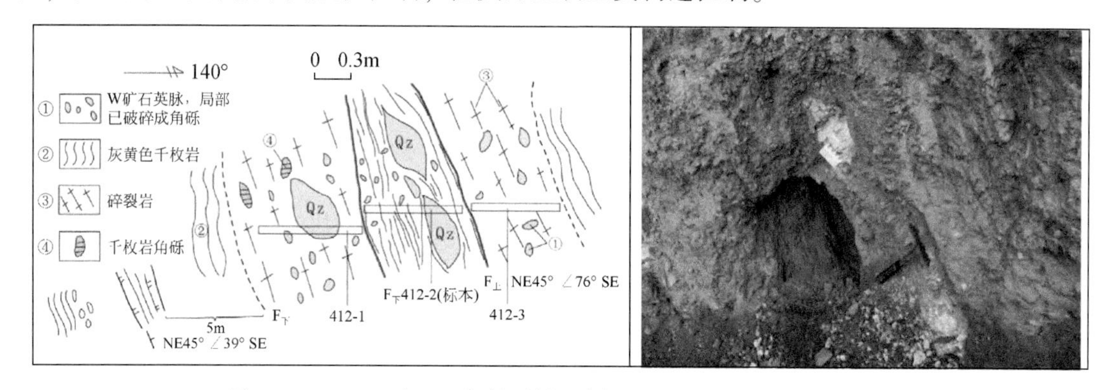

图 4.16　WS412 点 NE 向断裂剖面素描图及照片（镜头方向 50°）

4. 大坪子-畜牧场一带构造特征

前已论述，F_7 断裂的次级北北西-北西向断裂（374 点、383 点、551 点等）分布的钨矿脉和 412 点、421 点、553 点钨矿脉特征，反映成矿岩体中心位于大坪子村与畜牧场一带，而且在畜牧场东西两侧见两条石英大脉（图 4.3），脉宽>50m，长度>200m，其接触带在地表未见，在靠近脉体一侧，石英脉具片理化，推测石英脉与周围灰岩属于断裂接触，在脉体旁侧灰岩中，岩石硅化强烈，沿灰岩发育层间断裂，沿左行压扭性层间断裂发育多条硅化石英脉，脉幅为0.1～2m，局部出现钨矿化（如 WS444 点）（图 4.17）。这些特征指示矿区南深部可能存在与钨成矿有关的岩体。

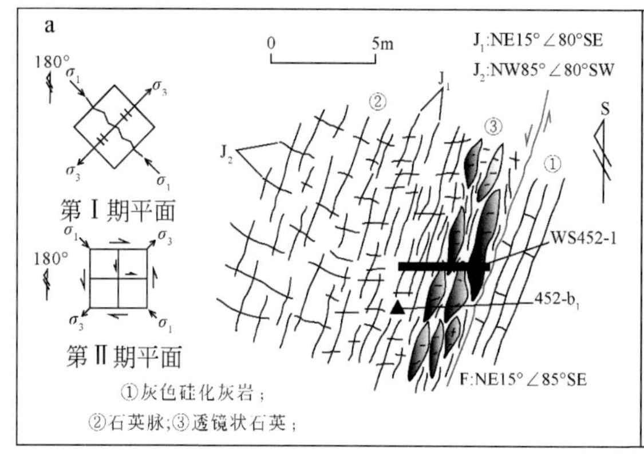

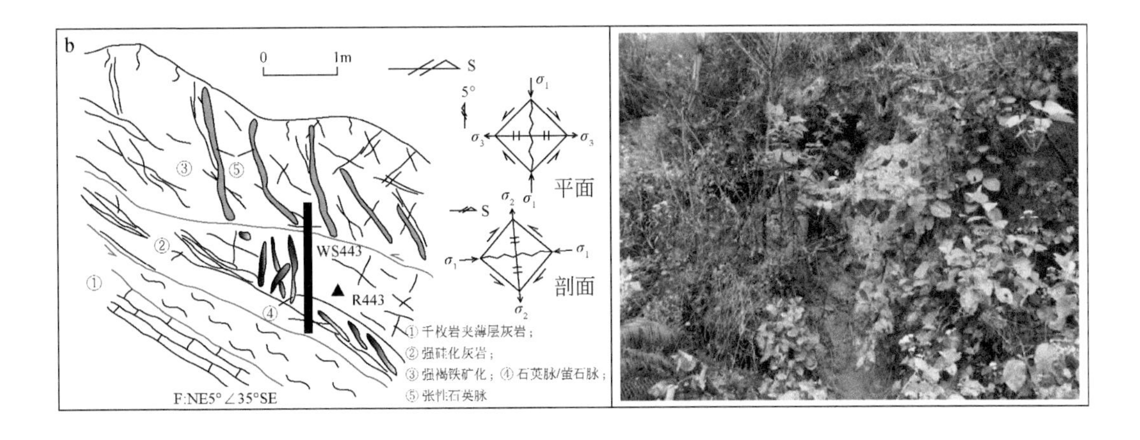

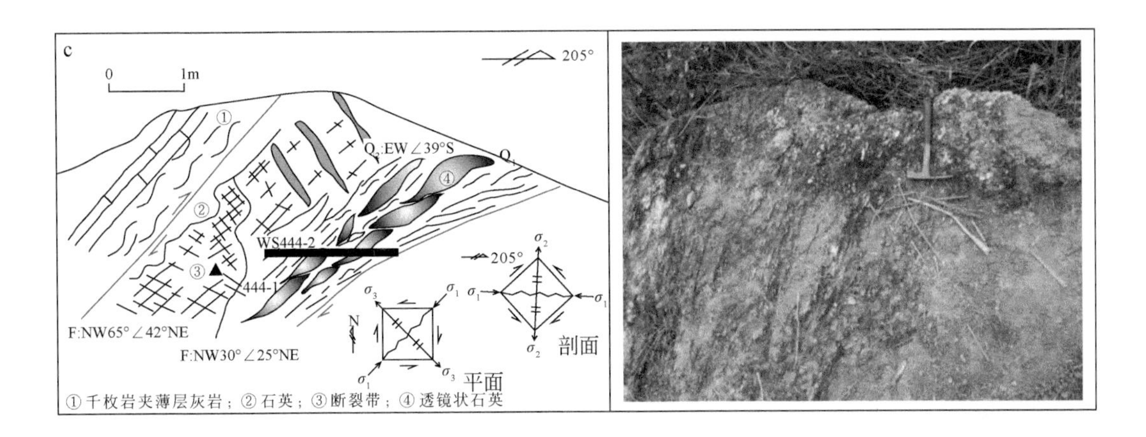

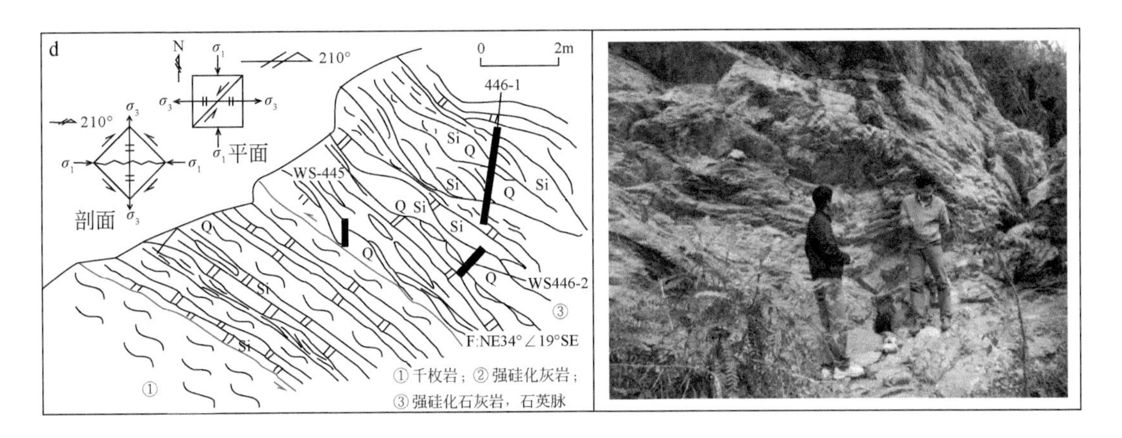

图4.17 大坪子-畜牧场一带剖面素描图及照片

a-WS452点石英脉与灰岩接触带发育的断裂破碎带剖面素描及照片；b-WS443点断裂剖面素描图及照片；c-WS444点断裂剖面素描图及照片；d-WS445点断裂带剖面素描图及照片

在片理化薄层状灰岩中发育层间断裂（WS440 点）（图 4. 15b），其产状为 120°∠32°SE，断裂带宽 0 ~ 30cm，其中发育褐铁矿化石英脉，脉体受后期构造影响形成构造透镜体化石石英，反映断裂具两期活动：早期呈张性，被石英脉充填；晚期具左行压扭性。

5. 构造结构面的剖面特征

从 7 号线剖面可知，矿体产于$€_2l$中硅化破碎带中，破碎带上下裂面为 F_{0-2}、F_{0-1}断裂面，矿体赋存于两断裂之间的破碎带中，F_7主断裂从地表向深部切穿至田蓬组，地表出露位置见 F_7切穿地层和矿化体赋存的碎裂蚀变岩体，其中见多条矿化石英脉（图 4. 18）。

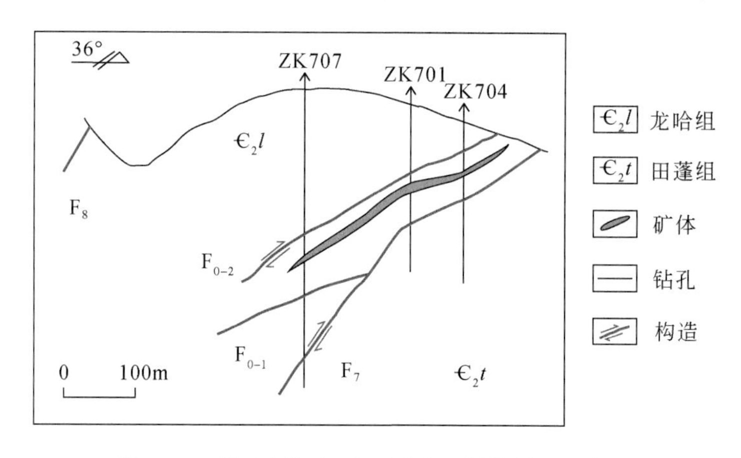

图 4. 18　荒田白钨矿–萤石矿床 7 号线剖面示意图

在 0 号线剖面中，矿体赋存于 F_{0-2}、F_{0-1}断裂面夹持的硅化破碎带与 F_8、F_{0-1}夹持的硅化破碎带中，其中 ZK002 钻孔中见多条分支矿体，分布于 F_{0-2}、F_{0-1}断裂夹持的硅化破碎带中，少量见于 F_8、F_{0-2}夹持的硅化破碎带中，反映 F_8与 F_{0-2}、F_{0-2}与 F_{0-1}断裂夹持的硅化破碎带为矿体赋存的有利空间（图 4. 19）。

在 8 号线剖面中（图 4. 5a），见矿钻孔为 ZK805、ZK801、ZK802、ZK809、ZK803、ZK804、ZK808、ZK806，见矿钻孔均具有以下特征：矿体产于 F_{0-2}断裂与 F_{0-1}断裂夹持的硅化破碎带中，矿（化）体中硅化、方解石化、萤石化明显，其中 ZK802、ZK809、ZK803 钻孔见多条硅化碎裂蚀变带，其中产出多条矿脉，反映了 F_{0-2}断裂与 F_{0-1}断裂夹持的硅化破碎带是矿体有利赋存部位。矿体形态特征反映了 F_{0-2}断裂与 F_{0-1}断裂夹持的蚀变破碎带为一系列褶皱和南西倾斜的层间断裂组成的断裂带，该断裂破碎带为矿体赋存的有利空间，指示其深延部位是有利的找矿地段。

在 16 号线剖面（图 4. 6b）中，见矿钻孔为 ZK1602、ZK1607、ZK1606，其中 ZK1602 和 ZK1606 钻孔中见多条硅化破碎带，矿体均产在硅化破碎带中，但并非所有破碎带中均见矿体，矿体顶部见 F_8层间断裂。矿体主要赋存在切层的断裂蚀变带和层间破碎带中，因此钨矿脉主要受断裂构造控制，而不是受层位控制；在 24 号线剖面中，ZK2404、ZK2406 中见多条硅化碎裂蚀变岩带，矿体主要赋存在 F_{0-2}断裂与 F_{0-1}断裂夹持的硅化破碎带中，指示 F_7断裂具多期活动，在晚期为破矿构造，切断 F_{0-1}、F_{0-2}断裂蚀变岩带控制的钨矿脉（图 4. 20）。

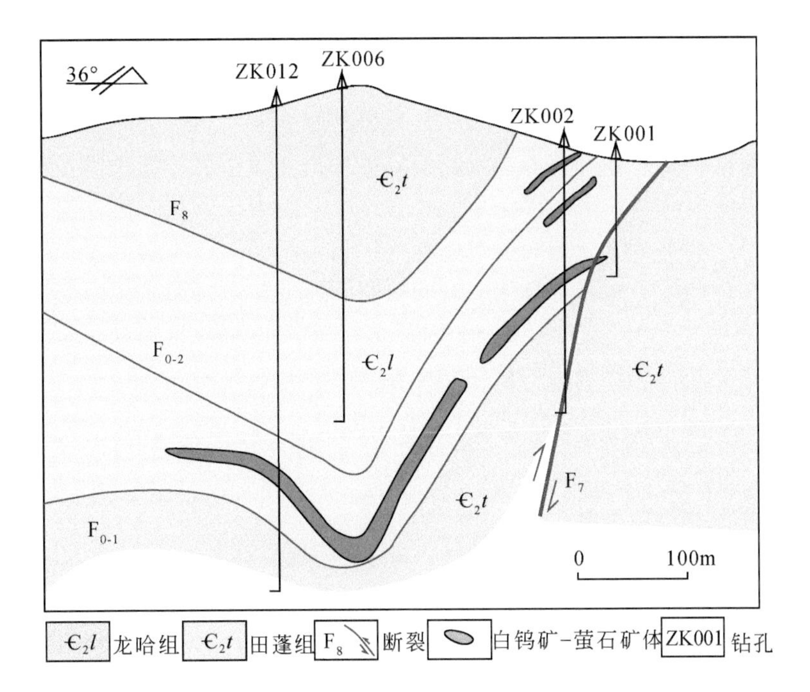

图4.19　荒田白钨矿-萤石矿床0号线剖面示意图

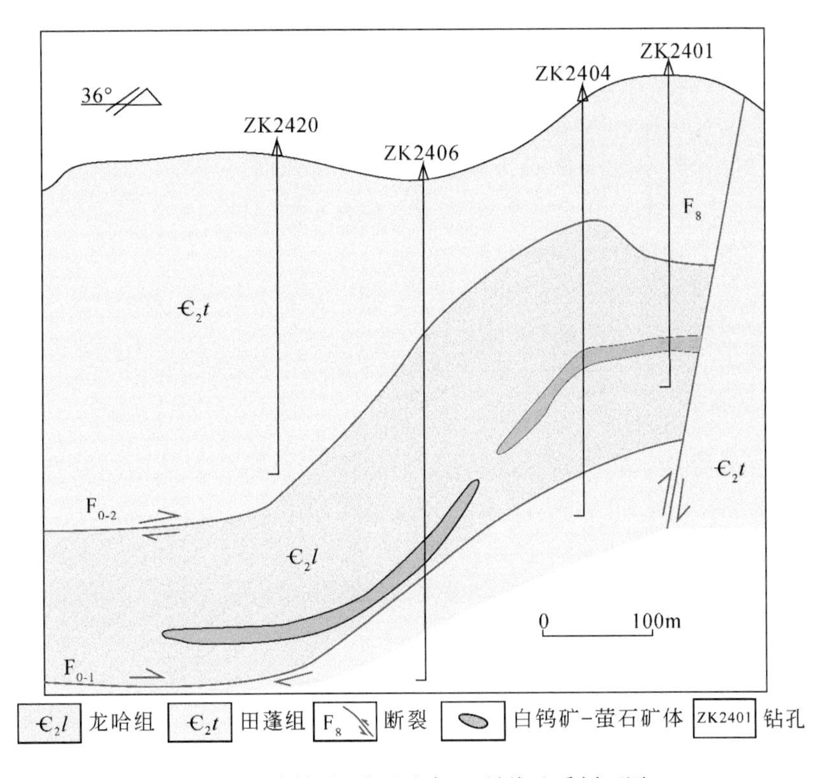

图4.20　荒田白钨矿-萤石矿床24号线地质剖面图

4.4.2　岩性界面成矿结构面及其控矿特征

上述不同剖面钻孔和地表露头揭示的断裂构造和热液蚀变等特征，均反映了该矿床属明显受构造控制的中低温热液矿床。根据8、16号线等剖面中矿体和硅化、萤石化、方解石化蚀变带的展布特征，表明矿体在空间上受叠瓦式层间、切层构造控制，控制矿脉的断裂往往沿岩性界面分布，特别是千枚岩与硅化灰岩的层间断裂带，形成了矿化蚀变带。

4.4.3　构造期次和成矿构造体系

1. 构造控矿特征

近南北向莲花塘-马关断裂（F_5）控制了荒田白钨矿-萤石矿床的展布，目前发现的钨矿体主要分布在莲花塘-马关断裂和次级断裂（F_7）夹持的层间压扭性断裂中，在畜牧场一带发现的石英脉也位于F_5断裂西侧，因此可以推断莲花塘-马关断裂及其次级断裂是该矿床的导矿构造。

成矿期构造主要包括：地表北西西向F_7断裂、东西向断裂、南北向小河沟断裂及北东断裂；钻孔揭露的F_{0-1}、F_{0-2}断裂夹持的蚀变碎裂岩带、F_8层间断裂，其旁侧发育的石英-方解石脉是其重要的找矿标志。矿体主要赋存于一套北西向层间断裂构造中。根据ZK1603、ZK806钻孔编录，F_7断裂形成于成矿期，在成矿期后也有活动。

在成矿期，受矿区南部岩浆热液驱动，从南到北受一系列控制矿脉的叠瓦式层间断裂往往沿岩性界面分布，特别是千枚岩与硅化灰岩的层间断裂带分布，在矿（化）体上下盘围岩由于强烈的硅化、碳酸岩化、萤石化蚀变，形成了矿化蚀变带，指示矿床成矿作用与燕山晚期老君山花岗岩岩浆热液活动有关。

成矿后构造：目前发现在成矿后F_7断裂再次活动，对钨矿脉的空间定位有影响，表现为破矿构造，对矿脉有一定的破坏作用。

2. 成矿构造体系

综合矿区地表构造和剖面钻孔揭露的构造的控矿特征、矿体空间赋存特征与构造的关系，结合区域构造演化特征，分析认为该区构造活动主要经历了四期，代表了四个构造体系（图4.21），分别为南北构造带、东西构造带、北东构造带、北西构造带。在此基础上结合矿床成矿规律，认为东西构造带为钨成矿构造体系。

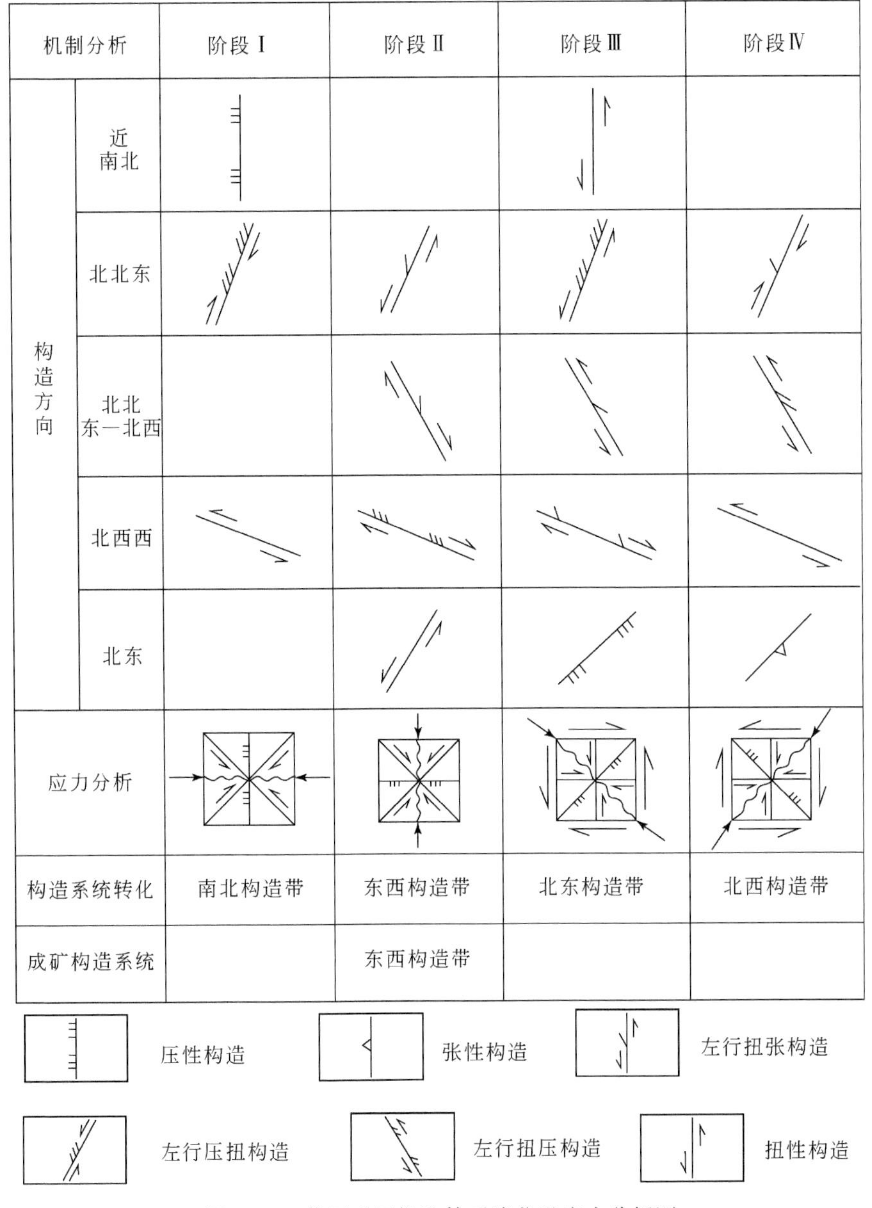

图4.21　荒田矿区构造体系演化及应力分析图

4.5　主要蚀变类型及其分带特征

热液蚀变研究是成矿流体作用研究的重要组成部分，也是重要的找矿标志之一。

4.5.1　主要蚀变类型

(1) 脉状方解石/大理岩化（浅部蚀变带）：主要依据为 ZK1602、ZK806、ZK701、

ZK002、ZK801、ZK1502、ZK3102 钻孔编录及野外调研。

方解石/大理岩化是该矿床主要的蚀变类型。从田冲村北西部地表的 369 点（最北部）到独树村北北西部的 392 点（最西部），到最南端小河沟村附近的 398 点，再到荒田村东边的 551 点（图 4.2）。热液蚀变的主要表现形式为方解石呈脉状、细脉状主体顺层充填在大理岩化灰岩裂隙中；浅部（ZK3102 钻孔 0～120m；ZK806 钻孔 0～274m）方解石/大理岩化明显，见大量顺层状方解石细脉，局部见穿层方解石脉（同时也切穿早阶段方解石脉），灰岩局部发生大理岩化（图 4.22）。所有含矿钻孔在浅部均发育方解石/大理岩化，同时在方解石脉中也观察到星点状和细脉状白钨矿，可以认为方解石/大理岩化与矿化紧密相关，已被 ZK820、ZK1603 等钻孔证实。

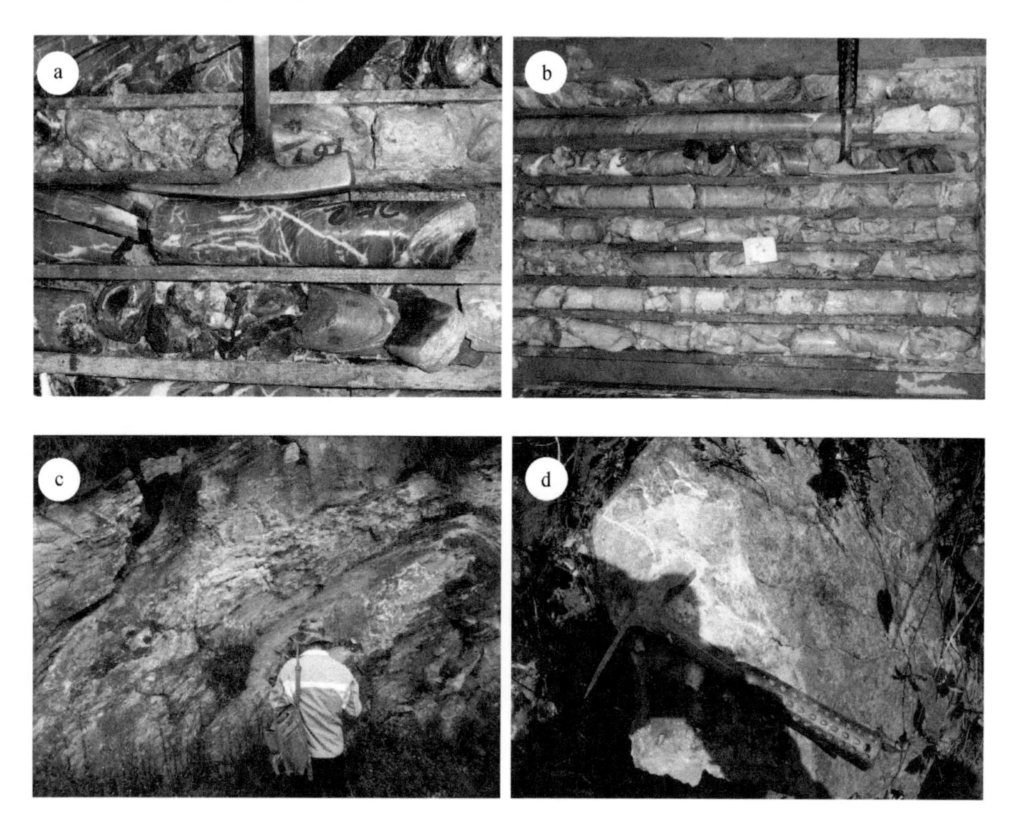

图 4.22　方解石/大理岩化照片

a-灰岩中见脉状方解石；b～d-灰岩重结晶后形成粗晶大理岩

（2）网脉状方解石化：在脉状方解石/大理岩化带下部的蚀变灰岩中，见网脉状方解石脉（图 4.23a、b），局部灰岩见弱硅化蚀变和星点状白钨矿为矿化蚀变增强的主要标志。ZK1602 钻孔 161.75～174.75m 的方解石脉中，见碎裂灰岩残块（图 4.23c、d），为构造应力作用所致，同时形成节理裂隙。图 4.23d 中见透镜体化方解石脉，为热液充填于构造而成。

（3）硅化：硅化可作为该矿床的重要找矿标志，在石英脉中见脉状/细脉状白钨矿（图 4.9）。在独树北北西部、跌马坎南侧、畜牧场北西西部和 533 地质点均见石英细脉。国内外很

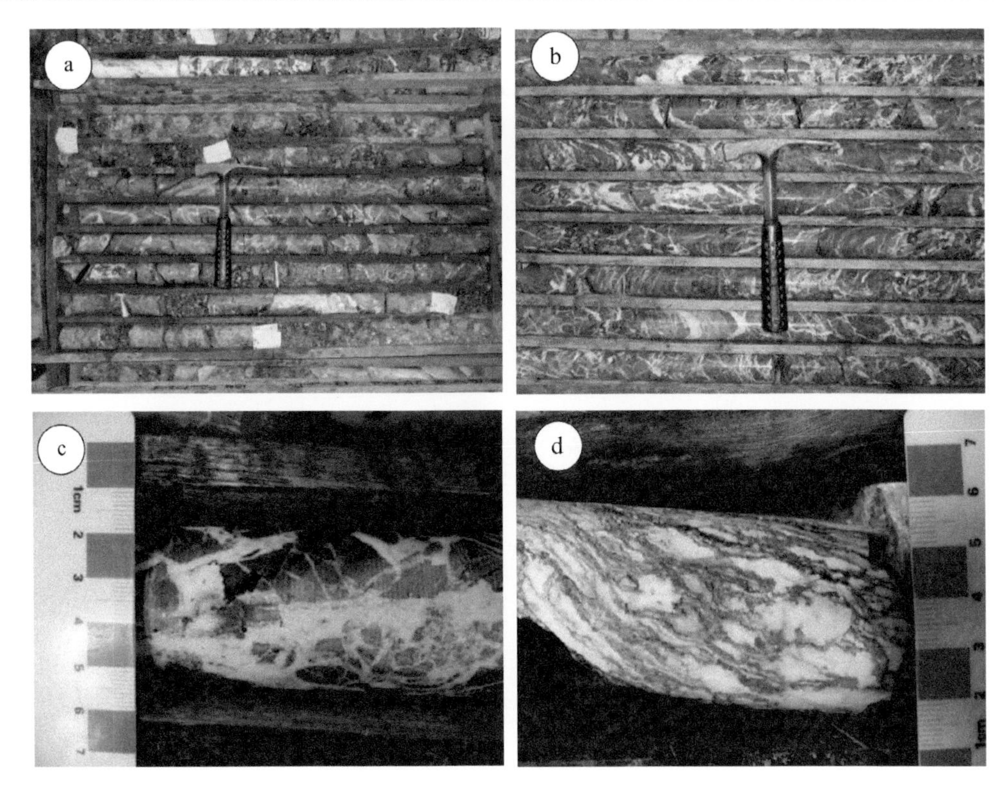

图4.23 网脉状方解石化灰岩照片

a、b-龙哈组灰岩中见大量网脉状方解石；c-方解石粗脉中见灰岩角砾；
d-斑状方解石在构造应力作用下成透镜体状

多钨矿勘查发现白钨矿/黑钨矿主要产于石英脉中。在矿区范围内石英虽不是白钨矿的主要赋存矿物，但石英脉应为早成矿阶段的产物，并不能排除深部存在石英大脉带型钨矿的可能性。

（4）萤石化：在ZK806钻孔274～310m处，见厚达30m的萤石（F）-石英（Q）脉（F/Q≈3/1），与钨矿化关系最为密切。白钨矿主要赋存于微绿色、淡紫色或无色萤石及石英中，萤石晶体较好，且破碎（图4.24）。ZK1602钻孔分别在256.35～277.25m和423.2～450.75m处，见白钨矿-萤石脉型矿体。因此，萤石化（萤石脉）为主要的找矿标志。

图4.24 白钨矿-萤石-石英脉岩心照片

（5）大理岩化：在矿区大理岩化不发育，仅在局部发现强方解石化灰岩，主要表现为灰岩中方解石粗脉两侧发生大理岩化，形成以方解石为中心的对称分布形式，同时可见雁列式排列的方解石透镜体（图4.25）。

图4.25　荒田矿床大理岩和灰岩中方解石透镜体野外照片

4.5.2　热液蚀变平面分带

根据地表地质测量，区内主要存在三种蚀变带（图4.3）：①萤石-硅化带，主要分布于F_7断裂上盘，呈北西向带状分布，岩石破碎强烈；②方解石化带，F_5断裂以东，在灰岩出露地段普遍发育方解石-大理岩化，特别是河沟小断裂两侧延伸至独树村附近及其北侧；③高岭石化带，主要分布于对门山附近。

4.5.3　热液蚀变垂向分带

依据钻孔编录结果，该矿床具有明显的热液蚀变垂向分带规律，从下往上依次为：①高岭石化带，含矿大理岩化灰岩下覆的千枚岩受后期热液蚀变而形成，分布于岩性界面附近；②黄铁矿化带，主要表现为黄铁矿呈浸染状、自形粒状分布于蚀变千枚岩和灰岩中，在强蚀变灰岩中存在方解石透镜体，具构造作用标志；③萤石-硅化带，总体上较破碎，特别是萤石，常常形成含矿萤石碎块，为白钨矿-萤石矿体的主要赋矿部位，其厚度可达20m以上；④网脉状方解石化带，灰岩中发育不同方向的方解石脉，一般脉幅为1～5cm，个别达10cm，有时也见巨厚状方解石脉（>10m），碎裂现象普遍发育，在方解石脉中常见到灰岩角砾；⑤方解石-硅化带，见穿层和顺层方解石脉，热液作用特征明显；⑥大理岩化带，灰岩中见少量方解石脉，局部大理岩化；⑦高岭石化带，主要分布于对门山山顶一带的千枚岩中（图4.26）。

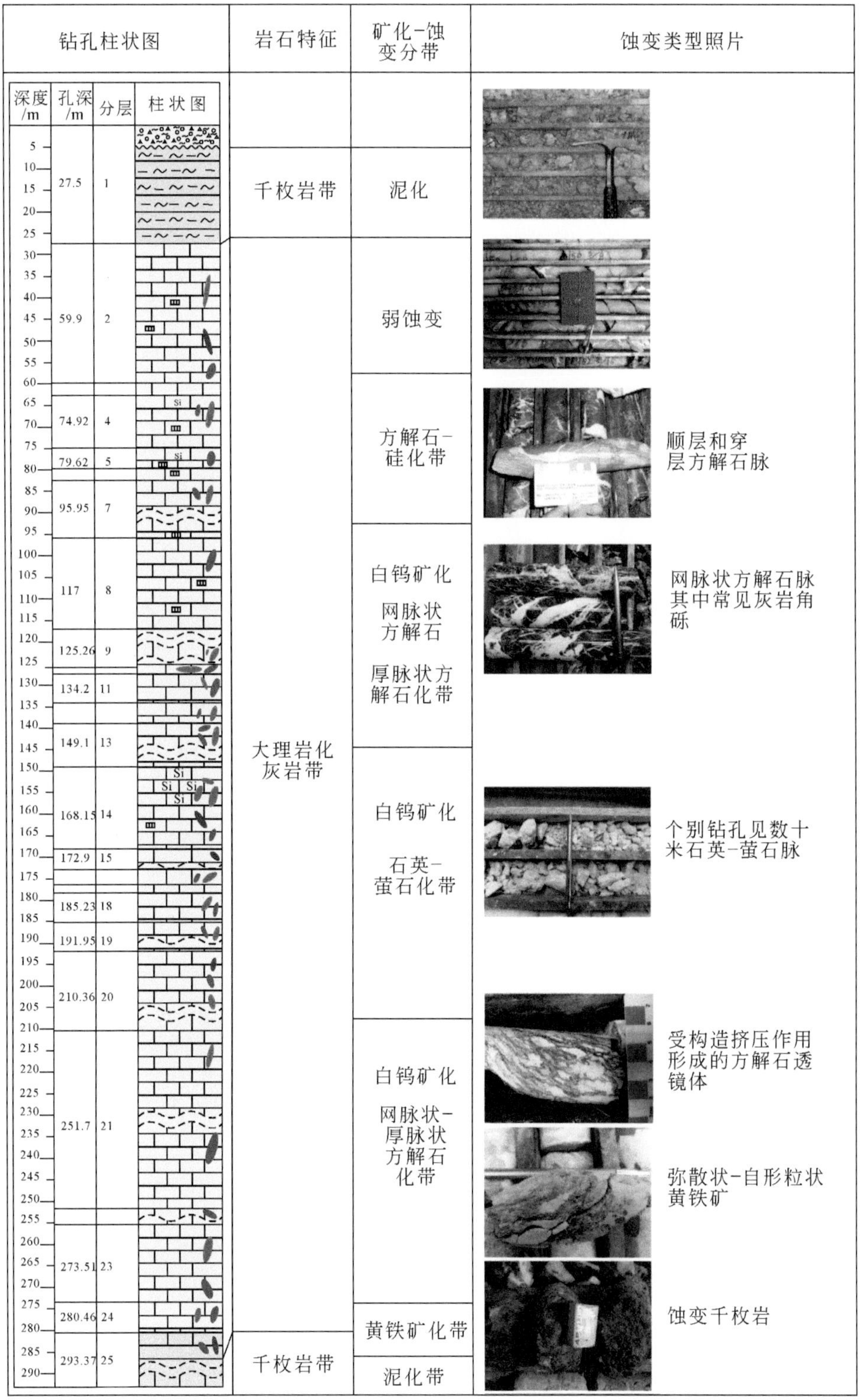

钻孔柱状图

深度/m：5、10、15、20、25、30、35、40、45、50、55、60、65、70、75、80、85、90、95、100、105、110、115、120、125、130、135、140、145、150、155、160、165、170、175、180、185、190、195、200、205、210、215、220、225、230、235、240、245、250、255、260、265、270、275、280、285、290

孔深/m	分层
27.5	1
59.9	2
74.92	4
79.62	5
95.95	7
117	8
125.26	9
134.2	11
149.1	13
168.15	14
172.9	15
185.23	18
191.95	19
210.36	20
251.7	21
273.51	23
280.46	24
293.37	25

岩石特征	矿化-蚀变分带	蚀变类型照片
千枚岩带	泥化	
大理岩化灰岩带	弱蚀变	
	方解石-硅化带	顺层和穿层方解石脉
	白钨矿化 网脉状方解石 厚脉状方解石化带	网脉状方解石脉其中常见灰岩角砾
	白钨矿化 石英-萤石化带	个别钻孔见数十米石英-萤石脉
	白钨矿化 网脉状-厚脉状方解石化带	受构造挤压作用形成的方解石透镜体；弥散状-自形粒状黄铁矿
	黄铁矿化带	蚀变千枚岩
千枚岩带	泥化带	

图4.26　荒田矿床垂向蚀变分带图

4.6 成矿流体研究

4.6.1 流体包裹体岩相学

在ZK801、ZK1602、ZK002及ZK1502等钻孔岩心中，选取与白钨矿密切共生的石英、萤石（图4.9），作为包裹体研究的主要对象，磨制包裹体片49件。流体包裹体研究表明，石英-萤石脉中发育原生包裹体和次生包裹体。原生包裹体一般分布较分散，单个呈无序分布，大小差异较大，最大可达20μm；次生包裹体总体较小，多沿愈合裂隙成排成串出现，呈条带状展布，且排列具有一定的方向性（图4.27）。图4.27a表现出原生、假次生包裹体之间的相互关系。另外，还存在着“卡脖子”包裹体，即已形成的包裹体在重结晶作用下，被分离成两个以上包裹体，部分包裹体定向排列与后期构造作用有关；从图4.27b中可以看出石英中包裹体往往以群状出现；图4.27c反映出不同层面包裹体特征；图4.27d为粒状萤石中流体包裹体，主要呈孤立状、椭圆状产出。

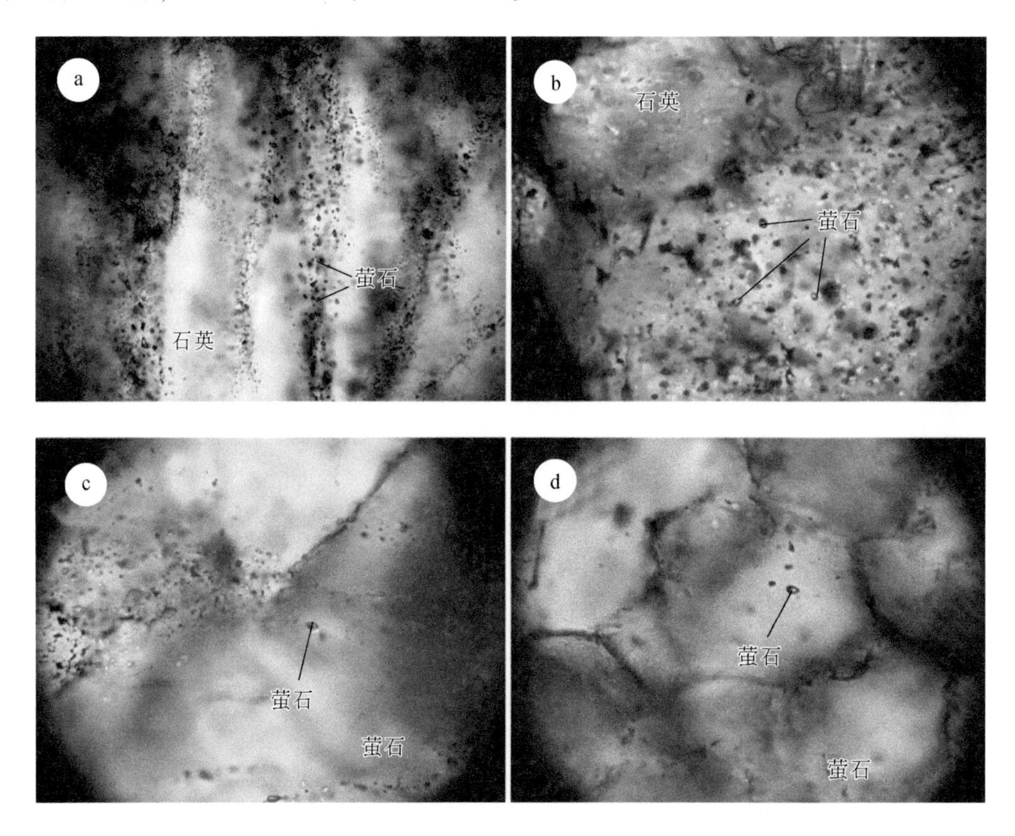

图4.27 荒田白钨矿-萤石矿床石英（a、b）和萤石中流体包裹体（c、d）

流体包裹体主要为纯液相、气液两相体包裹体。根据其成因类型，可分为三类包裹体。(1) 原生包裹体：它是在矿物的结晶过程中被捕获的包裹体，与白钨矿同时生成。常沿矿物的生长面分布。

（2）假次生包裹体：它是原生包裹体的特殊类型，是在主矿物结晶过程中，因某种原因使主矿物产生裂隙，尔后有成矿流体充填其中，因裂隙愈合封存成矿流体而形成的包裹体。它沿愈合裂隙分布，具有次生包裹体分布特征，但这种愈合裂隙仅分布在白钨矿内部(图4.27a)。

（3）次生包裹体：他形成于白钨矿结晶之后，为热液沿矿物裂隙、解理、孔隙对矿物溶解、发生重结晶的过程中捕获形成，常沿切穿矿物颗粒的裂隙分布（图4.27c）。

4.6.2 温度、盐度和成分

通过萤石、石英中流体包裹体测温数据对比，发现萤石中的流体包裹体均一温度变化区间比石英更宽，且均一温度相对较低。萤石流体包裹体均一温度峰值主要为150～170℃，而石英流体包裹体均一温度峰值主要在210～230℃、150～170℃两个区间内，显示出石英中的包裹体具有明显的两阶段特征。其均一方式为L+V→L，为典型的液相均一方式(图4.28和表4.1)。

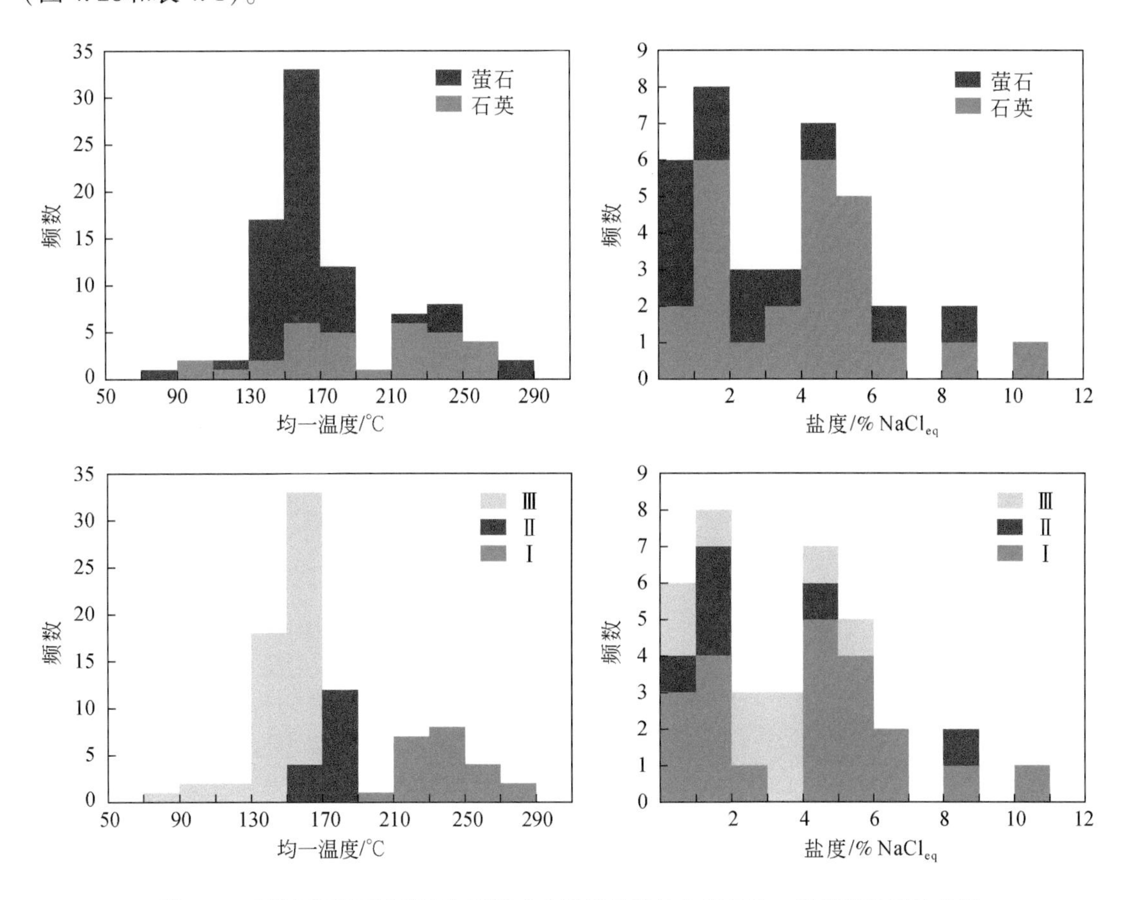

图4.28　荒田矿床不同矿物和不同成矿阶段的流体包裹体均一温度和盐度柱状图

表 4.1　荒田白钨矿-萤石矿床原生流体包裹体均一温度、盐度等参数表

样品编号	矿物	包裹体大小/mm	充填度/%	冰点温度/℃	盐度/% $NaCl_{eq}$	均一温度/℃	密度/(g/cm^3)	压力/10^5Pa
WS-46	石英	9. 8×6. 2	60	−3. 3	5. 41	264. 8	0. 828	47
WS-46	石英	6. 1×5. 0	80	−1. 1	1. 91	150. 4	0. 934	5
WS-46	石英	10. 7×6. 5	65	−6. 8	10. 24	258. 6	0. 886	42
WS-46	石英	9. 5×4. 3	70	−3. 1	5. 11	220. 2	0. 885	20
WS-46	石英	13. 4×6. 7	60	−5. 6	8. 68	240	0. 849	29
WS-46	石英	7. 1×4. 1	75	−2. 8	4. 65	171. 8	0. 932	7
WS-46	石英	7. 8×6. 6	80	−3. 5	5. 71	231. 2	0. 877	25
WS-383-4	萤石	5. 4×4. 5	90			127. 8		
WS-383-4	萤石	3. 8×3. 2	85			137. 4		
WS-383-4	萤石	5. 4×2. 4	80			141. 5		
WS-383-4	萤石	5. 6×2. 6	80			130. 3		
WS-383-4	萤石	10. 1×9. 4	70			168. 2		
WS-383-4	萤石	6. 1×4. 5	85			157. 6		
WS-383-4	萤石	10. 5×5. 8	90			168. 1		
WS-383-4	萤石	4. 4×3. 7	80			152. 9		
WS-383-4	萤石	6. 2×4. 2	70			156. 8		
WS-521	萤石	9. 9×7. 4	80			146. 6		
WS-521	萤石	12. 6×5. 3	85			145. 2		
WS-521	萤石	10. 0×5. 6	85			174. 5		
WS-521	萤石	6. 1×4. 8	70			140. 1		
WS-521	萤石	7. 9×5. 9	60			168. 7		
WS-521	萤石	11. 7×5. 1	70			163. 8		
WS-521	萤石	11. 1×5. 1	80			166. 1		
WS-521	萤石	7. 1×3. 8	75			157. 5		
WS-521	萤石	8. 8×5. 9	80			165. 6		
WS-521	萤石	10. 0×4. 0	80	−1. 3	2. 24	162. 7	0. 924	6
WS-521	萤石	14. 3×11. 6	70			168. 6		
WS-521	萤石	8. 4×6. 6	80	25. 4		142. 9		

续表

样品编号	矿物	包裹体大小/mm	充填度/%	冰点温度/℃	盐度/% $NaCl_{eq}$	均一温度/℃	密度/(g/cm³)	压力/10^5Pa
WS-521	萤石	5.6×3.7	80	-5.7	8.81	176.1	0.956	7
WS-521	萤石	10.3×5.8	75			146.2		
WS-521	萤石	5.6×2.6	80			163.7		
WS-521	萤石	23.9×8.2	80	-0.3	0.53	164.2	0.912	6
WS-45	萤石	11.4×6.3	80	-3	4.96	238.4	0.861	28
WS-45	萤石	6.5×6.3	85	-1	1.74	276.6	0.761	57
WS-45	萤石	9.1×8.6	80	-2.2	3.71	160.4	0.936	6
WS-45	萤石	10.9×8.9	70	-1.2	2.07	166.2	0.92	6
WS-45	萤石	5.4×3.7	80	-0.2	0.35	276.6	0.742	57
WS-45	萤石	4.4×3.7	85	-0.9	1.57	184.5	0.897	9
WS-45	萤石	6.0×4.0	90	-0.3	0.53	232.9	0.823	26
WS-45	萤石	7.2×5.3	85	2.3		75		
WS-45	萤石	5.5×4.4	80	-0.5	0.88	219.2	0.848	19
WS-45	萤石	5.9×2.5	75	-4.1	6.59	248.6	0.863	35
WS-45	石英	4.0×4.0	80	-3.0	4.96	217.8	0.886	19
WS-45	石英	9.4×6.4	85	-2.4	4.03	201.9	0.897	13
WS-45	石英	11.4×6.1	80	-1.0	1.74	255.0	0.801	39
WS-45	石英	9.0×4.8	75	-0.7	1.23	250.4	0.803	36
WS-45	石英	4.5×2.9	80	-1.2	2.07	248.7	0.815	35
WS-45	石英	6.0×3.0	75	-2.5	4.18	235.1	0.858	27
WS-45	石英	6.0×3.1	85	-1.0	1.74	211.8	0.865	16
WS-278-2	萤石	5.0×4.6	85	23.6		155.1		
WS-278-2	萤石	15.2×11.7	75	1.3		149.8		
WS-278-2	萤石	5.6×2.5	85	0.5		154.5		
WS-278-2	萤石	5.0×2.4	80	10.8		151.3		
WS-278-2	萤石	9.0×2.4	80	9.7		154.7		
WS-278-2	萤石	3.4×2.2	85			145.2		
WS-278-2	萤石	5.8×3.6	85			148.0		

续表

样品编号	矿物	包裹体大小/mm	充填度/%	冰点温度/℃	盐度/% $NaCl_{eq}$	均一温度/℃	密度/(g/cm³)	压力/10^5Pa
WS-259	石英	4. 6×2. 3	75	-2. 3	3. 87	156. 4	0. 941	5
WS-259	石英	6. 2×4. 9	65	-3. 5	5. 71	224. 8	0. 885	22
WS-259	石英	3. 7×1. 8	70	-3. 8	6. 16	232. 6	0. 879	26
WS-259	石英	3. 8×2. 4	95	-3. 4	5. 56	165. 6	0. 943	6
WS-259	石英	5. 0×3. 5	90	-2. 8	4. 65	141. 5	0. 956	5
WS-259	石英	3. 8×2. 9	65	-2. 5	4. 18	216. 2	0. 882	18
WS-259	石英	4. 0×2. 8	80	-1. 9	3. 23	109. 3	0. 971	5
WS-259	石英	4. 0×2. 7	85			102. 3		
WS-259	石英	4. 7×3. 5	80			112. 2		
WS-259	石英	5. 5×4. 6	80			221. 3		
WS-259	石英	11. 1×7. 3	85	-0. 1	0. 18	154. 2	0. 919	5
WS-259	石英	6. 8×6. 2	80	-0. 9	1. 57	180. 1	0. 902	8
WS-259	石英	6. 7×4. 5	85	-0. 3	0. 53	178. 8	0. 896	8
WS-259	石英	10. 0×3. 3	85	-0. 6	1. 06	171. 9	0. 907	7
WS-259	石英	6. 2×5. 7	85	0. 7		170. 1		
WS-378-2	萤石	7. 8×6. 7	80	0. 5		163. 6		
WS-378--2	萤石	6. 4×4. 4	75	0. 5		160. 8		
WS-378-2	萤石	3. 7×3. 8	80	0. 6		161. 9		
WS-378-2	萤石	4. 3×4. 3	85	0. 4		152. 6		
WS-378-2	萤石	6. 1×5. 7	80	8. 2		165. 8		
WS-378-2	萤石	3. 8×3. 0	85	16. 6		145. 2		
WS-378-2	萤石	5. 1×4. 0	75	16. 8		149. 4		
WS-378-2	萤石	7. 1×5. 0	70	0. 7		156. 7		
WS-378-2	萤石	6. 4×1. 6	90			179. 6		
WS-378-2	萤石	11. 5×3. 5	75			175. 6		
WS-378-2	萤石	4. 5×3. 2	85			182. 3		
WS-378-2	萤石	6. 4×3. 6	80			158. 7		
WS-378-2	萤石	8. 7×1. 2	80			178. 2		

石英、萤石中流体包裹体盐度变化范围较大（0～11% $NaCl_{eq}$），萤石中流体包裹体分散，而石英中流体包裹体盐度主要集中在1%～6% $NaCl_{eq}$，主体具低盐度特征（图4.28）。

基于流体包裹体均一温度和盐度特征，认为成矿流体主要经历了三个阶段的演化过程（图4.28）：①第一阶段（Ⅰ）均一温度为201.9～276.6℃，盐度为0.35%～10.24% $NaCl_{eq}$，密度为0.74～0.9g/cm^3；②第二阶段（Ⅱ）均一温度为163.8～184.5℃，盐度为0.53～8.81% $NaCl_{eq}$，密度为0.9～0.96g/cm^3；③第三阶段（Ⅲ）均一温度为102.3～168.6℃，盐度为0.18%～5.56% $NaCl_{eq}$，密度为0.91～0.97g/cm^3。

通过含矿石英、萤石中流体包裹体研究，主要流体包裹体呈气液两相，其均一温度变化于130～280℃，其温度比西华山钨矿床的石英中流体包裹体均一温度（170～330℃）偏低。区域内南秧田钨矿床的石英中气液两相包裹体均一温度为153～400℃（平均324℃），萤石中气液两相包裹体均一温度为262～279℃（平均270℃），比荒田白钨矿-萤石矿床流体包裹体均一温度高100℃以上。而且，荒田矿床中流体包裹体盐度变化于0～11% $NaCl_{eq}$，接近西华山及南秧田钨矿床的流体包裹体盐度。所以，可以推断荒田矿床目前勘探地段远离深部成矿岩体中心，暗示矿床深部及外围存在中高温热液型矿床。

4.7　矿床成矿规律及矿床成因

4.7.1　矿化富集规律

钻孔揭露矿脉的顶板、底板多处见脉体胶结的构造岩，反映了热液矿化蚀变与构造作用密切相关，特别是灰岩中的层间破碎带是矿脉的主要产出部位，ZK1602、ZK806等钻孔揭露的矿脉围岩均具有该特点，矿体赋存部位硅化强烈，在远离矿化位置硅化变弱。因此，灰岩中的硅化是有利的找矿标志。在ZK820钻孔中非硅钙面中发现穿层的萤石脉体，在灰岩中常发现弥散状硅化，为灰岩经过后期热液蚀变的产物。结合流体包裹体特征和矿化蚀变特征，反映该矿床与中低温岩浆热液密切相关。

（1）综合不同横剖面、纵剖面的矿体特征，矿体严格赋存在主断裂派生褶皱的层间破碎带中（F_{0-1}、F_{0-2}），在F_{0-1}、F_{0-2}两条断裂之间存在多条分支矿脉，以Ⅰ、Ⅱ号矿体为主（见8号线横剖面图ZK803、ZK809钻孔）。

（2）F_{0-1}断裂、F_{0-2}断裂控制主矿脉的展布。F_{0-1}断裂控制了Ⅰ号矿体的下部边界，且矿体厚度与破碎带发育程度密切相关，在破碎带中多见明显黄铁矿化、硅化、方解石化，在矿体产出部位以硅化、萤石化、方解石化蚀变为主。

（3）F_7断裂为多期活动断裂：早期为控制矿体产出的控矿构造，如地表出露的383点、374点；后期切错矿体，为成矿后构造。

（4）F_8断裂为$∈_2l$与$∈_2t$间发育的层间断裂带，在多条剖面中可见F_8断裂与F_{0-1}断裂之间、F_8断裂与F_{0-2}断裂之间的构造蚀变带中赋存多条钨矿脉，反映出F_8断裂、F_{0-1}断裂为成矿期断裂，其深部延展方向及其控制的破碎带为重要的找矿地段。

（5）纵2、纵3剖面和0号线、8号线、16号线、24号线横剖面图均反映该区存在一系列褶皱（纵2剖面的24号线、纵3剖面的8号线），矿体的展布特征反映该区在成矿期受主压应力场作用，形成了一系列向南西倾斜的推覆构造及一系列褶皱构造，并在构造破碎带中形成了黄铁矿化、硅化、方解石化、萤石化的构造蚀变带，矿体赋存于该蚀变带中。

4.7.2 构造控矿规律

1. 区域控岩控矿构造

马关断裂（F_5）控制了荒田白钨矿–萤石矿床、红石岩铜铅锌多金属矿床及大锡板锑矿床的空间展布。研究发现钨矿床主要分布在马关断裂的次级断裂（F_7）夹持的层间压扭性断裂带中，畜牧场发现的石英脉也位于马关断裂西侧，推测深部花岗岩体位于畜牧场–大坪子村一带。因此，马关断裂是该区主要控制成矿岩体和多金属矿床展布的矿田构造。据此特征，马关断裂旁侧次级构造发育地段应是钨多金属矿床的找矿远景区。

2. 矿床构造

荒田矿床明显受北西西向 F_7 压扭性断裂控制，直接控制了强蚀变–钨矿化带，为该矿床的导矿构造。基于 7 号线、0 号线、8 号线、16 号线、24 号线横剖面与纵 2、纵 3 剖面钻孔编录，通过矿体赋存规律及旁侧围岩研究，结合不同横剖面、纵剖面中矿体分布特征，发现钨矿床主要受 SN 向挤压作用形成的一系列 SW 倾斜的断裂和褶皱控制，其中钻孔揭露的 F_8 层间断裂（$€_2l$ 与$€_2t$ 间的层间断层）与 F_{0-1} 断裂、F_{0-2} 断裂夹持的硅化、方解石化、萤石化碎裂–蚀变岩带是矿体赋存的有利空间，其深部是有利的找矿地段。

3. 矿体（脉）构造

在矿区大坪子村南西部 F_7 断裂上盘，发育的一系列褶皱和北东向扭性断裂、北北西向张扭性断裂是主要的配矿构造；层间压扭性断裂带及其次级裂隙及断裂上盘硅化蚀变灰岩中发育石英–方解石–萤石–白钨矿脉和热液蚀变带，F_{0-1}、F_{0-2} 断裂与 F_8 层间断裂是控制矿体的主要容矿构造。Ⅰ、Ⅱ号矿体主要赋存在 F_{0-1}、F_{0-2} 两条断裂夹持的断裂破碎带中；层间断裂夹持的破碎带是矿脉的主要赋存部位，且破碎带宽度、破碎程度与矿化密切相关，“缓宽陡窄”现象明显。因此，应注意推覆构造上盘褶皱的发育情况，推测钨矿脉深部的厚度变化情况。矿区北侧 388 点、374 点、383 点均位于该构造蚀变带中及其旁侧硅化、方解石化灰岩中；矿区东部北西向断裂控制第一、四矿化带和强蚀变–钨矿化带：383 点、551 点为 F_7 断裂控制矿脉的出露点，因受小河沟断裂的破矿作用，其产状较 374 点 F_7 断裂控制的矿脉产状稍有变化；矿区南部北东向断裂、北西向断裂控制第三、四矿化带和钨矿脉展布：发现 D412 点、421 点含钨矿石英脉，在 D413 点、D533 点发现钨矿化，矿区南部北东向断裂中发育石英–方解石脉，控制了钨矿体（脉）的展布。

综合地表、钻孔揭露的控矿构造及褶皱发育情况，预测荒田白钨–萤石矿矿床南部的畜牧场–大坪子村一带深部为已揭露矿体深部延展部位，具有良好的找矿前景。目前在小法郎地段发现了硅化石英脉型钨矿化体，预测其北侧马关断裂西侧的小法郎–跌马坎一带具有较好的找矿潜力，需重视该区断裂与钨矿化关系的研究。

综上所述，马关断裂及其次级断裂交会部位控制了白钨矿-萤石矿床的分布；荒田白钨矿-萤石矿区内多条成矿断裂交会部位控制强矿化地段和矿体展布：北西西向断裂与东西向断裂、南北向断裂交会部位和一系列南西倾斜的层间断裂带控制矿脉的形态和产状，如D374点、D383点的矿脉；F_7主断裂是钨矿床的主要导矿构造，在多条层间破碎带F_{0-1}、F_{0-2}断裂夹持的构造-蚀变带为圈定深部有利找矿地段提供了重要依据。

4.7.3　矿床成矿模式

1. 矿床成因

基于该矿床成矿规律，认为荒田白钨矿-萤石矿床为与燕山晚期花岗岩有关的远程中低温热液型矿床，严格受F_7主断裂派生的断褶-裂隙系统控制，据此建立了“构造-流体-断褶带成矿”模式，其证据如下。

(1) 萤石-方解石-石英-白钨矿矿体（脉）呈大脉-网脉状分布于F_7主断裂上盘、大理岩/蚀变灰岩与薄层千枚岩界面间发育褶皱所形成的压扭性层间断裂带中，“缓宽陡窄”特征明显，该特征有力地证明了矿床（体）受断褶构造控制。

(2) 在控矿构造发育地段，与钨矿化密切相关的热液蚀变强烈，且具有明显的平面和垂向分带规律；浅部矿体呈小脉、细脉状和网脉状，而深部呈大脉状，且钨矿石品位变化明显。

(3) 白钨矿-萤石 Sm-Nd 等时线年龄为66±16Ma，指示燕山晚期发生了远程花岗质岩浆热液成矿作用。

(4) 石英中的流体包裹体均一温度为240～280℃、120～180℃，盐度为中低盐度（0～11% $NaCl_{eq}$），具有中低温岩浆热液矿床的典型特征。

(5) 矿石中具有典型的白钨矿-萤石-电气石-石英-方解石组合，而且矿石矿物、脉石矿物组合分带规律明显。

(6) 大脉-网脉状矿体穿插于大理岩/结晶灰岩与薄层千枚岩的界面间，表明钨成矿作用明显晚于地层围岩。

(7) 荒田白钨矿-萤石矿床与其南部邻区的四角田矿床及田冲钨矿化区在空间具有分带性，它们与成矿花岗岩体呈规律性分布：荒田白钨矿-萤石矿床属中低温热液型矿床，受主断裂派生的断褶-裂隙带控制；四角田矿床属夕卡岩型-热液型钨铜钼多金属矿床，辉钼矿-磁黄铁矿-黄铜矿等组合明显；田冲钨矿化区仅出露夕卡岩化花岗岩边部，具有较明显的钨-铜异常。该规律反映了不同类型矿床（化）的差异与田冲花岗岩脉距离远近有关，它们应属于同一热液成矿系统。

2. 成矿模式

荒田白钨矿-萤石矿床“构造-流体-断褶带成矿”模式（图4.29）：在燕山晚期，远程中酸性岩浆在构造驱动下发生侵位，沿F_7断褶带向浅部运移，与大气降水混合，在主断裂F_7上盘次级褶皱的层间断裂带沉淀成矿，形成蚀变分带和不同类型的矿化垂向分带，从深部到浅部，依次为外围的四角田铜钼矿化带，到荒田矿区内的粗脉-网脉带、薄脉带、细脉钨矿化带，到顶部的层-脉锑矿化带。该成矿模式为区内深部找矿提供了重要方向。

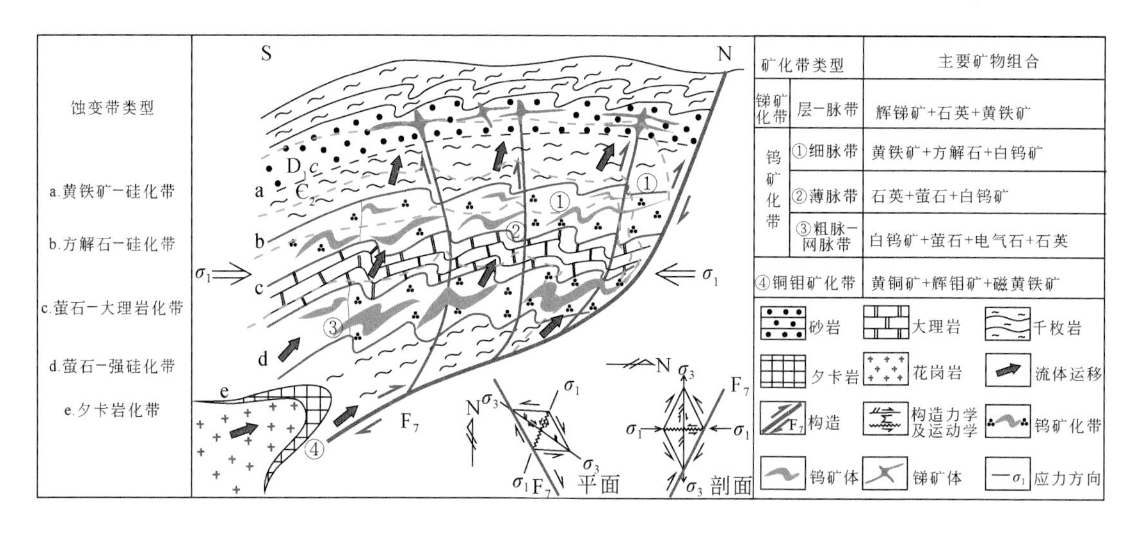

图 4.29　荒田白钨矿-萤石矿床“构造-流体-断褶带成矿”模式图

第5章 大锡板锑多金属矿床及其成因

5.1 矿床发现和评价过程

大锡板（小洞-大锡板）锑多金属矿床位于“云南省西畴县香坪山铜多金属矿区普查”矿权区内北段。大锡板锑矿原为小型锑矿床，开采多年后因资源匮乏而关闭。该矿以硅质岩-石英脉型矿体为开采对象，矿体呈脉状斜交甚至垂直地层产出。2011年7月，项目组通过区域成矿规律和该类矿床成矿特征研究，提出了地层（岩性组合）+细网脉组成的层控型矿床的新认识。通过含矿沉积建造分析和控矿构造解析，研究总结了热水沉积建造和构造控矿规律：在加里东早期，富含SiO_2、Sb、Cu、Pb、Zn、Ba等成矿物质的热水溶液沿该区的同生断层上升，形成矿源层（硅质岩）；在燕山晚期，远程岩浆热液和构造作用促使矿源层中Sb、Pb、Zn、Cu等元素活化，并在该层位的构造裂隙系统中富集成矿，形成蛋白石-石髓（硅质岩）-石英-辉锑矿组合。不论矿体呈细网脉状、大脉状还是似层状，矿化均受控于下泥盆统翠峰山组下段第二亚段的硅质岩系，严格受含矿地层（岩性组合）与断裂裂隙系统双重因素控制。因此，该矿床经历了海西早期热水沉积成岩-成矿期和燕山晚期热液改造成矿期，其矿床成因属热水沉积-改造型锑多金属矿床。

基于该矿床含矿热水沉积岩组合分析与控矿构造解析，结合矿化蚀变展布特征，揭示了构造控矿规律与矿体定位规律，圈定了找矿靶区。通过对隐伏含矿层位的钻探验证和勘查，发现和扩大了大锡板锑多金属矿床，控制3个主要矿体，取得了隐伏矿找矿新进展。在香坪山探矿权内，探获控制和推断锑金属资源量具中型规模（未封边）。

5.2 矿 区 地 质

5.2.1 矿区地层

目前认为，该矿区主要分布有古木组及翠峰山组一段（图5.1）。矿区及外围出露地层从新到老分述如下。

古木组（D_2g）：为深灰色、灰黑色中厚层状及块状泥晶灰岩，含少量白云岩、白云质灰岩、同生角砾状灰岩，多形成正地貌。

翠峰山组（D_1c）一段：分为五个岩性亚段。

第五亚段（D_1c^{1-5}）：为一套“黑色岩石组合”。该段岩性为黑色碳质板岩夹条纹状含碳质大理岩，矿区地层厚度大于100m，区域资料显示厚度约500m，水平层理发育。

第四亚段（D_1c^{1-4}）：为灰色碳酸盐岩，属浅海-开阔台地相沉积。在北部大锡板一带为灰色板岩夹灰色中层状变质细粒石英砂岩、深灰色中厚层状泥晶灰岩。北部的地层厚度明显比南部大。

第三亚段（D_1c^{1-3}）：主要为灰色板岩，上部见灰色中层状变质细粒石英砂岩，主要分布于北部的大锡板-小洞一线，在南部的铜厂坡-松毛棵一带有少量出露，北部的地层厚度明显比南部的大。

第二亚段（D_1c^{1-2}）：灰色中厚层状硅质岩、变质细粒石英砂岩。在南部铜厂坡-松毛棵一带有少量出露，北部的地层厚度明显比南部的大。

第一亚段（D_1c^{1-1}）：灰色板岩夹灰色细粒岩屑石英砂岩，分布于冷水洞-者项一线以西。

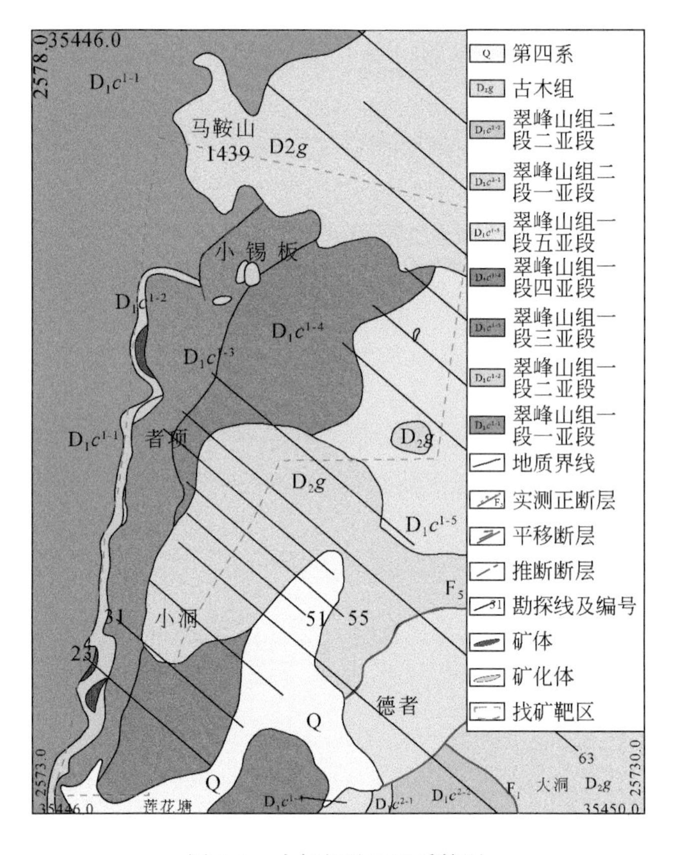

图5.1　大锡板矿区地质简图

5.2.2　矿区构造

该矿床位于文山-麻栗坡断裂与近南北向马关断裂交会带上，构造作用强烈且复杂。

在矿区及邻近外围，从西至东依次分布 F_{10}、F_{11}、F_{12} 和 F_{28}、F_{29} 等南北向断裂。该组断裂多为高角度的压扭性断裂，它们常被北西向组断裂切割得支离破碎。将该组断裂构造分述于下。

F_{10} 断裂位于矿区西侧，该断裂被 F_{19}、F_{12} 和 F_{19} 断裂切错。无论南北、北西向断裂构造均破坏含矿层；F_{12} 断裂形成的构造角砾岩在 D2178 和 SJ301 竖井等处被辉锑矿和黄铁矿、白铁矿等金属矿物充填胶结，F_{19} 断裂下盘挤压破碎带中辉锑矿呈网脉状充填于裂隙系统中。该现象反映了矿区内两组断裂对锑矿化起着明显的控制作用。

矿体分布于北西向 F_4、F_{17} 断裂和北东向 F_{14} 断裂及近南北向 F_{10} 断裂所夹持的断块内，即矿床赋存于构造交接的复合部位，矿化富集受次级的构造和斜交层理的节理裂隙系统控制，说明该矿床具有典型的构造控矿特征。

5.2.3　围岩蚀变

区内围岩蚀变主要有硅化、黄铁矿化、绿泥石化、绢云母化、重晶石化，碳酸盐化不发育。

硅化：在矿区及其外围硅化强烈，热液改造成矿期硅化蚀变叠加于硅质岩上形成石英岩，在其顶、底板绢云母板岩沿层间、板理裂隙系统中发育石英脉。该蚀变是锑矿床典型的找矿标志。

黄铁矿化：沉积-成岩期的黄铁矿多呈自形立方体，常呈条带状顺层产出；热液期黄铁矿，色泽较暗，呈浸染状、细脉状、斑块状，常与白铁矿、辉锑矿共生。产于石英岩裂隙中或充填胶结断层的压碎角砾岩，常见辉锑矿脉穿插其中。黄铁矿化是锑矿化的重要蚀变标志之一。

重晶石化：重晶石呈脉状、团块状产于石英岩裂隙中。

绿泥石化：与硅化相伴，主要表现为石英岩附近顶、底板绢云母板岩蚀变成绿泥石化、硅化板岩。

绢云母化：主要形成于改造成矿期，使矿区及外围的泥质岩变成绢云母板岩。

5.3　矿 体 特 征

锑矿体赋存于翠峰山组下段第二亚段（D_1c^{1-2}）蚀变硅质岩层中，含矿硅质岩带顶板多为变质中细粒杂砂岩、砂泥质板岩或浅黄绿色绢云枚岩，下部为浅黄绿色绢云千枚岩或变质中细粒杂砂岩，标志层清晰。该含矿硅质岩层较稳定，分布范围广。在矿区西侧小锡板一带，往北延伸至大锡板、往南延至小洞，两端均延出矿区外。矿化带南北长大于 6km，分布面积大于 15km^2，东侧隐伏于古木组灰岩之下。矿化带厚度为 5 ~ 70m，一般为 20 ~ 50m，倾向 E-SE，倾角为 20° ~ 35°，其走向、倾向均具波状起伏，局部受褶皱构造影响倾角达 40° ~ 55°。

5.3.1　小洞矿段

小洞矿段含矿地层为翠峰山组下段第二亚段硅质岩层，除小洞-冷水洞南西一带出露于地表，其余均隐伏于古木组灰岩之下。矿体顺层产于蚀变硅质岩层中，北段49号线—57号线以锑矿为主，中段47号线—39号线为黄铁矿，南段23号线附近矿化为铜矿伴生铅锌矿。

北段的锑矿由15个工程控制，矿层底板标高为985～1105m，相对高差为120m，42号线埋深为154～296m，一般在200m左右，共圈定了3个矿体（自下而上编号为Ⅰ1、Ⅰ2、Ⅰ3），其中Ⅰ2为主矿体。3个矿体的空间分布范围相近，其间距一般为3～12m。

（1）Ⅰ1锑矿体：分布在49号线—57号线，距Ⅰ2锑矿体下部2.80～15.80m，由7个工程控制，走向长330m，最大宽度约为90m，平均为54m，呈透镜状，其产状与围岩产状基本一致，走向北东，赋存于背斜核部及附近，顶、底板岩石为蚀变硅质岩。矿体厚度为1.11～3.11m，平均为1.83m；单样Sb品位最高可达11.33%，一般为1.05%～3.38%；单工程Sb品位为0.55%～6.45%，平均为2.92%（图5.2）。

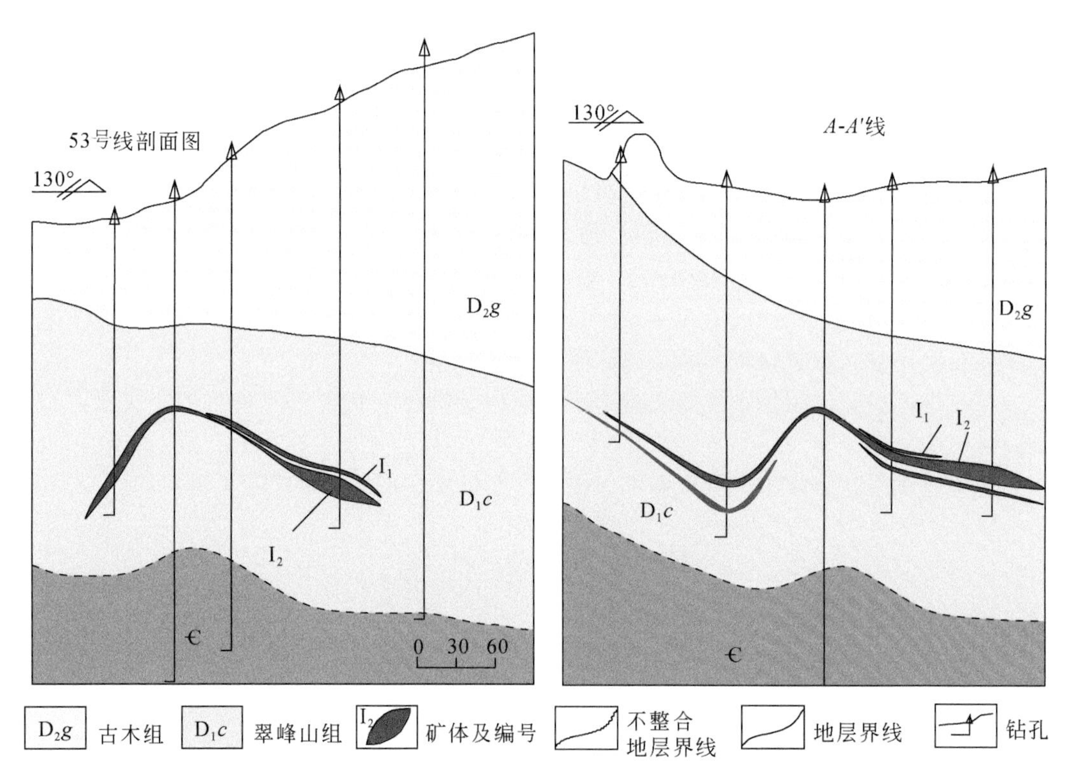

图5.2　西畴大锡板锑矿床53号线、A-A′线地质剖面图

（2）Ⅰ2锑矿体：分布在49号线—57号线，由15个钻探工程控制，矿体沿走向方向控制长度330m，沿倾向方向控制最大宽度为210m，平均为150m，呈似层状分布，其产状与围岩产状一致，总体走向呈北东向，倾向南东，且随地层褶皱而呈现波状起伏，产状变化于

25°~60°，受褶皱构造控制明显。矿体多赋存在“凸中凸”的周围，而在“凹中凹”或产状从缓变陡处矿化变差或消失。单工程 Sb 品位为 0.95%~4.16%，平均为 3.19%；垂直方向矿化分布不均匀，单样 Sb 最高可达 13.47%，一般为 1.11%~4.25%，品位变化系数为 100.65%，属较均匀类型。矿体最厚可达 12.88m，最薄为 1.11m，平均为 4.70m，厚度变化系数为 75.34%，属较稳定矿体。

（3）Ⅰ3 锑矿体：分布在Ⅰ2 矿体上部 1.72~10.30m 处，由 6 个工程控制，走向长 250m，最大宽度约为 110m，平均为 68m，呈现北宽南窄，形状呈透镜状，产状与围岩产状基本一致，走向北东，赋存于背斜核部及两翼，倾角为 20°~40°。矿体厚度为 1.11~2.61m，平均为 1.82m；单样 Sb 品位为 1.10%~6.61%，单工程品位 Sb 为 1.10%~5.83%，平均为 3.59%。

（4）其他矿体：①铜矿体，分布于矿段南部西侧，地表废渣中见铜矿石碎块，槽探中发现氧化铅锌银矿化。此外，ZK23006 钻孔孔在翠峰山组下段第二亚段（D_1c^{1-2}）硅质岩中见一层铜矿体，厚 2.38m，品位为 Cu 0.59%、Pb 0.10%、Zn 0.13%，其含矿层位与Ⅰ2 锑矿层位一致。此外，铜矿还见于 ZK53027，矿化层赋存于翠峰山组下段第三亚段（D_1c^{1-3}）硅质岩中，厚度为 0.85m，品位为 Cu 0.54%。另外，ZK39001、ZK45011 钻孔揭露到一层不稳定的硫铁矿体，呈透镜状产出，厚度为 1.13~2.27m，品位为 8.07%~15.86%，矿层赋存于第二亚段硅质岩层中，与Ⅰ2 为同一含矿层位。②锑矿体，翠峰山组下段第三亚段（D_1c^{1-3}）浊积砂岩体中及其上部不稳定的硅质岩中零星分布锑矿体、铜矿体及铅锌银矿体。锑矿见于 ZK55031 钻孔、ZK57037 钻孔、ZK51027 钻孔，厚度为 1.08~1.20m，Sb 品位为 0.49%~3.64%；翠峰山组下段第一亚段（D_1c^{1-1}）见不稳定的锑矿体，由 ZK53023 单孔控制，矿层厚度为 0.94m，品位为 Sb 0.94%。③铅锌银矿体，见于 ZK53023 钻孔的翠峰山组下段第三亚段（D_1c^{1-3}）中，厚度为 1.08m，品位为 Pb 1.05%、Zn 0.64%、Ag 168g/t。

5.3.2 小锡板矿段

小锡板矿段含矿层位与小洞矿段一致，均为翠峰山组下段第二亚段，但与小洞矿段矿化类型有区别，矿化以铅锌为主，伴生银，局部有锑、铜富集。多数钻孔见矿外，往北约 4.2km 和平一带也见相同层位的铅锌银矿体。

铅锌银矿体（Ⅱ）：矿体呈似层状产出，产状与围岩一致并具波状起伏，倾角平缓变化于 20°~30°。由 ZK10301、ZK103025、ZK11101、ZK11121、ZK11163 钻孔共 5 个工程控制，矿化以铅锌及伴生银为主，锑矿化较普遍，品位普遍较低且厚度薄。矿体走向控制长约 480m，倾向控制宽约 1000m。矿层厚度为 1.02 ~ 1.31m，平均为 1.13m。品位为 Pb 0.0964.22%，平均为 1.91%；Zn 0.013.35%，平均为 1.00%；伴生 Ag 平均为 56.91g/t。锑矿见于 ZK11163 钻孔，Sb 品位为 0.86%，厚度为 0.64m；ZK11901、ZK127001 钻孔见辉锑矿化，厚度为 1.10~1.21m，Sb 品位为 0.38%~0.41%。铜矿体仅由 ZK127001 钻孔工程控制，厚度为 1.52m，品位为 Cu 0.70%、Sb 0.30%、Ag 13.44g/t、Au 0.16g/t。

5.3.3　矿体变化的影响因素

有利的岩性组合和构造控制是该矿床的典型特点之一，但并不是含矿层都具矿化或能够成工业矿体。根据目前工程验证，揭示出矿化集中于一定的含矿层位，含矿层厚薄对矿化无明显影响，主要取决于岩石中含矿构造的发育程度，在构造发育部位矿化增强。现总结锑矿体变化的主要影响因素。

（1）根据该矿床矿物共生组合特征，辉锑矿形成于低温条件；根据与锑矿化有关的片理或劈理大量发育、绢云母定向排列、石英矿物具拉扁和拉长及波状消光等特点，推测该矿床的富集与构造作用密切相关。

（2）构造为该矿床成矿作用的主要控矿因素之一。矿体的大小、形状及产状等均直接受裂隙大小、形状及产状的控制，从钻孔、坑道及露头点揭露的矿体中辉锑矿集合体形态具放射状、针状及不规则状等，构成脉状、网脉状、马尾丝状，羽毛状等矿脉。一般厚大矿脉，辉锑矿结晶程度高，多为粗大柱状晶体；反之多为针状晶体。不同方向上矿化的连续性及矿石的贫富变化，与构造裂隙规模、密集程度有关。

5.4　矿石组成、类型、组构及矿物生成顺序

5.4.1　矿石组成

主要矿石矿物包括黄铁矿、白铁矿、毒砂、辉锑矿、黄铜矿、孔雀石、锑华、褐铁矿等，脉石矿物包括石英、重晶石、方解石、绿泥石、绢云母等。

5.4.2　矿石类型

按氧化程度可分为混合矿石和硫化矿石两种类型，氧化矿混合型矿石，分布范围多见于1220m标高以浅。主要锑矿物有辉锑矿、锑华，呈淡黄色，纤维状、针状和少量锑赭石组成；原生硫化矿石分布于1220m标高以深，基本上为辉锑矿和少量锑酸盐。

5.4.3　矿石组构

矿石构造辉锑矿集合体呈柱状、板条状，放射状、针状等，常与石英、黄铁矿共生形成脉状、网状构造。

他形晶结构：细-中粒状辉锑矿主要呈他形晶，与石英、重晶石等矿物共生（图5.3d）。

图5.3　大锡板矿床锑矿石特征照片

a-翠峰山组中顺层产出的辉锑矿体；b-块状辉锑矿照片；c、d-ZK5521辉锑矿呈脉状分布于变砂岩中

半自形、他形结构：细-中粒状半自形或他形粒状辉锑矿相互镶嵌构成集合体，呈不规则状分布于石英岩中（图5.3c）。

自形结构：辉锑矿晶粒较完整，一般具柱状、板条状，集合体常呈放射状、菊花状分布于构造裂隙中（图5.3a、b）。

5.4.4　成矿期次划分

据野外观察和室内镜下鉴定，该矿床分为热水沉积期、热液改造期及次生氧化期（图5.4）。

图 5.4　大锡板矿床成矿期次和矿物生成顺序图

5.5　主要控矿因素与矿床成因

5.5.1　控矿因素

1. 热水沉积地层及其岩石组合

大锡板锑矿床的形成，明显受翠峰山组蚀变硅质岩-砂岩组合和构造的联合控制。根据前人实测地层剖面，各岩性层取样进行半定量分析结果，含矿层下伏的粉砂岩、板岩、杂砂岩中锑含量（$50\times10^{-6}\sim350\times10^{-6}$），比一般沉积岩高 25～175 倍，钡含量（$250\times10^{-6}\sim800\times10^{-6}$），比地球岩石平均含量高出 10.8～34.8 倍。两件辉锑矿的硫同位素组成（$\delta^{34}S$）变化于5.4‰～12.6‰，指示硫主要来源于地层。

锑矿体赋存于下翠峰山组的蚀变砂岩中，其原岩为硅质岩-砂岩间夹泥岩，而含矿层的顶、底板分别为泥岩，构成了“两泥夹一砂”的岩石组合。硅质岩、砂岩变成质脆的石英岩，顶、底板泥岩变成绢云母板岩，从而形成“两柔夹一刚”的岩性组合。

2. 控矿构造

在构造应力作用下，产生与主断裂构造平行的低级次的两组断层及其派生的北东和北西向两组共轭节理裂隙系统，使矿液运移至成矿断裂带沉淀成矿，加之顶、底板绢云母板岩的阻隔作用，使矿液不致逸散，即形成相对封闭的有利储矿的有利环境。

5.5.2　矿床成因

综合研究认为，该矿床具热水沉积-改造成因，受海西早期热水沉积成矿作用和燕山晚期构造改造作用而成。

（1）区域构造控制矿源层的形成：该区位于越北古陆北东侧的扬子古陆南西缘、华南褶皱系滇东南褶皱带的文山-富宁断褶束西畴拱凹南西缘。海西早期，滇东南地区进入大陆边缘裂谷演化阶段，发育一系列由拉张活动产生的北西、北东向深断裂，在广南-富宁-西畴-文山-屏边一带形成一系列相对隆起与凹陷的区域。大锡板地区位于西畴-文山凹陷区内相对隆起到凹陷的过渡地带-斜坡一侧，沿同沉积断层形成了富锑多金属的热水沉积建造。

（2）成矿地质体特征：该矿床成矿的主控因素为翠峰山组热水沉积地层中硅质岩-泥砂岩建造及断褶构造，因此，其成矿地质体为热水沉积地层中含矿硅质岩-泥砂岩建造与断褶构造的组合。锑矿体呈似层状产于蚀变的硅质岩中，严格受地层岩性组合与后期断褶构造控制，形成了“绢云母板岩-硅质岩-矿层”的空间分布格局，表明含矿地层岩性组合和断褶构造分布控制了锑矿床的空间展布。

（3）构造控制矿床（体）定位：该矿床主要的成矿结构面为同生断裂、热水沉积岩（硅质岩）-泥岩岩相界面及断褶构造。因海西早期的同生构造活动，发生热水沉积作用及锑矿源层的形成；在燕山晚期，伴随远程岩浆热液作用与构造改造作用，形成主控矿断裂和上盘的系列背斜组成断褶构造，成矿流体沿背斜虚脱空间、硅质岩与绢云母板岩界面间的层间断裂迁移和富集成矿，形成以硅（化）-锑（化）组合和“层+脉”复合为鲜明特色的矿体群。

（4）成矿时代讨论：目前认为该矿床的含锑层位为下泥盆统，在燕山晚期形成断褶构造。结合区域成矿规律，推断该矿床的主成矿时代为燕山晚期。

（5）成矿模式：在海西早期，区域构造进入新的发展阶段，产生一系列同生构造。因同生断层作用，诱发富含 SiO_2、Sb、Cu、Pb、Zn、Ba 等成矿物质的热水沿同生断层上升发生喷流作用，形成锑多金属矿源层（图 5.5）；在燕山晚期，因远程岩浆热液和构造作用，促使矿源层中 Sb、Pb、Zn、Cu 等元素活化，并向构造发育部位迁移富集成矿（图 5.5）。因此，该矿床经历了海西早期热水沉积成矿期和燕山晚期改造成矿期。据此，提出了该矿床属热水沉积-改造型锑矿床的成矿模式，该模式为该区找矿预测奠定了理论基础。

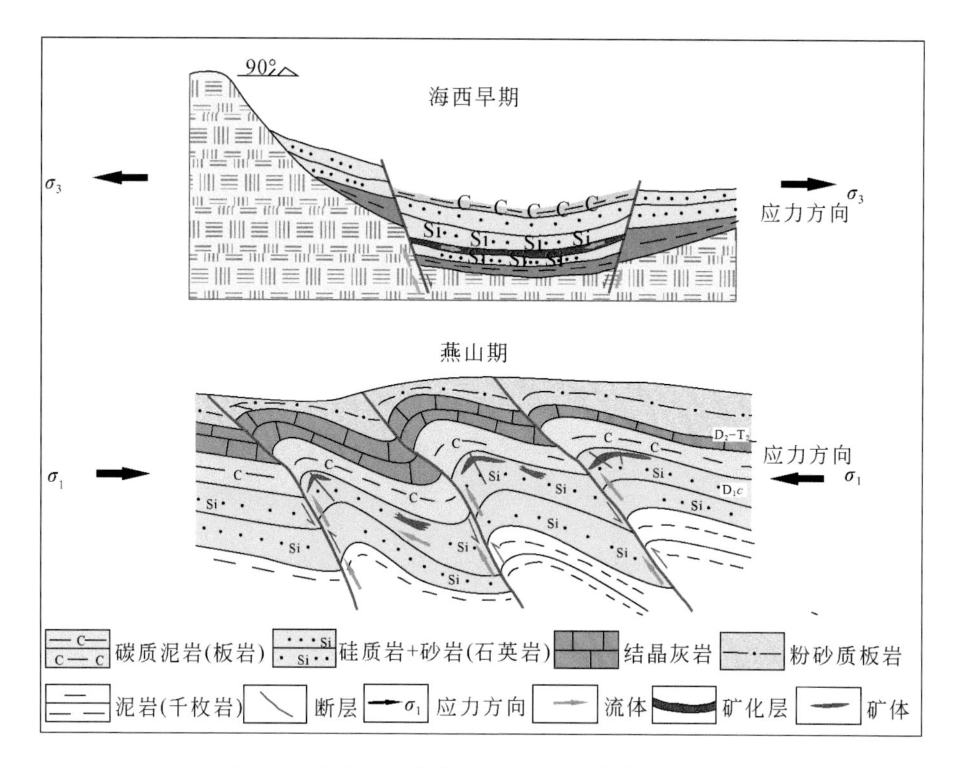

图 5.5　大锡板锑矿床热水沉积-改造成矿模式图

第 6 章　多类型成矿系统与找矿预测

6.1　多类型成矿系统

截至目前，在滇东南西畴红石岩-荒田地区，新发现和评价的铅锌铜、萤石-钨、锑多类型矿床在马关-莲花塘深断裂东西两侧具有明显的空间分布规律：红石岩火山喷流沉积型铅锌铜多金属矿床分布于马关-莲花塘深断裂的东侧和文山-麻栗坡断裂西侧的夹持区；在马关-莲花塘深断裂西侧，分布荒田中低温岩浆热液型白钨矿-萤石矿床、四角田夕卡岩型-热液型钨铜钼多金属矿床，在文山-麻栗坡断裂北侧分布大锡板热水沉积-改造型锑多金属矿床。

基于上述章节的综合分析，在红石岩-荒田地区主要存在两大主要的成矿系统：一是受寒武纪中期断陷作用形成的海底沉积建造控制的火山喷流沉积型多金属成矿系统（以红石岩铜铅锌矿床为代表）；二是受燕山期中酸性岩浆活动有关的岩浆热液型钨多金属成矿系统（以荒田白钨矿-萤石矿床为代表），与该区四角田夕卡岩型-热液型钨铜钼多金属矿床和大锡板锑矿床属于同一岩浆热液多金属成矿系统。两大成矿系统和多类型矿床的时空分布规律不仅在理论上具有重要的研究价值，而且有助于在该区或类似地区寻找不同成矿系统类型的多金属矿床。

6.2　区域成矿规律研究

6.2.1　地层和岩相古地理对成矿的控制

统计结果显示，滇东南老君山矿集区内已发现锡、锌、钨、银、铅、铜有色金属矿床点67 处，其中下寒武统冲庄组 10 处、中寒武统翠峰山组 27 处、中寒武统龙哈组 17 处、上寒武统 13 处，花岗岩及接触带 14 处（图 6.1）。可见，寒武系是该区矿床的主要赋矿层位。都龙、南秧田、新寨、红石岩、大锡板等大型-超大型多金属矿床，均赋存于寒武系，体现了寒武纪地层是滇东南地区重要的控矿因素。

老君山矿集区寒武纪地层沉积厚度大，北部、西部相对较薄，东南部较厚，形成了北东向展布的深拗陷区，拗陷中心为马关-富宁一带（图 6.2）。下寒武统分布于矿集区东南部一带，主要由片麻岩、片岩、夕卡岩、碎屑岩组成。中寒武统分布于北部、西部及南部的部分区域，下部为碎屑岩、泥质岩、片岩、夕卡岩，上部以碳酸盐岩为主，夹数层碎屑岩。上寒武统为厚大碳酸盐沉积夹少量泥质、碎屑岩。

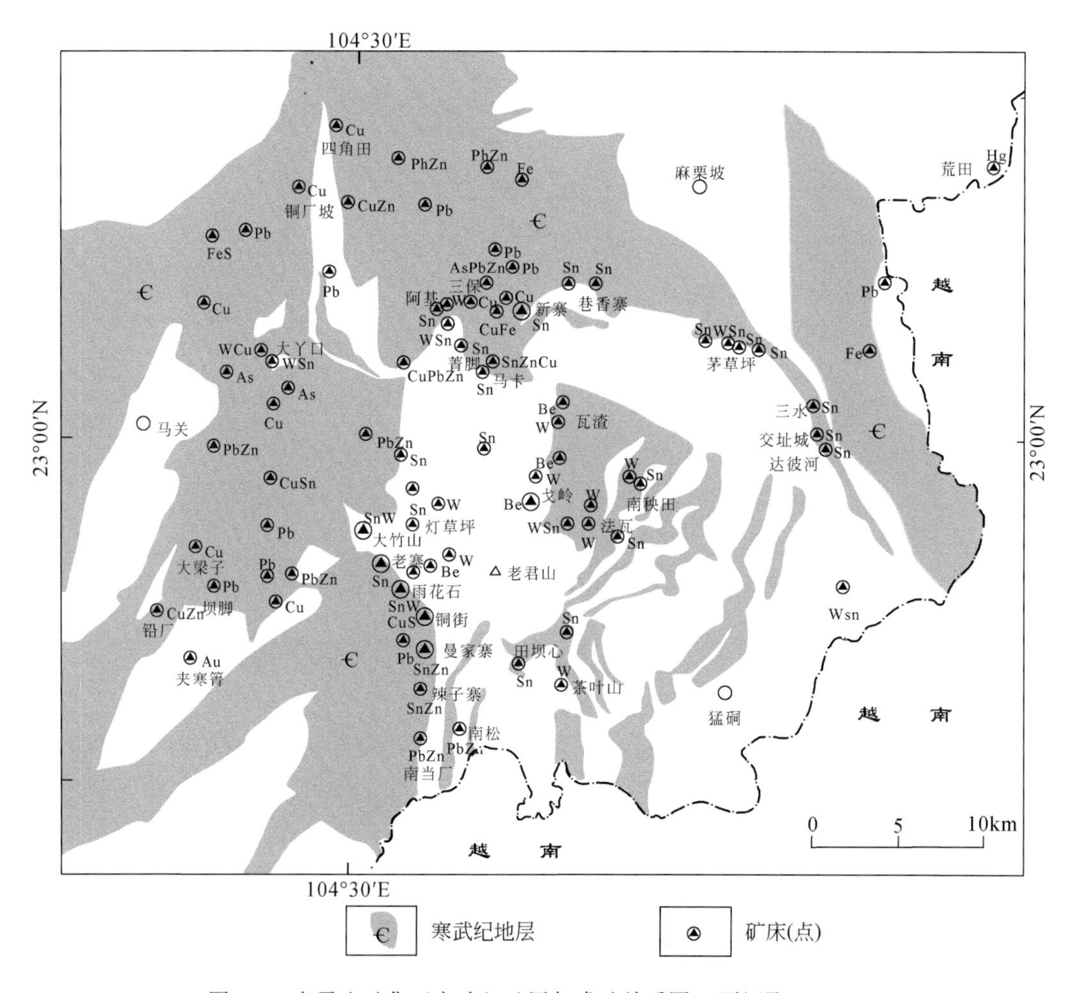

图 6.1　老君山矿集区寒武纪地层与成矿关系图（贾福聚，2010）

由于寒武纪发生了海底火山喷流-沉积成矿作用，老君山矿集区层位控矿主要表现在该区超大型、大型、中型矿床集中赋存在寒武系的不同层位。下寒武统冲庄组及中寒武统田蓬组中成矿元素锡、钨、锌、锑在各种不同岩石中的含量，均高于克拉克值数十倍，为主要的赋矿地层。

研究区加里东期夹持在弥勒-师宗断裂和越北古陆之间，具扬子地块前缘海盆环境，其构造背景属于大陆地壳基底上的拉展盆地，拉张、断陷作用导致地壳迅速变薄，受重力均衡作用影响，深部地面物质上涌，引发该区海底火山活动，火山喷流沉积物成为老君山矿集区的主要成矿物质来源。

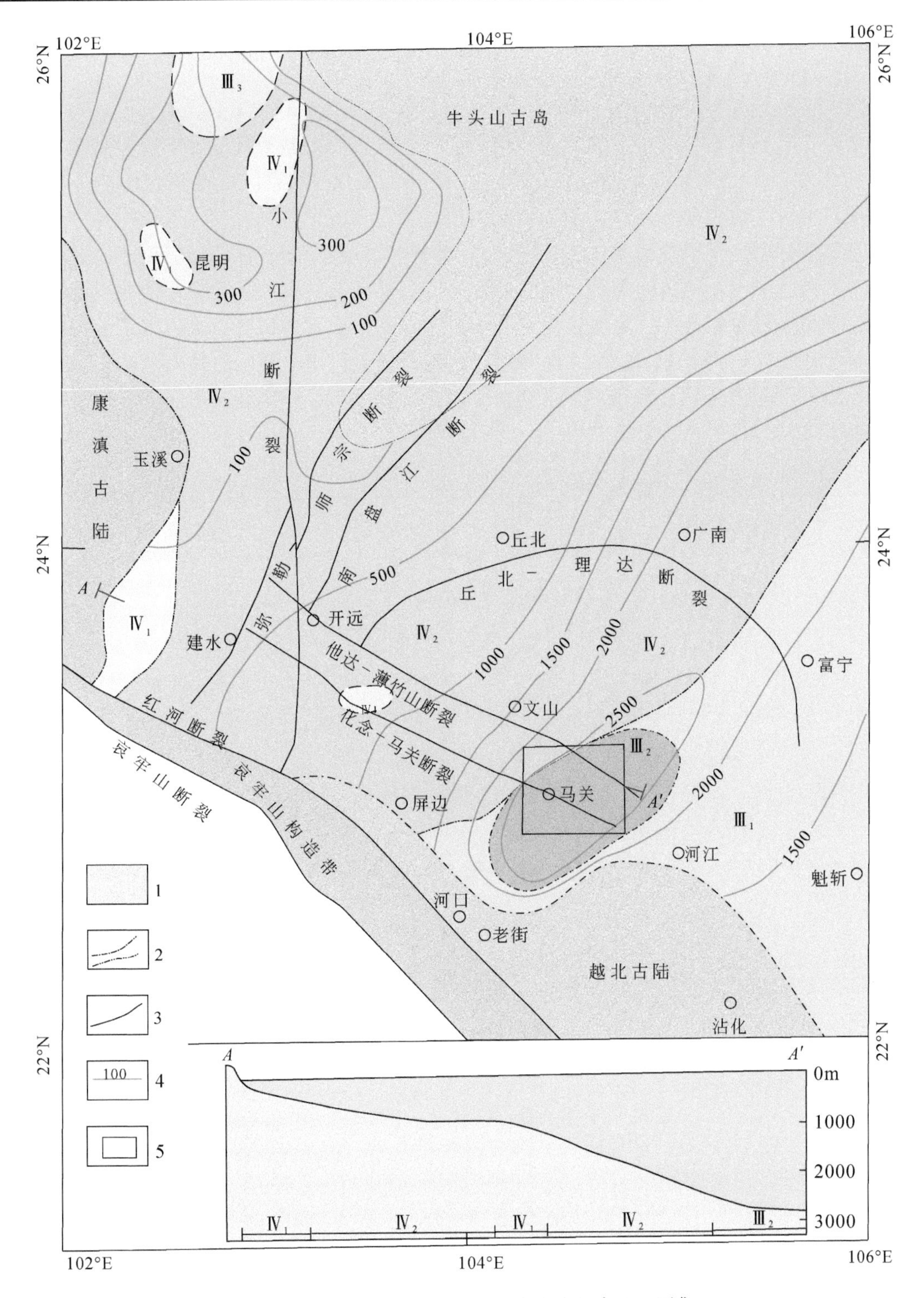

图 6.2　中寒武世岩相古地理简图（云南省岩相古地理图集，1995）

1-古陆；2-古陆边界及沉积相边界；3-断裂；4-沉积地层厚度；5-研究区；IV_1-沿岸滩坝相（镁质硅酸盐岩、碳酸盐岩、砂岩夹泥岩）；IV_2-潮坪相（镁质硅酸盐岩、碳酸盐岩、泥岩）；III_1-开阔台地相（碳酸盐岩、泥岩、粉砂岩）；III_2-台沟相（海底基性火山岩、硅质岩、泥岩）；III_3-闭合台地相（镁质碳酸盐岩、砂泥岩）

6.2.2 构造控矿作用

矿集区内构造具有明显的分级和配套组合特征，受边界大断裂及基底构造控制明显，构成多组构造发育互相穿插的构造形迹。文山-麻栗坡、马关-都龙区域性断裂构造分布于老君山矿集区北东和南西侧，对该区地质构造格局的发展和矿产分布，具有明显的控制作用。除区域性断裂以外，老君山矿集区内不同方向次级断裂纵横交错，往往形成重要的导矿和容矿构造。另外，老君山岩体内北西西向和北东东向裂隙极为发育，裂隙中往往充填有锡、钨石英脉，脉宽数厘米至数米，单脉走向延伸可达上百米，在脉体成群、成带出现的地段，往往形成小至中型锡、钨矿床（图6.3）。如马关-都龙断裂位于老君山岩体南西侧，该断裂切割较深，沿断裂及旁侧构造分布着一系列重要矿床，如铜街、曼家寨、南当厂、老寨、大竹山等（图6.3）。

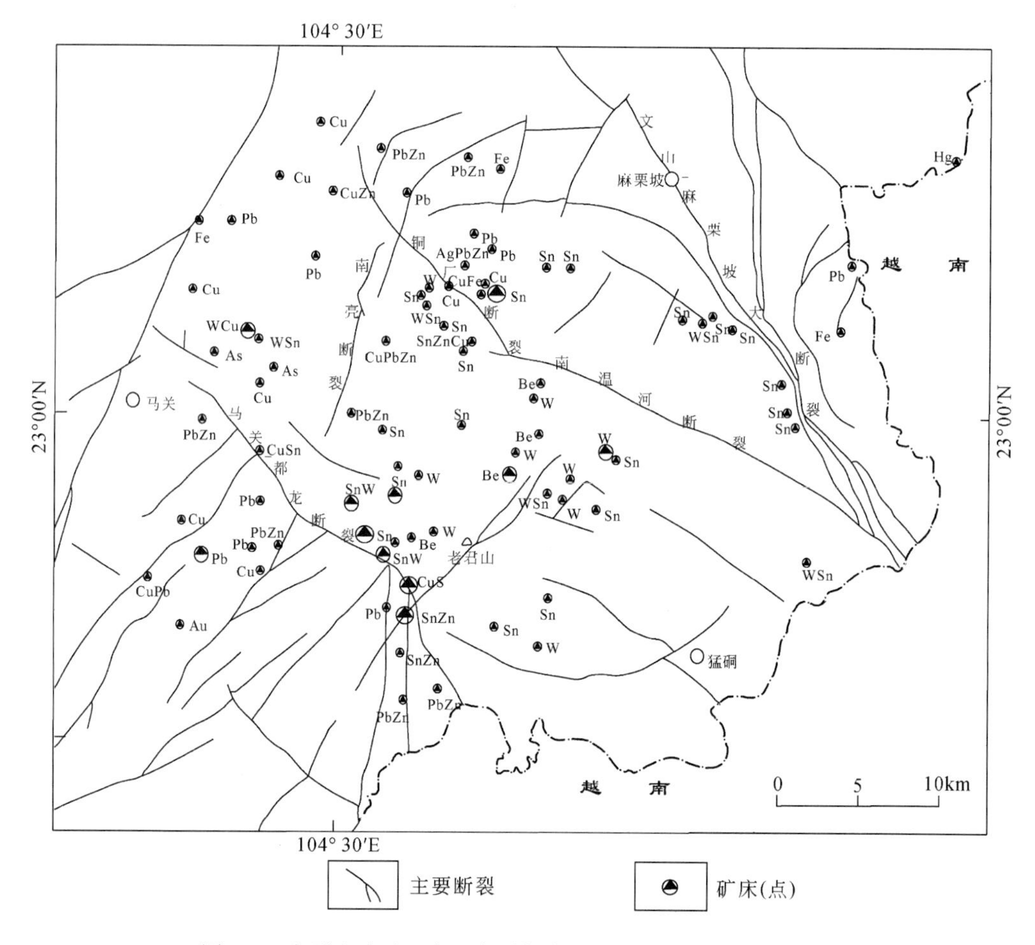

图6.3 老君山成矿区主要断裂与成矿关系图（贾福聚，2010）

红石岩铅锌铜矿床、大锡板锑矿床和荒田-田冲白钨矿-萤石矿床分布于文山-麻栗坡断裂和马关-莲花塘断裂的交会部位（图6.3）。文山-麻栗坡断裂一方面为岩浆喷发、侵位提供了通道，也是深部岩浆热液或者深循环热液的通道。马关-莲花塘断裂可能是深部花岗质岩浆上侵的通道，其西侧矿区内次级断裂 F_7 为荒田矿床的容矿构造。

6.2.3 花岗岩侵入作用对成矿的控制作用

在老君山地区燕山期花岗岩可以分为三期，其岩浆活动对成矿的影响主要表现为：①花岗岩活动带来的大量挥发组分及热量活化转移成矿物质，引起成矿物质在有利部位富集；②花岗岩带来的成矿物质，造成成矿作用的叠加。晚期花岗岩对成矿的叠加改造作用比早期岩体明显，该地区花岗岩活动对成矿的影响主要发生在距离岩体较近的锡、钨矿床（体）。

研究区内已发现锡、锌、钨、银、铅、铜矿床（点）多位于花岗岩内及接触带(图 6.4)，在其外接触带往往形成热液脉型钨、锡多金属矿床。

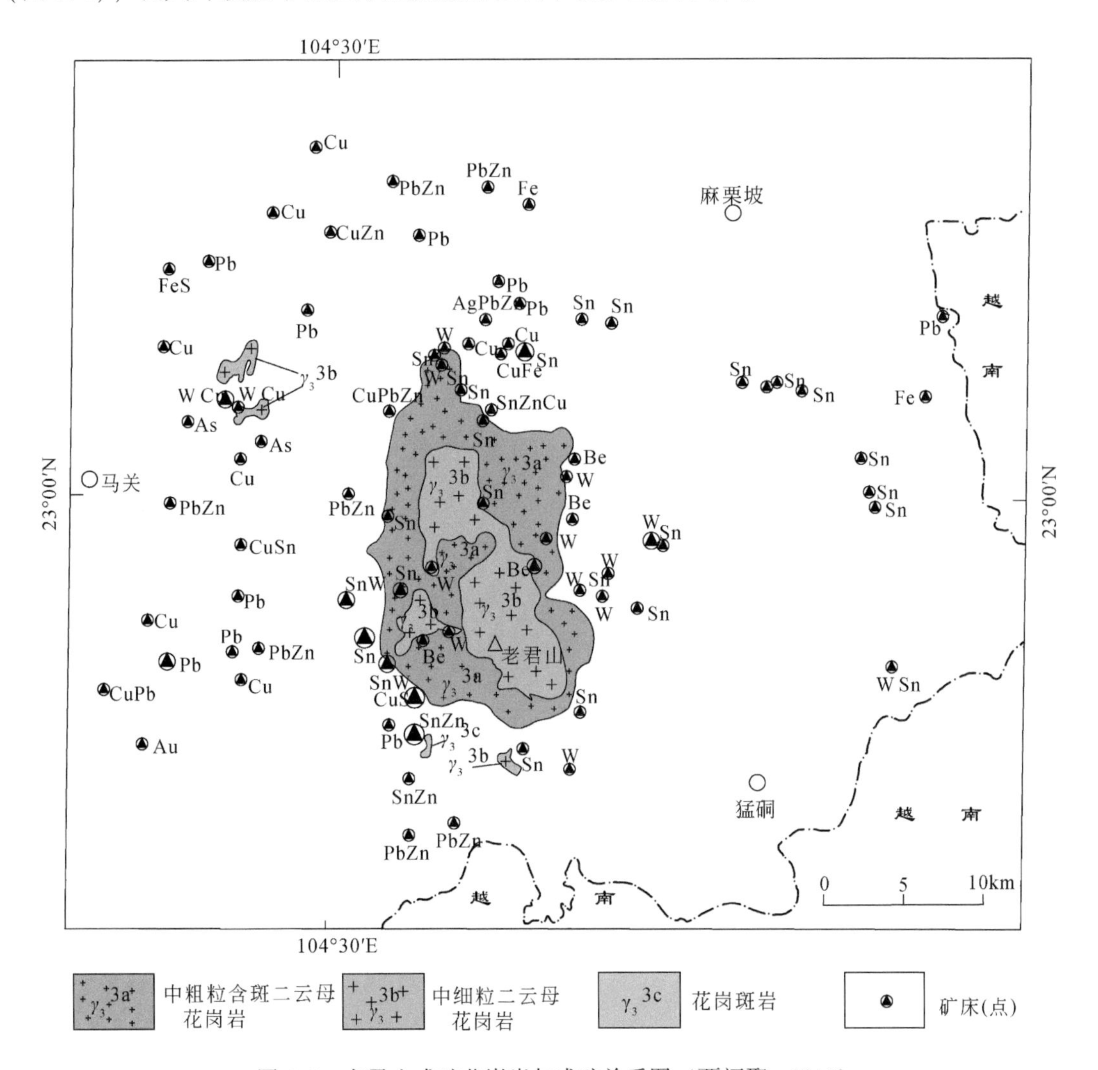

图 6.4　老君山成矿花岗岩与成矿关系图（贾福聚，2010）

6.3 找矿评价标志

6.3.1 红石岩铅锌铜矿勘查区

（1）成矿地质体标志（找矿方向）：该矿床的成矿地质体是弧后盆地中寒武世火山喷流沉积岩系，形成了一套典型的喷流沉积层序结构——玄武质火山沉积岩系（下部）-矿体（中部）-热水沉积岩（上部），蚀变玄武岩与喷流沉积岩分布特征、厚度、规模控制了矿床的规模和品位。故应注意抓住这一标志，评价含矿火山沉积岩系地层的含矿性。

（2）成矿结构面标志（找矿部位）：矿体主要赋存于菱铁矿硅质岩、千枚岩与透辉绿帘石岩的岩性转化界面上，而且含矿火山沉积岩系具有韵律分布的特点，形成了四个发育程度不同的岩性/岩相转化界面，也形成了不同规模和品位的层状矿体。

（3）流体成矿作用标志（找矿线索）：该矿床成矿作用伴随着强烈的矿化蚀变发生，主要的矿化蚀变类型有黄铜矿化、铅锌矿化和夕卡岩化、硅化等。因此，在确定含矿火山岩系的基础上，应注意研究矿化蚀变类型组合和强度等特征。

（4）地球化学异常标志（靶区圈定）：凡是在矿化体或矿体出露地段均有 Cu、Pb、Zn、Ag 等化探异常，是有效的找矿评价标志。

6.3.2 荒田-田冲钨矿勘查区

（1）控矿构造标志：成矿期北西西向 F_7 断裂、南北向小河沟断裂和东西向、北东向断裂带发育白钨矿-萤石-石英-方解石脉。矿体主要赋存于 F_7 推覆断裂上盘褶皱的层间断裂带中，F_7 断裂为该矿床的导矿构造；由于 F_7 断裂的推覆作用，不仅形成了一系列褶皱和千枚岩、硅化灰岩不同岩性段之间的层间断裂带，在空间上形成了 F_{0-1} 断裂和 F_{0-2} 断裂及其控制的矿体和矿化蚀变体。因此，F_{0-1} 断裂和 F_{0-2} 断裂是其主要的配矿构造，千枚岩与硅化灰岩界面形成的北东向层间断裂裂隙带是其容矿构造。因此，沿层间断裂构造分布的矿体深部及其赋矿层位延伸部位是有利的找矿评价地段。

（2）岩性组合界面标志：白钨矿-萤石-方解石-石英脉主要赋存千枚岩与硅化-方解石化细晶灰岩界面附近；地表露头 F_7 断裂上盘主要分布一套大理岩化灰岩夹薄层千枚岩，灰岩之上为一套灰色-紫红色千枚岩（主要出露地为大坪子村北西/西侧），而 F_7 断裂下盘主要分布一套灰色-紫红色千枚岩。这些岩性组合界面是有利的找矿评价部位。

（3）岩浆岩标志：该矿床位于老君山岩体的北缘，根据该矿床地质特征与主要控矿因素，该矿床受老君山岩体影响大，或直接受老君山岩体的远程热液控制，而且在田冲一带出现花岗岩脉及其矿化蚀变带。

（4）矿床组合标志：同一成矿系列的矿床是同源岩浆分异演化不同阶段的产物，它们在空间上具有明显的水平和垂向分带。根据其分带规律，不同类型的矿床可以互为找矿标志。如上部的萤石-石英脉型钨矿床，可作为下部花岗岩型钨矿床的找矿标志；外围的硫化物多金属矿床可作为岩体内钨锡矿床的找矿标志等。华南地区的许多钨矿田，都集中可见矿床共生，有两个或两个以上的矿床组合：一是同矿种不同类型组合；二是不同矿种不同矿床类型组合。例如，广东 D012 点为花岗岩型钨（钼）矿床、石英脉型钨铋钼矿床组合；江西 C049 点为花岗岩型钨钼矿床-夕卡岩型钨铜矿床、石英脉型钨矿床、方解石-石英脉型锑（钨）矿床组合；湖南 A193 点（南区）为花岗斑岩型钨钼矿床、夕卡岩型钨钼铁锡矿床、浸染型钨钼矿床、断裂带和层间充填交代型铅锌矿床组合。综合分析认为，这些矿床的空间分布自内而外大致为岩体内花岗岩型、斑岩型、云英岩型、石英脉型→接触带夕卡岩型→围岩中石英脉型、砂（页）岩网脉型、层间与断裂充填交代型。其中岩体内的矿床往往呈隐伏状态，而多数脉状矿床常不同程度地出露地表。在找矿勘探工作中，务必树立成矿系列概念，以浅部矿床类型为标志，按矿床组合分带规律开展找矿评价工作。

（5）围岩蚀变标志：围岩蚀变大致分成带状蚀变和脉侧蚀变两类。从钨矿床的实际情况来看，这两类蚀变是不可分割的。脉侧蚀变自下而上逐步变宽而成一楔形，不同矿脉的蚀变在上部渐趋会合。经系统统计，各类钨矿床的围岩蚀变有某些相似之处，只是随着围岩性质的不同而发生变化。在沉积岩中，与成矿有关且具有普遍意义的蚀变类型有硅化、绢（白）云母化、萤石化、黄铁矿化、绿泥石化、夕卡岩化；在碎屑岩中易形成的主要蚀变有硅化、绢（白）云母化、萤石化、电气石化、黄玉化；在碳酸盐岩中的主要蚀变有萤石化、夕卡岩化、大理岩化及白云石化。在荒田-田冲勘查区内的断裂带及其上盘硅化灰岩中的石英、方解石、萤石脉是钨矿的有利赋存部位。萤石化、方解石化、硅化是该类矿床的主要蚀变类型，同时也是与钨矿化关系最为密切的蚀变类型，可以作为该类矿床主要的找矿评价标志。

6.3.3　大锡板勘查区

（1）地层岩性标志：翠峰山组的（蚀变）硅质岩层是该区主要的赋矿层位，矿体赋存于受压扭性断裂控制的蚀变硅质岩中，常形成似层状锑矿体。

（2）构造标志：同生构造、叠加褶皱是该区与成矿关系非常密切的控矿构造，大锡板一带的断裂裂隙构造发育地段是主要的找矿靶区之一。

（3）蚀变标志：硅化蚀变和细脉状黄铁矿是重要的找矿标志之一。

（4）地球化学标志：小洞地区元素组合异常以 Sb-W-Au-Sn 为主，是有效的找矿标志。

（5）在古陆边缘断陷槽内相对隆起-凹陷的过渡地带-斜坡一侧，是找矿的潜力区。

6.4　找矿预测

6.4.1　红石岩铅锌铜矿勘查区

依据该矿床成矿模式，其找矿方向为 F_1 断裂下盘$\epsilon_2 t$ 岩系中千枚岩带、绿色岩带，灰色岩带的分布地段。

综合找矿评价标志，提出 4 个找矿靶区（图 6.5）。

（1）Ⅰ号靶区：莲花塘乡德者村东侧一带的翠峰山组二段的第二、三亚段是重要的含矿层位，与南部已知矿段相邻，应是开展 VMS 矿床评价的主要靶区。

（2）Ⅱ号靶区：红石岩勘查区的山后村及其东侧。据钻孔资料，揭露的矿体主要分布于区域上 F_1 断裂西侧，在白石岩村南东侧的田蓬组二段（$€_2t^{2-4}$）的下伏层位探寻多金属矿体。

研究认为，红石岩矿床与基性火山岩具有密切的成因联系。VMS 矿床与同时代的火山岩、火山碎屑岩关系密切，主要形成于火山活动的间歇期，而且火山岩厚度大的地段可能为喷流中心。综合现有勘探成果分析，该区形成了以 ZK3107—ZK1602 钻孔为轴的北东向喷流中心。同时，VMS 矿床从内到外存在 Cu-Zn-Pb 的矿化分带，以 31 号线为例，ZK3107 钻孔中 Cu 矿化强烈地段可能为一喷流中心，故沿北东向喷流中心延展方向开展找矿勘查（图 6.5）。

一般来说，火山喷流沉积矿床具有典型的双层结构，上层为层状矿体，在绿泥石化、硅化较强部位可寻找细脉带、喷流口（筒）状的下部矿体。

根据区域构造背景及矿床地质特征、矿化类型、赋矿围岩等特征，红石岩铜铅锌矿床与诺兰达或黑矿型 VMS 矿床相似，可根据 VMS 矿床的矿体分布规律指导下一步找矿。

（3）Ⅲ号靶区：红石岩勘查区的新寨村及其南东侧一带。田蓬组二段赋矿地层被上覆的古木组覆盖，两者为同向倾斜（倾向南东），而且其界面倾角较缓。因此，在黄洞-新寨一线的古木组下伏田蓬组是重要的找矿靶区。

（4）Ⅳ号靶区：坳上南侧的田蓬组分布地段，即 32 号线南西侧一带。该区地层为田蓬组二段，是重要的含矿层位，因而与东部的红石岩矿区毗邻地段是值得进一步开展评价的工作区。

6.4.2　荒田-田冲钨矿勘查区

依据荒田矿床成矿模式，其找矿方向为 F_{17} 主断裂上盘的次级褶皱中层间裂隙带及萤石-石英-方解石化带分布地段。

根据该类矿床的找矿评价标志，其找矿方向为 F_7 断裂上盘褶皱和层间断裂带，F_1 断裂东侧具有与荒田钨矿类似的成矿条件，应具有良好的找矿潜力。荒田白钨矿-萤石勘查区越向南部，矿体埋藏深度不仅加大，而且成矿类型可能会变为夕卡岩-大脉型钨多金属类型。因此，可以推断，受 F_7 逆断层影响使其上盘地层抬升，上盘的千枚岩基本被剥蚀，则 F_7 断裂附近的千枚岩下覆的大理岩化灰岩可能成为钨矿体（脉）的赋矿部位。现提出四个钨矿找矿靶区如下（图 6.6）。

H-Ⅰ号靶区：沿近东西向断裂带分布的第 1 矿化带。位于北西西向 F_7 断裂与及其近南部，靶区东西长约 1300m，南北宽 350～500m，是区内强蚀变-强钨矿化区。

H-Ⅱ号靶区：沿近南北向小河沟断裂带分布的钨矿化带。其南北长约 2000m，东西宽 100～200m。该靶区靠近 F_7 断裂矿化增强，南部 D398 点发现钨矿化点，而且 D443 点 Pb（178ppm）、Zn（105ppm）、As（3250ppm）、Fe（22.27%）异常明显，具有良好的找矿前景。

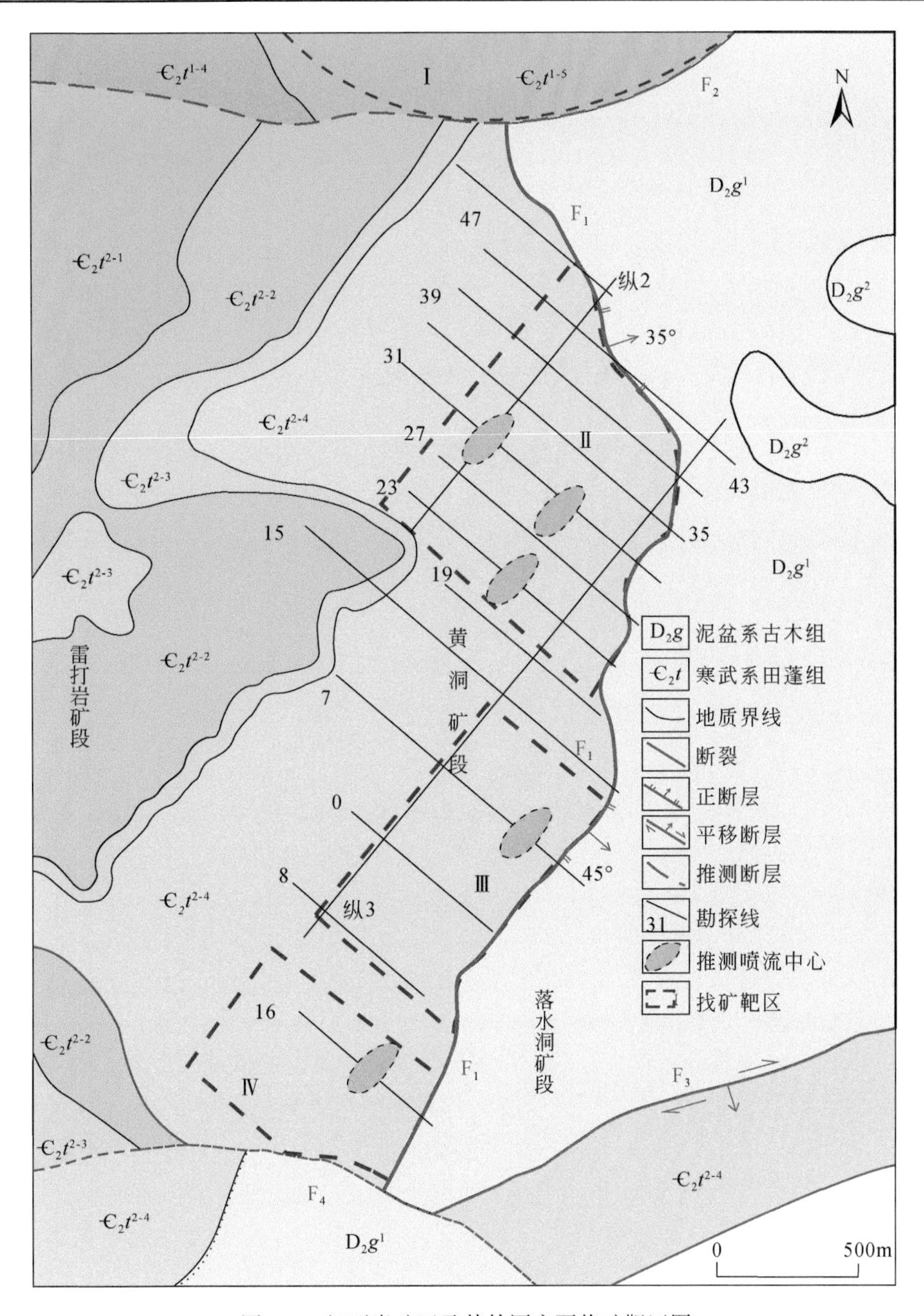

图6.5　红石岩矿区及其外围主要找矿靶区图

H-Ⅲ号靶区：小河沟断裂西侧及沿北东向断裂带分布的第三矿化带。位于大坪子村南西侧，总体沿北东向呈带状分布，长约1500m，宽150～260m，为该区南部钨矿化靶区，其深部具有良好的找矿前景。

H-Ⅳ号靶区：为小法郎地区成矿远景区。

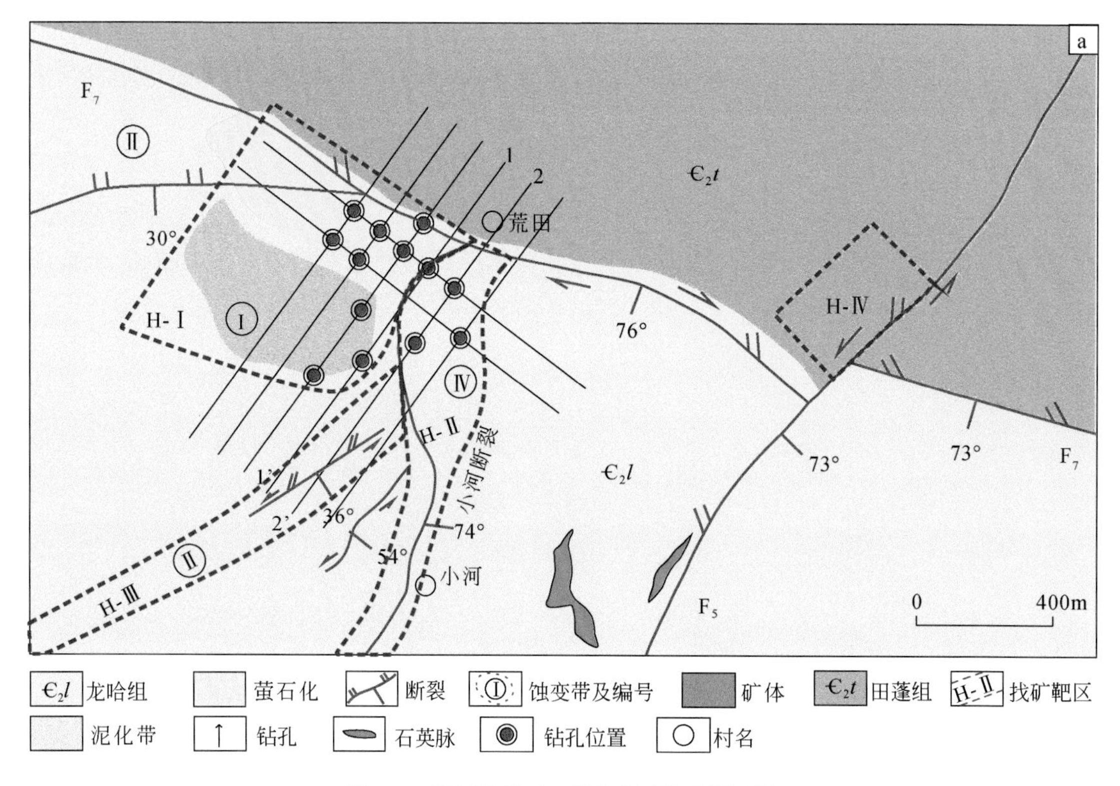

图 6.6　荒田白钨矿–萤石矿区找矿靶区图

6.4.3　大锡板锑勘查区

大锡板锑矿属热水沉积–改造型锑矿床，矿体产于下泥盆统翠峰山组下段第二亚段蚀变硅质岩中，区内含矿层位分布较广，矿床也明显受断裂控制，矿化带位于南北向马关断裂和北西向文麻断裂的交会部位，矿体赋存于硅化砂岩中的次级断裂裂隙带中。因此，小洞–大锡板一带、玉麦地一带及蚂蝗箐–六卫厂一带的锑矿找矿潜力大，因此应重点开展小洞及其邻区锑多金属矿找矿评价工作。

6.4.4　南部田冲地区

研究发现，田冲地区分布翠峰山组深灰色中厚层状大理岩夹千枚岩、硅质岩。从该区西到东追索至大寨–田冲一带，发现地层总体走向北西，倾向北东。而且，见外倾式斜长花岗岩脉，向北西侧伏，侧伏角为28°左右，从花岗岩脉中心向外目前未见蚀变分带，花岗岩脉发生轻微的片理化，围岩地层产状围绕花岗岩脉变化，显示岩体强力就位的特点，而远离花岗岩，地层倾向变为北东向；在花岗岩侧伏端的围岩中发育石英脉。

在花岗岩侧伏端（隐伏）的 ZK023 钻孔及北西一带地层，西部倾向南西，东部倾向北东，以花岗岩为核部形成一个穹窿构造，推测该区为花岗岩的隐伏部位。花岗岩呈岩枝状、岩脉状，从南部的四角田一直延伸至田冲一带，呈南北向展布。在四角田矿区，花岗岩体呈外倾式产出，在其北部的田冲一带，地质调查发现该花岗岩具有向北侧伏的特点，因此推测花岗岩向北侧伏的狮子山南部一带为找矿评价靶区（图2.8）。

在花岗岩体西侧1388高程点附近见一条大理岩带，走向北西，倾向北东，大理岩中矿物颗粒较大（方解石粒径一般为1mm），其中见粒状黄铁矿（粒径为2～3mm），具有热液活动的特点；在花岗岩体东侧见两条大理岩带，走向北西，倾向北东，大理岩结晶良好。远离花岗岩的大理岩中矿物粒径变小，在1388高程点南侧见夕卡岩，在1388高程点西侧的214点出现角岩。这些特征指示田冲花岗岩脉深部存在接触交代成矿作用（图6.7）。

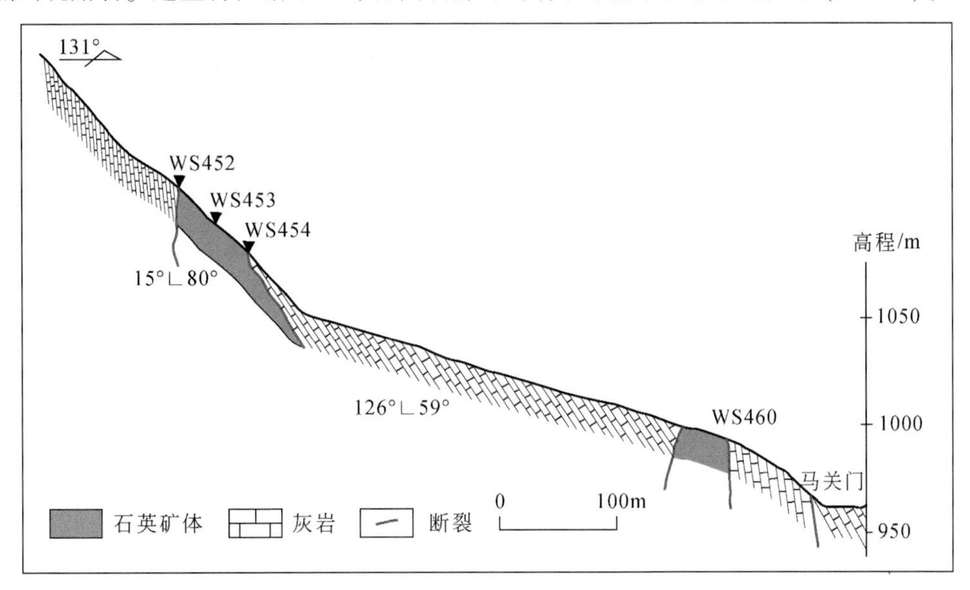

图6.7　小河沟-畜牧场脉石英实测剖面图

6.4.5　小河沟-畜牧场地区硅石矿床的发现

在小河沟-畜牧场一带的剖面测量中，发现两条厚大石英脉（图6.7），分布于马关断裂西侧的分畜牧场附近和畜牧场东侧河边一带，明显受断裂构造控制。脉体呈南北走向，倾向东，倾角为80°左右（图6.7），脉体旁侧地层陡倾。石英脉中SiO_2纯度为95%～99%、易露采，可为云南硅产业提供原料。

第一个石英脉远景资源估算：脉体长约350m，宽约70m，推测斜深175m（按长度的1/2推算），体积为4287500m^3；第二个石英脉远景资源估算：脉体长约240m，宽约40m，推测斜深120m（按长度的1/2推算），体积为1152000m^3。因此，两个脉体的体积总量为3480000m^3。按石英密度为2.6t/m^3估算，硅石矿的远景资源为1414.3万t（图6.7）。

6.4.6　董速大寨勘查区

董速大寨北勘查区：该区位于董速小寨15°方向770m处（图6.8）。下伏地层为灰色硅化千枚岩，地层倾向为265°、倾角为56°，并见条带状硅质层夹红色条带状黏土层。在下部条带状硅质层中见他形细粒状黄铜矿，上覆为白色粗石英脉，脉宽20～50cm，内见他形黄铜矿，多已被氧化为孔雀石（图6.9c、d）。

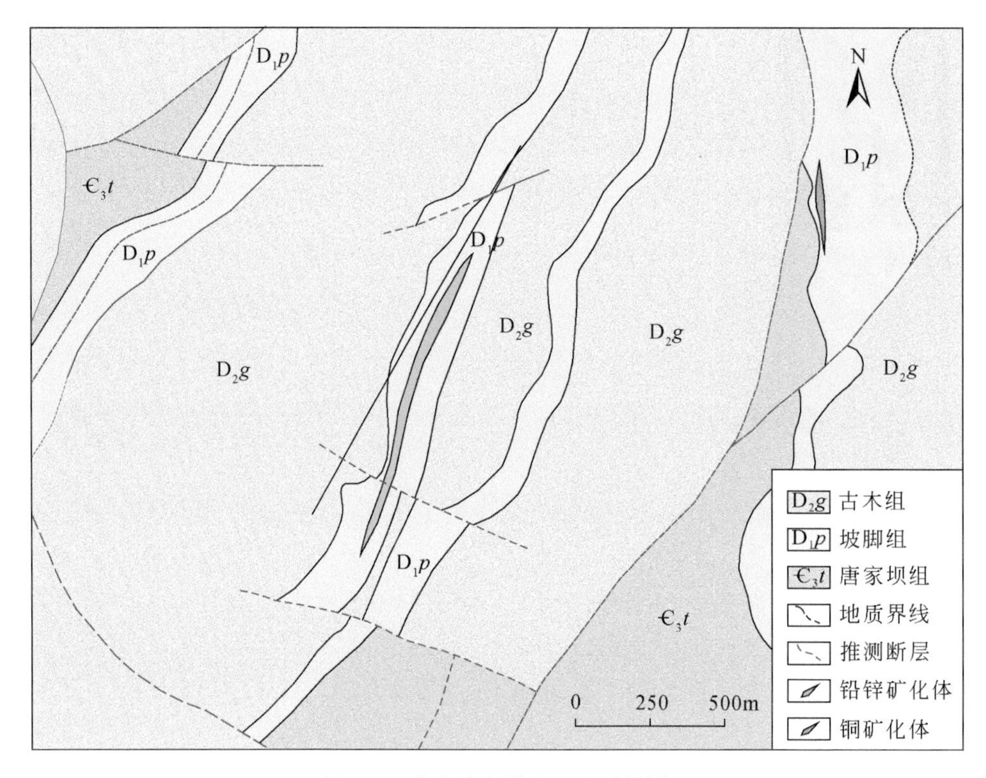

图6.8　董速大寨勘查区地质简图

董速大寨西勘查区：该区地层上部为深灰色中厚层状结晶灰岩，下部为灰色、浅灰色千枚岩，其中下部千枚岩为铅锌矿赋矿层位（图6.9a、b）。可见矿化层厚度约0.30m，长度约950m。

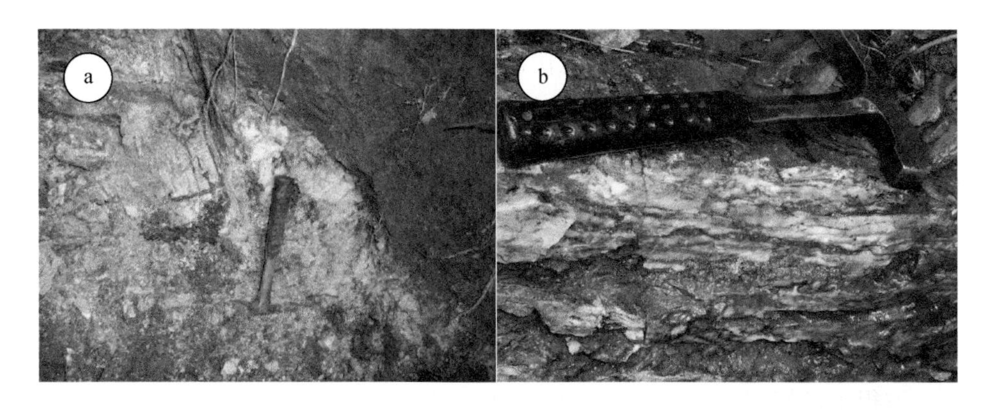

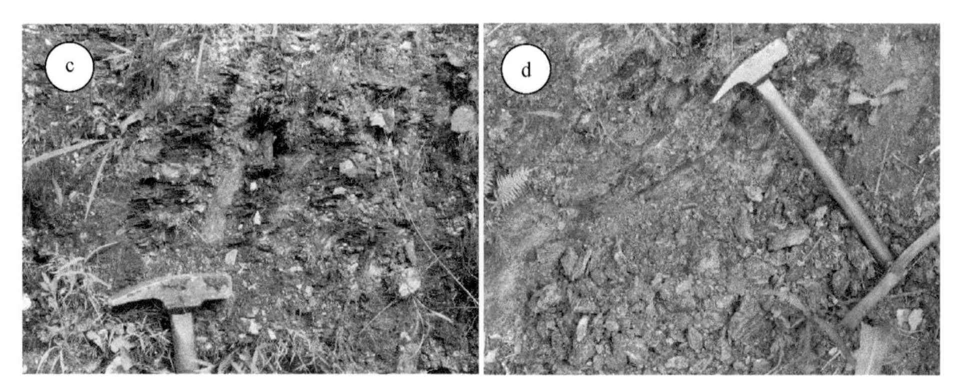

图 6.9　董速大寨西（a、b）千枚岩中顺层的铅矿化和北东部千枚岩中热液脉型铜矿化（c、d）

6.5　工程验证和勘查效果

通过项目阶段总结汇报、专题讲座及专题讨论及不定期沟通，及时把研究成果反馈给文山州大豪矿业开发有限公司，并及时应用于荒田、红石岩、大锡板等勘查区找矿评价中，取得了良好的找矿效果。综合三个勘查区重点找矿靶区的工程验证及系统勘探，实现了近些年来滇东南地区各类型矿床找矿重大突破。

6.5.1　荒田钨勘查区

通过与闽西地质大队、文山州大豪矿业开发有限公司的共同努力，第二阶段报告提出的 H-Ⅰ号、H-Ⅱ号找矿靶区得到工程验证，发现系列隐伏矿体（图 4.11、图 4.12 和图 4.18 ~ 图 4.20），为荒田白钨矿-萤石矿床的发现和勘查评价发挥了重要作用。评审的钨矿、萤石矿均达到大型规模。

6.5.2　红石岩多金属矿勘查区

2011 年 3 月提出 F_1 断裂东侧存在隐伏矿体，在随后施工的 ZK1504、ZK2324、ZK3901 等钻孔，均见到铜铅锌矿体；向南西、南东方向施工钻探的建议，在随后施工的 ZK004、ZK1606 等钻孔，均见到矿体系统勘查验证，评审备案控制和推断的铅锌金属资源量达大型规模，铜金属资源量达小型规模。

6.5.3　大锡板锑勘查区

在大锡板勘查区 X-I 靶区部署的 ZK5525 钻孔探到了 8m 厚的脉状辉锑矿矿体。后续的勘探工作，取得了良好的找矿效果，评审控制的锑金属资源量达中型矿床规模。

结　　论

针对红石岩-荒田地区成矿地质条件复杂、成矿类型多、绿地勘查区覆盖强、研究和工作程度低等主要问题，通过产学研用协同攻关，开展了该区地质测量与喷流沉积相分析、控矿构造精细解析、蚀变岩相学-构造地球化学剖面填图、矿床精细解剖及系统勘查评价等综合技术手段，在滇东南空白区首次发现第一个大型 VMS 铜铅锌银矿床（红石岩矿床）、大型岩浆热液型白钨矿-萤石矿床（荒田矿床）及热水沉积-改造型中型锑矿床（大锡板矿床）。

创新性提出了区内发育加里东早期海底火山喷流沉积成矿系统、燕山晚期中酸性岩浆热液成矿系统及其矿床分布规律，厘定了南北、东西构造带分别为两期成矿系统的成矿构造体系，揭示了两大成矿系统、多类型矿床“三位一体”成矿规律和成矿机理，分别建立了“火山热液间歇式脉动成矿”“构造-岩浆流体-断褶带成矿”“热水沉积-改造成矿”的多类型矿床模型，为该区勘查评价指明了方向。

基于不同勘查区的成矿地质条件，创新应用了差异化的找矿技术方法组合，为该区找矿突破提供了有力支撑。在红石岩勘查区，综合应用“成矿地质背景分析与调查选区→综合研究（火山喷流沉积岩相组合分析+矿床成矿规律剖析+成矿模式构建）与重点靶区圈定→靶区验证评价”技术方法；在荒田勘查区，综合应用“区域成矿地质条件和物化探异常分析→控矿构造解析与构造地球化学剖面测量→构造-蚀变岩相学填图→靶区验证和系统勘查评价”技术方法；在大锡板勘查区，综合应用“热水沉积岩相分析→控矿构造解析+蚀变岩相学填图→靶区圈定与工程验证勘查”技术方法。

依据多类型矿床成矿规律、矿床模型及综合找矿技术方法组合成果，提出了不同勘查区的主要找矿标志，圈定了 8 个多金属重点找矿靶区及大型脉石英矿床分布区，提出了可供勘查的重点找矿靶区和工程部署建议。通过工程验证和系统评价，取得了近些年来滇东南地区多类型矿床找矿的重大突破。评审或备案新增的多金属和共伴生组分资源量：铅锌、钨、萤石的资源量均达到大型矿床规模，铟、镉资源量达到中型矿床规模，铜、银、镓达小型规模。目前勘查区已转入开发阶段，将获得显著的经济社会效益。

参考文献

毕承思．1987．中国夕卡岩型白钨矿矿床成矿基本地质特征［J］．中国地质科学院院报，3：49-64.

毕珉烽．2015．滇东南麻栗坡一带中生代构造变形及其地质意义［D］．北京：中国地质大学（北京）.

毕珉烽，张达，吴淦国，等．2015．滇东南麻栗坡一带中生代构造变形及其对钨多金属矿床的控制作用［J］．地学前缘，22（4）：223-238.

曹华文．2015．滇西腾-梁锡矿带中-新生代岩浆岩演化与成矿关系研究［D］．北京：中国地质大学（北京）.

曹晓峰，吕新彪，何谋春，等．2009．共生黑钨矿与石英中流体包裹体红外显微对比研究——以瑶岗仙石英脉型钨矿床为例［J］．矿床地质，28（5）：611-620.

陈国达．1984．构造地球化学的几个问题［J］．大地构造与成矿学，3（1）：3-4.

陈毓川．1998．中国矿床成矿系列初论［M］．北京：地质出版社.

陈毓川，李文祥，朱裕生．1989．巨型、大型和世界级矿床地质——找矿的总趋势［J］．地球科学进展，（6）：37-41.

陈毓川，王登红，朱裕生．2007．中国成矿体系与区域成矿评价（下册）［M］．北京：地质出版社.

程彦博．2012．个旧超大型锡多金属矿区成岩成矿时空演化及一些关键问题探讨［D］．北京：中国地质大学（北京）.

程彦博，毛景文，谢桂青，等．2008．云南个旧老厂-卡房花岗岩体成因：锆石 U-Pb 年代学和岩石地球化学约束［J］．地质学报，82（11）：1478-1493.

程彦博，毛景文，谢桂青，等．2009．与云南个旧超大型锡矿床有关的花岗岩锆石 U-Pb 定年及意义［J］．矿床地质，28（3）：297-312.

程彦博，毛景文，陈小林，等．2010．滇东南薄竹山花岗岩的 LA-ICP-MS 锆石 U-Pb 定年及地质意义［J］．吉林大学学报（地球科学版），40（4）：869-878.

程裕淇，陈毓川，赵一鸣．1979．初论矿床的成矿系列问题［J］．中国地质科学院院报，1：39-65.

程裕淇，陈毓川，赵一鸣，等．1983．再论矿床的成矿系列问题［J］．中国地质科学院院报，（2）：5-68.

董树文，马立成，刘刚，等．2011．论长江中下游成矿动力学［J］．地质学报，85（5）：612-625.

董树文，李廷栋，陈宣华，等．2014．深部探测揭示中国地壳结构、深部过程与成矿作用背景［J］．地学前缘，21（3）：201-225.

杜胜江．2015．滇东南老君山钨锡多金属矿集区成矿规律及动力学背景［D］．贵阳：中国科学院地球化学研究所.

方维萱．2012．地球化学岩相学类型及其在沉积盆地分析中应用［J］．现代地质，26（5）：996-1007.

方维萱，黄转盈．2019．沉积盆地构造变形序列Ⅰ：秦岭晚古生代拉分盆地的构造组合与金-铜铅锌多金属矿集区构造［J］．地学前缘，26（5）：53-83.

方维萱，杨新雨，柳玉龙，等．2012．岩相学填图技术在云南东川白锡腊铁铜矿段深部应用试验与找矿预测［J］．矿物学报，32（1）：101-114.

丰成友，黄凡，曾载淋，等．2011a．赣南九龙脑岩体及洪水寨云英岩型钨矿年代学［J］．吉林大学学报（地球科学版），41（1）：111-121.

丰成友，黄凡，屈文俊，等．2011b．赣南九龙脑矿田东南部不同类型钨矿的辉钼矿 Re-Os 年龄及地质意义

[J]. 中国钨业, 26 (4): 6-11.
冯佳睿. 2011. 云南麻栗坡南秧田钨矿床成矿流体特征与成矿作用 [D]. 北京: 中国地质科学院.
冯佳睿, 毛景文, 裴荣富, 等. 2011. 滇东南老君山南秧田钨矿床的成矿流体和成矿作用 [J]. 矿床地质, 30 (3): 403-419.
郭佳, 章荣清, 孙卫东, 等. 2015. 云南个旧锡多金属矿床锡石 LA-ICP-MSU-Pb 年代学 [J]. 矿物学报, s1: 698.
郭利果. 2006. 滇东南老君山变质核杂岩地球化学和年代学初步研究 [D]. 北京: 中国科学院研究生院 (地球化学研究所).
韩润生. 2003. 初论构造成矿动力学及其隐伏矿定位预测研究内容和方法 [J]. 地质与勘探, 39 (1): 5-9.
韩润生. 2005. 隐伏矿定位预测的矿田 (床) 构造地球化学方法 [J]. 地质通报, 24 (10): 978-984.
韩润生. 2011. 滇东北矿集区富锗铅锌多金属矿床成矿机理 [C] //新观点新学说学术沙龙文集: 板块汇聚、地幔柱对云南区域成矿作用的重大影响, 55: 63-66.
韩润生. 2013. 构造地球化学近十年主要进展 [J]. 矿物岩石地球化学通报, 32 (2): 198-203.
韩润生, 孙家骢, 李俊, 等. 1999. 易门铜矿 "镜面对称" 成矿及意义 [J]. 地质力学学报, 5 (2): 77-82.
韩润生, 陈进, 李元, 等. 2001. 云南会泽麒麟厂铅锌矿床构造地球化学及定位预测 [J]. 矿物学报, 21 (4): 667-673.
韩润生, 陈进, 高德荣, 等. 2003. 构造地球化学在隐伏矿定位预测中的应用 [J]. 地质与勘探, 39 (6): 25-28.
韩润生, 邹海俊, 刘鸿. 2006. 滇东北铅锌银矿床成矿规律及构造地球化学找矿 [J]. 云南地质, 25 (4): 382-384.
韩润生, 王峰, 赵高山, 等. 2010a. 滇北东矿集区昭通毛坪铅锌矿床深部找矿新进展 [J]. 地学前缘, (3): 275.
韩润生, 邹海俊, 吴鹏, 等. 2010b. 楚雄盆地砂岩型铜矿床构造-流体耦合成矿模型 [J]. 地质学报, 84 (10): 1438-1447.
韩润生, 胡煜昭, 罗大峰, 等. 2011. 滇东北富锗铅锌矿床成矿构造背景讨论 [J]. 矿物学报, (S1): 200-201.
韩润生, 王峰, 胡煜昭, 等. 2014. 会泽型 (HZT) 富锗银铅锌矿床成矿构造动力学研究及年代学约束 [J]. 大地构造与成矿学, 38 (4): 758-771.
韩润生, 吴鹏, 王峰, 等. 2019a. 论热液矿床深部大比例尺 "四步式" 找矿方法——以川滇黔接壤区毛坪富锗铅锌矿为例 [J]. 大地构造与成矿学, 43 (2): 246-257.
韩润生, 张艳, 王峰, 等. 2019b. 滇东北矿集区富锗铅锌床成矿机制与隐伏矿定位预测 [M]. 北京: 科学出版社.
侯增谦, 李荫清, 张绮玲, 等. 2003. 海底热水成矿系统中的流体端元与混合过程: 来自白银厂和呷村 VMS 矿床的流体包裹体证据 [J]. 岩石学报, 19 (2): 221-234.
胡东泉, 华仁民, 李光来, 等. 2011. 赣南茅坪钨矿流体包裹体研究 [J]. 高校地质学报, 17 (2): 327-336.
胡旺亮, 吕瑞英. 1995. 矿床统计预测方法流程研究 [J]. 地球科学: 中国地质大学学报, 20 (2): 128-132.
胡煜昭, 王津津. 2011. 晴隆锑矿复式半地堑–埋藏成岩–盆地流体的成矿耦合关系研究 [J]. 矿物学报, 31 (S1): 480-482.
胡煜昭, 赵玉民, 刘路, 等. 2014. 贵州晴隆锑矿床复式半地堑–盆地流体的成矿耦合关系研究 [J]. 大地构造与成矿学，38（4）：802-812.

华仁民．2005．南岭中生代陆壳重熔型花岗岩类成岩—成矿的时间差及其地质意义［J］．地质论评，（6）：633-639.

华仁民，毛景文．1999．试论中国东部中生代成矿大爆发［J］．矿床地质，（4）：300-307.

华仁民，陈培荣，张文兰，等．2005a．论华南地区中生代3次大规模成矿作用［J］．矿床地质，（2）：99-107.

华仁民，陈培荣，张文兰，等．2005b．南岭与中生代花岗岩类有关的成矿作用及其大地构造背景［J］．高校地质学报，（3）：291-304.

黄孔文．2013．滇东南老君山地区南捞片麻岩地球化学和年代学及其构造意义［D］．北京：中国地质大学（北京）.

贾福聚．2010．云南老君山成矿区成矿系列及成矿规律研究［D］．昆明：昆明理工大学.

蒋少涌，赵葵东，姜海，等．2020．中国钨锡矿床时空分布规律、地质特征与成矿机制研究进展［J］．科学通报，65（33）：3730-3745.

金灿海，朱同兴，周帮国，等．2010．北羌塘沙窝滩、洪玉泉地区新近纪火山岩地球化学特征及构造意义［J］．地质与勘探，46（6）：1061-1070.

康永孚．1981．钨的地球化学与矿床类型［J］．地质地球化学，（11）：1-6.

康玉廷．1982．云南红河以东深部构造与成矿［J］．云南地质，1（1）：21-30.

蓝江波，刘玉平，叶霖，等．2016．滇东南燕山晚期老君山花岗岩的地球化学特征与年龄谱系［J］．矿物学报，（4）：441-454.

李昌年．1992．构造岩浆判别的地球化学方法及其讨论［J］．地质科技情报，（3）：73-84.

李建德．2018．滇东南薄竹山矿集区花岗岩地球化学特征、锆石U-Pb定年及其构造意义［D］．北京：中国地质大学（北京）.

李建康，王登红，李华芹，等．2013．云南老君山矿集区的晚侏罗世—早白垩世成矿事件［J］．地球科学-中国地质大学学报，38（5）：120-133.

李进文，裴荣富，王永磊，等．2013．云南都龙锡锌矿区同位素年代学研究［J］．矿床地质，32（4）：767-782.

李开文，张乾，王大鹏，等．2013．云南蒙自白牛厂多金属矿床锡石原位LA-MC-ICP-MSU-Pb年代学［J］．矿物学报，33（2）：203-209.

刘晓玮．2008．马关都龙曼家寨锡锌矿床外围成矿预测［D］．昆明理工大学.

刘艳宾，莫宣学，张达，等．2014．滇东南老君山地区晚白垩世花岗岩的成因［J］．岩石学报，30（11）：3271-3286.

刘英俊．1982．论钨的成矿地球化学［J］．地质与勘探，（1）：15-23.

刘英俊，马东升．1987．华南含金建造的地球化学特征［J］．地质找矿论丛，（4）：1-14.

刘玉平．1996．一个受后期改造和热液叠加的块状硫化物矿床-都龙超大型锡锌多金属矿床［D］．中国科学院.

刘玉平，李朝阳，曾志刚．1999．都龙锡锌矿床单矿物Rb-Sr等时线年龄测定［J］．昆明冶金高等专科学校学报，15（2）：5-8.

刘玉平，李朝阳，谷团，等．2000a．滇东南老君山中-深变质岩系铅同位素特征及时代归属［J］．矿物学报，20（3）：228-232.

刘玉平，李朝阳，谷团，等．2000b．都龙锡锌多金属矿床成矿物质来源的同位素示踪［J］．地球与环境，28（4）：75-82.

刘玉平，叶霖，李朝阳，等．2006．滇东南发现新元古代岩浆岩：SHRIMP锆石U-Pb年代学和岩石地球化学证据［J］．岩石学报，22（4）：916-926.

刘玉平，李正祥，李惠民，等 . 2007a. 都龙锡锌矿床锡石和锆石 U-Pb 年代学：滇东南白垩纪大规模花岗岩成岩–成矿事件［J］. 岩石学报，23（5）：967-976.
刘玉平，徐伟，廖震，等 . 2007b. 老君山变质核杂岩隆升的热历史解析与动力学机制探讨［J］. 矿物岩石地球化学通报，(z1)：87-88.
刘玉平，李正祥，叶霖，等 . 2011. 滇东南老君山矿集区钨成矿作用 Ar-Ar 年代学［J］. 矿物学报，(s1)：617-618.
卢焕章，范宏瑞，倪培，等 . 2004. 流体包裹体［M］. 北京：科学出版社 .
卢焕章，施继锡，喻茨玫，许生蛟 . 1977. 南岭地区各种类型钨矿床的气液包裹体特征和形成温度的研究［J］. 地球化学，(3)：179-193.
吕古贤 . 2011. 关于矿田地质学的初步探讨［J］. 地质通报，31（4）：478-486.
吕古贤 . 2019. 构造动力成岩成矿和构造物理化学研究［J］. 地质力学学报，25（5）：962-980.
吕庆田，孟贵祥，严加永，等 . 2020. 长江中下游成矿带铁铜成矿系统结构的地球物理探测：综合分析［J］. 地学前缘，27（2）：232-253.
罗先熔 . 2005. 地电化学成晕机制、方法技术及找矿研究［D］. 合肥：合肥工业大学 .
毛景文 . 2008. 云南个旧锡矿田：矿床模型及若干问题讨论［J］. 地质学报，82（11）：1455-1467.
毛景文，杨建民，张作衡，等 . 2000. 甘肃肃北野牛滩含钨花岗质岩岩石学、矿物学和地球化学研究［J］. 地质学报，(2)：142-155.
毛景文，谢桂青，李晓峰，等 . 2004. 华南地区中生代大规模成矿作用与岩石圈多阶段伸展［J］. 地学前缘，(1)：45-55.
毛景文，谢桂青，郭春丽，等 . 2007. 南岭地区大规模钨锡多金属成矿作用：成矿时限及地球动力学背景［J］. 岩石学报，(10)：2329-2338.
毛景文，谢桂青，郭春丽，等 . 2008. 华南地区中生代主要金属矿床时空分布规律和成矿环境［J］. 高校地质学报，14（4）：510-526.
毛景文，张作衡，裴荣富 . 2012. 中国矿床模型概论［M］. 北京：地质出版社 .
毛景文，曾载淋，李通国，等 . 2019. 21 世纪以来中国关键金属矿产找矿勘查与研究新进展［J］. 矿床地质，38（5）：935-969.
毛景文，吴胜华，宋世伟，等 . 2020a. 江南世界级钨矿带：地质特征、成矿规律和矿床模型［J］. 科学通报，65（33）：3746-3762.
毛景文，周涛发，谢桂青，等 . 2020b. 长江中下游地区成矿作用研究新进展和存在问题的思考［J］. 矿床地质，39（4）：547-558.
潘桂棠，肖庆辉，陆松年，等 . 2009. 中国大地构造单元划分［J］. 中国地质，36（1）：5-32.
潘锦波，张达，阙朝阳，等 . 2015. 滇东南老城坡片麻状花岗岩地球化学特征、锆石 U-Pb 年龄及其意义［J］. 矿物岩石地球化学通报，34（4）：795-803.
彭勇民，潘桂棠，罗建宁 . 1999. 弧后盆地火山–沉积特征［J］. 岩相古地理，19（5）：65-72.
钱建平 . 1994. 广西灌阳地区碳酸盐岩层滑断裂构造地球化学系统［J］. 矿物学报，14（4）：348-356.
钱建平，吴正鹏，唐专武，等 . 2020. 中国南方碳酸盐岩系层滑断裂控矿和成矿研究［J］. 地质通报，39（11）：1850-1857.
秦德先，黎应书，谈树成，等 . 2006. 云南个旧锡矿的成矿时代［J］. 地质科学，41（1）：122-132.
任纪舜，王作勋，陈炳蔚 . 1999. 从全球看中国大地构造：中国及邻区大地构造图简要说明［M］. 北京：地质出版社 .
任云生，牛军平，雷恩，等 . 2010. 吉林四平三家子钨矿床地质与地球化学特征及成因［J］. 吉林大学学报（地球科学版），40（2）：314-320.
萨多夫斯基 AИ. 1990. 针对具体构造的地区预测普查组合（以亚洲东北部为例）［J］. 国外地质科技，

（4）：1-7.
沈远超，邹为雷，曾庆栋，等. 1999. 矿床地质学研究的发展趋势：深部构造与成矿作用［J］. 大地构造与成矿学，23（2）：180-185.
石洪召，林方成，张林奎. 2009. 钨矿床的时空分布及研究现状［J］. 沉积与特提斯地质，29（4）：90-95.
双燕，龚业超，李航，等. 2016. 湘南新田岭大型钨矿流体包裹体地球化学特征［J］. 地球化学，45（6）：569-581.
孙家骢，韩润生. 2016. 矿田地质力学理论与方法［M］. 北京：科学出版社.
孙家骢，江祝伟，雷跃时. 1988. 个旧矿区马拉格矿田构造-地球化学特征［J］. 昆明工学院学报，（3）：303-311.
谭洪旗，刘玉平，叶霖，等. 2011. 滇东南南秧田钨锡矿床金云母 40Ar-39Ar 定年及意义［J］. 矿物学报，（s1）：639-640.
陶海南. 2015. SongChay-都龙杂岩体的组成、构造特点及其构造环境［D］. 吉林：吉林大学.
滕吉文，王谦身，王光杰，等. 2006. 喜马拉雅“东构造结”地区的特异重力场与深部地壳结构［J］. 地球物理学报，49（4）：1045-1052.
滕吉文，杨立强，姚敬全，等. 2007. 金属矿产资源的深部找矿勘探与成矿的深层动力过程［J］. 地球物理学进展，22（2）：317-334.
田旭峰，朱恩异，文一卓，等. 2020. 湘南长城岭锑铅锌多金属矿床构造控矿规律研究［J］. 矿产勘查，11（9）：1860-1872.
涂光炽. 1984. 构造与地球化学［J］. 大地构造与成矿学，（1）：1-2.
汪劲草，韦龙明，朱文凤，等. 2008. 南岭钨矿“五层楼模式”的结构与构式——以粤北始兴县梅子窝钨矿为例［J］. 地质学报，82（7）：894-899.
汪群英，路远发，陈郑辉，等. 2012. 赣南淘锡坑钨矿床流体包裹体特征及其地质意义［J］. 华南地质与矿产，28（1）：35-44.
汪群英，路远发，陈郑辉，等. 2015. 湖南邓埠仙钨矿流体包裹体特征及含矿岩体 U-Pb 年龄［J］. 华南地质与矿产，（1）：77-88.
王彩艳. 2019. 滇东南南秧田钨矿床年代学及流体地球化学研究［D］. 昆明：昆明理工大学.
王彩艳，任涛，王蝶，等. 2020. 滇东南南秧田超大型钨矿床流体包裹体及 H、O 同位素研究［J］. 大地构造与成矿学，44（1）：103-118.
王德滋，刘昌实，沈渭洲，等. 1993. 江西岩背斑岩锡矿区火山-侵入杂岩［J］. 南京大学学报：自然科学版，29（4）：638-650.
王登红，陈毓川. 2009. 加强成矿年代学研究，深化成矿规律认识，指导地质找矿［J］. 岩矿测试，28（3）：199-200.
王登红，李华芹，秦燕，等. 2009. 湖南瑶岗仙钨矿成岩成矿作用年代学研究［J］. 岩矿测试，28（3）：201-208.
王礼兵，艾金彪. 2017. 都龙锡锌多金属矿床辉钼矿 Re-Os 同位素年龄及意义［C］. 云南省首届青年地质科技论坛优秀学术论文集.
王联魁，朱为方，张绍立. 1982. 华南花岗岩两个成岩成矿系列的演化［J］. 地球化学，（4）：329-339.
王联魁，王慧芬，黄智龙. 2000. Li-F 花岗岩液态分离的微量元素地球化学标志［J］. 岩石学报，（2）：145-152.
王仁民. 1987. 变质岩原岩图解判别法［M］. 北京：地质出版社.
王世称，许亚光. 1992. 综合信息成矿系列预测的基本思路与方法［J］. 中国地质，（10）：12-14.
王小娟，刘玉平，缪应理，等. 2014. 都龙锡锌多金属矿床 LA-MC-ICP-MS 锡石 U-Pb 测年及其意义［J］.

岩石学报，30（3）：867-876.
王旭东，倪培，蒋少涌，等.2008. 赣南漂塘钨矿流体包裹体研究［J］. 岩石学报，24（9）：2163-2170.
王旭东，倪培，张伯声，等.2010. 江西盘古山石英脉型钨矿床流体包裹体研究［J］. 岩石矿物学杂志，29（5）：539-550.
王旭东，倪培，袁顺达，等.2012a. 江西黄沙石英脉型钨矿床流体包裹体研究［J］. 岩石学报，28（1）：122-132.
王旭东，倪培，袁顺达，等.2012b. 赣南木梓园钨矿流体包裹体特征及其地质意义［J］. 中国地质，39（6）：1790-1797.
王旭东，倪培，袁顺达，等.2013. 赣南漂塘钨矿锡石及共生石英中流体包裹体研究［J］. 地质学报，87（6）：850-859.
王玉往，解洪晶，李德东，等.2017. 矿集区找矿预测研究——以辽东青城子铅锌-金-银矿集区为例［J］. 矿床地质，36（1）：1-24.
魏文凤，胡瑞忠，彭建堂，等.2011. 赣南西华山钨矿床的流体混合作用：基于H-O同位素模拟分析［J］. 地球化学，40（1）：45-55.
吴鹏，韩润生，冉崇英，等.2014. 云南易门凤山铜矿床“阶梯空当”定位矿体及其构造地球化学异常证据［J］. 大地构造与成矿学，38（4）：879-884.
吴胜华，王旭东，熊必康.2014. 江西香炉山矽卡岩型钨矿床流体包裹体研究. 岩石学报［J］. 30（1）：178-188.
武莉娜，王志畅，汪云亮.2003. 微量元素La，Nb，Zr在判别大地构造环境方面的应用［J］. 华东地质学院学报，（4）：343-348.
夏庆霖，汪新庆，常力恒，等.2018. 中国锡矿床时空分布特征与潜力评价［J］. 地学前缘，25（3）：59-66.
项新葵，王朋，孙德明，等.2013. 赣北石门寺钨多金属矿床同位素地球化学研究［J］. 地球学报，（3）：263-271.
肖克炎，朱裕生，宋国耀.2000. 矿产资源GIS定量评价［J］. 中国地质，（7）：29-32.
肖克炎，丁建华，刘锐.2006. 美国“三步式”固体矿产资源潜力评价方法评述［J］. 地质论评，52（6）：793-798.
谢学锦.1998. 战术性与战略性的深穿透地球化学方法［J］. 地学前缘，5（2）：171-183.
解润.1995. 滇东南锑矿床类型及其特征［J］. 云南地质，14（1）：58-68.
忻建刚，袁奎荣.1993. 云南都龙隐伏花岗岩的特征及其成矿作用［J］. 桂林冶金地质学院学报，13（2）：121-129.
徐克勤.1957. 湘南钨铁锰矿矿区中夕嘎岩型钙钨矿的发现，并论两类矿床在成因上的关系［J］. 地质学报，37（2）：117-152.
徐克勤，程海.1987. 中国钨矿形成的大地构造背景［J］. 地质找矿论丛，（3）：1-7.
徐启东.1998. 滇中大红山岩群变质火山岩类的原岩性质和构造属性［J］. 地球化学，（5）：422-431.
颜丹平，周美夫，王焰，等.2005. 都龙-SongChay变质穹隆体变形与构造年代——南海盆地北缘早期扩张作用始于华南地块张裂的证据［J］. 地球科学（中国地质大学学报），30（4）：402-412.
杨昌毕，普超，王云忠，等.2020. 云南省西畴县嘎机铜铅锌多金属矿床矿化特征［J］. 矿物学报，40（3）：255-266.
杨宗喜，毛景文，陈懋弘，等.2008. 云南个旧卡房夕卡岩型铜（锡）矿Re-Os年龄及其地质意义［J］. 岩石学报，24（8）：1937-1944.
叶天竺.2013. 矿床模型综合地质信息预测技术方法理论框架［J］. 吉林大学学报：地球科学版，（4）：1053-1072.

叶天竺，肖克，严光生 . 2007. 矿床模型综合地质信息预测技术研究 [J]. 地学前缘，14 (5)：11-19.
叶天竺，吕志成，庞振山，等 . 2014. 勘查区找矿预测理论与方法（总论）[M]. 北京：地质出版社 .
叶天竺，吕志成，庞振山 . 2017. 勘查区找矿预测理论与方法（各论）[M]. 北京：地质出版社 .
于银杰，殷俐娟，袁博 . 2012. 优势不再的钨、锡、锑 [J]. 国土资源情报，(8)：13-15.
云南省地矿局 . 1994. 云南省区域地质志 [M]. 北京：地质出版社 .
云南省地矿局第二地质大队 . 1995. 1：5 万古木街幅区域地质调查报告 [R]. 云南省地质矿产勘查开发局第二地质大队 .
云南省地矿局物化探队 . 1985. 云南省剩余重力异常图 [R]. 云南省地质矿产局地球物理地球化学勘查队 .
曾志刚，李朝阳，刘玉平，等 . 1998. 滇东南南秧田两种不同成因类型白钨矿的稀土元素地球化学特征 [J]. 地质地球化学，(2)：34-38.
曾志刚，李朝阳，刘玉平，等 . 1999. 老君山成矿区变质成因夕卡岩的地质地球化学特征 [J]. 矿物学报，19 (1)：48-55.
翟裕生 . 1999. 论成矿系统 [J]. 地学前缘，6 (1)：13-27.
翟裕生 . 2002. 中国区域成矿特征探讨 [J]. 地质与勘探，(5)：1-4.
张彬，张斌辉，张林奎，等 . 2016. 滇东南老君山矿集区洒西钨矿床流体包裹体特征及其地质意义 [J]. 华南地质与矿产，(4)：333-342.
张斌辉，丁俊，任光明，等 . 2012. 云南马关老君山花岗岩的年代学、地球化学特征及地质意义 [J]. 地质学报，86 (4)：587-601.
张洪培，刘继顺，张宪润，等 . 2006. 云南蒙自白牛厂银多金属矿区深部找矿的新发现 [J]. 矿产与地质，20 (4-5)：361-365.
张娟，毛景文，程彦博，等 . 2012. 个旧卡房层状铜矿床金云母和云英岩化白云母 40Ar-39Ar 同位素年龄及意义 [J]. 矿床地质，31 (6)：1149-1162.
张亚辉 . 2013. 滇东南薄竹山晚燕山期酸性岩浆热液成矿作用研究 [D]. 昆明：昆明理工大学 .
张岳桥，徐先兵，贾东，等 . 2009. 华南早中生代从印支期碰撞构造体系向燕山期俯冲构造体系转换的形变记录 [J]. 地学前缘，16 (1)：234-247.
赵鹏大 . 2001. 矿产勘查理论与方法 [M]. 北京：中国地质大学出版社 .
赵鹏大，池顺都 . 1991. 初论地质异常 [J]. 地球科学，16 (3)：241-248.
赵鹏大，孟宪国 . 1993. 地质异常与矿产预测 [J]. 地球科学，18 (1)：39-47.
赵鹏大，王京贵 . 1995. 中国地质异常 [J]. 地球科学，(2)：117-127.
赵鹏大，池顺都 . 1996. 查明地质异常：成矿预测的基础 [J]. 高校地质学报，2 (4)：361-373.
赵鹏大，陈永清 . 1998. 地质异常矿体定位的基本途径 [J]. 地球科学：中国地质大学学报，23 (2)：111-114.
赵鹏大，胡旺亮，李紫金 . 1983. 矿床统计预测的理论与实践 [J]. 地球科学，(4)：113-127.
赵鹏大，陈建平，张寿庭 . 2003. “三联式”成矿预测新进展 [J]. 地学前缘，10 (2)：455-463.
赵震宇 . 2017. 云南省马关县都龙锌锡多金属矿床–岩浆作用及矿床成因研究 [D]. 北京：中国地质大学（北京）.
周平，唐金荣，施俊法，等 . 2012. 铜资源现状与发展态势分析 [J]. 岩石矿物学杂志，31 (5)：750-756.
周青云，张沛全，李鉴林，等 . 2016. 文山–麻栗坡断裂北段晚第四纪活动特征研究 [J]. 地震研究，39 (3)：386-396.
周志东，苏生瑞 . 1999. 玄武岩中石英绿帘石型层内错动带成因初探 [J]. 四川水力发电，(1)：75-77.
祝新友，王艳丽，王京彬，等 . 2010. 南岭地区石英脉型黑钨矿与矽卡岩型白钨矿矿床成因关系探讨 [J].

矿床地质, 29 (S1): 367-369.

Bhatia M R. 1981. Petrology geochemistry and tectonic setting of some flysch deposits [J]. Canberra: Australian National University.

Bhatia M R. 1983. Plate tectonics and geochemical composition of sandstones [J]. The Journal of Geology, 91 (6): 611-627.

Bhatia M R. 1985. Rare earth element geochemistry of Australian Paleozoic graywackes and mudrocks: Provenance and tectonic control [J]. Sedimentary Geology, 45 (1-2): 97-113.

Bhatia M R, Taylor S R. 1981. Trace- element geochemistry and sedimentary provinces: a study from the Tasman Geosyncline, Australia [J]. Chemical Geology, 33 (1-4): 115-125.

Bhatia M R, Crook K. 1986. Trace element characteristics of graywackes and tectonic setting discrimination of sedimentary basins [J]. Contributions to Mineralogy & Petrology, 92 (2): 181-193.

Blatt H, Middleton G V, Murray R C. 1972. Origin of sedimentary rocks [J]. Soil Science, 115 (5): 634.

Carter A, Roques D, Bristow C, et al. 2001. Understanding Mesozoic accretion in Southeast Asia: significance of Triassic thermotectonic (Indosinian orogeny) in Vietnam [J]. Geology, 29: 211-214.

Chen Z, Lin W, Faure M, et al. 2014. Geochronology and isotope analysis of the Late Paleozoic to Mesozoic granitoids from northeastern Vietnam and implications for the evolution of the South China block [J]. Journal of Asian Earth Sciences, 86 (2): 131-150.

Cheng Y B, Mao J W, Chang Z S, et al. 2013. The origin of the world class tin-polymetallic deposits in the Gejiu district, SW China: Constraints from metal zoning characteristics and 40Ar-39Ar geochronology [J]. OreGeology Reviews, 53 (2): 50-62.

Clarke R J, Meier A L, Riddle G. 1990. Enzyme leaching of surficial geochemical samples for detecting hydromorphic trace-element anomalies associated with precious-metal mineralized bedrock buried beneath glacial overburden in northern Minnesota [J]. Wisconsin: Center for Integrated Data Analytics Wisconsin Science Center.

Feng J R, Mao J W, Pei R F. 2013. Ages and geochemistry of Laojunshan granites in southeastern Yunnan, China: implications for W- Sn polymetallic ore deposits [J]. Mineralogy Petrology, 107 (4): 573-589.

Galley A G, Koski R A. 1999. Setting and characteristics of ophiolite- hosted volcanogenic massive sulfide deposits [J]. Reviews in Economic Geology, 10: 221-246.

Han R, Wang F, Qiu W L, et al. 2014. Tectono-chemistry for the exploration of concealed orebodies of the Zhaotong Maoping Zn- Pb- (Ge- Ag) Deposit in Northeastern Yunnan, China [J]. Acta Geologica Sinica, 88 (s2): 1241-1243.

Han R S, Chen J, Wang F, et al. 2015. Analysis of metal- element association halos within fault zones for the exploration of concealed ore-bodies- a case study of the Qilinchang Zn- Pb- (Ag- Ge) deposit in the Huize mine district, northeastern Yunnan, China [J]. Journal of Geochemical Exploration, 159: 62-78.

Han R S, Li W C, Cheng R, et al. 2020a. 3D high- precision tunnel gravity exploration theory and its application for concealed inclined high- density ore deposits [J]. Journal of Applied Geophysics, 180 (1): 104119.

Han R S, Ren T, Li W C, et al. 2020b. Discovery of the large-scale Huangtian scheelite deposit and implications for the structural control of tungsten mineralization in southeastern Yunnan, south China [J]. Ore Geology Reviews, 121 (2020): 1-17.

He W Y, Mo Y Y, He Z H, et al. 2015. The geology and mineralogy of the Beiya skarn deposit in Yunnan, southwest China [J]. Economic Geology, 110 (6): 1625-1641.

He W Y, Yang L Q, Brugger J, et al. 2016. Hydrothermal evolution and ore genesis of the Beiya giant Au polymetallic deposit, western Yunnan, China: evidence from fluid inclusions and H- O- S- Pb isotopes [J]. Ore Geology Reviews, 10: 35.

Hedenquist J W, Lowenstem J B. 1994. The role of magmas in the formation of hydrothermal ore deposit [J]. Nature, 370 (6490): 519-527.

Herzig P M, Hannington M D. 1995. Polymetallic massive sulfides at the modern seafloor, a review [J]. Ore Geology Reviews, 10: 95-115.

Lan C Y, Chung S L, Lee T Y, et al. 2001. First evidence for Archen continental curst in Northern Vietnam and its implications for crustal and tectonic evolution in Souhteast Asia [J]. Geology, 29: 219-222.

Lu H Z, Liu Y M, Wang C L, et al. 1988. Mineralization and fluid inclusion study of the Shizhuyuan W-Sn-Bi-Mo-F skarn deposit, Hunan Province, China [J]. Economic Geology, 2003, 98: 955-974.

Lydon J W. 1988. Volcanogenic massive sulphide deposits: Part 2. Genetic models [J]. Geoscience Canada, 15: 43-65.

Malmqvist L, Kristiansson K. 1984. Experimental evidence for an ascending microflow of geogas in the ground [J]. Earth and Planetary Science Letters, 70 (2): 407- 416.

Mann A W, Birrell R D, Mann A T, et al. 1998. Application of the mobile metalion technique to routine geochemical exploration [J]. Journal of Geochemical Exploration, (61): 87-102.

Mao J, Cheng Y, Chen M, et al. 2013. Major types and time- space distribution of Mesozoic ore deposits in South China and their geodynamic settings [J]. Mineralium Deposita, 48 (3): 267-294.

Meinert L D. 1992a. Igneous petrogenesis and skarn deposits [J]. Mineral Deposit Modelling: Geological Association of Canada, Special Paper, 40: 569-583.

Meinert L D. 1992b. Skarns and skarn deposits [J]. Geoscience Canada, 19 (4): 145-162.

Ohmoto H. 1983. Stable isotope geochemistry of ore deposits [J]. Review of Mineralogy, (1): 491-560.

Ohmoto H, Skinner B J. 1983. The Kuroko and related volcanogenic massive sulfide deposit [J]. Economic Geology (Monograph), (5): 604.

Palinkas S S, Palinkas L A, Renac C, et al. 2013. Metallogenic model of the trepca Pb- Zn- Ag Skarn Deposit, Kosovo: evidence from fluid inclusions, rare earth elements, and stable isotope data [J]. Economic geology and the bulletin of the Society of Economic Geologists, 108 (1): 135-162.

Ramberg H. 1951. Remarks on the average chemical composition of granulite facies and amphibolite-to-epidote amphibolite facies gneisses in West Greenland.

Ramberg H. 1952. Some crystal energetic relationships in oxysalts [J]. Journal of Chemical Physics, 20 (10): 1532-1537.

Roger F, Leloup P H, Jolivet M, et al. 2000. Long and complex thermal history of Song Chay metamorphic dome (Northern Vietnam) by multi-system geochronology [J]. Techonophysics, 321: 449-466.

Roser B P, Korsch R J. 1986. Determination of tectonic setting of sandstone-mudstone suites using SiO_2 content and K_2O/Na_2O ratio [J]. The Journal of Geology, 94 (5): 635-650.

Sangster D F. 1968. Relative sulphur isotopic abundances of ancient seas and straabound deposits [J]. Geological Association of Canada Proceedings, 17: 79-91.

Shu Q, Lai Y, Sun Y, Wang C, et al. 2013. Ore genesis and hydrothermal evolution of the Baiyinnuo'er zinc- lead skarn deposit, Northeast China: evidence from isotopes (S, Pb) and fluid Inclusions [J]. Economic Geology, 108 (4): 835-860.

Sun S S, McDonough W F. 1989. Chemical and isotopic systematics of oceanic basalts: implications for mantle composition and processes [J]. Geological Society London Special Publications, 42 (1): 313-345.

Wang C Y, Han R S, Huang J G, et al. 2019. The 40 Ar-39Ar dating of biotite in ore veins and zircon U- Pb dating of porphyrtic granite dyke in the Nanyangtian tungsten deposit in SE Yunnan, China [J]. Ore Geology Reviews, 114 (4): 103133.

Winchester J A, Park R G, Holland J G. 1980. The geochemistry of Lewisian semipelitic schists from the Gairloch District, Wester Ross [J]. Scottish Journal of Geology, 16 (2-3): 165-179.

Xu B, Jiang S Y, Hofmann A W, et al. 2016. Late Cretaceous granites from the giant Dulong Sn-polymetallic ore district in Yunnan Province, South China: Geochronology, geochemistry, mineral chemistry and Nd-Hf isotopic compositions [J]. Lithos, 29 (1): 248-263.

Xue G, Marshall D, Zhang S, et al. 2010. Conditions for early Cretaceous emerald formation at Dyakou, China: fluid inclusion, Ar-Ar, and stable isotope studies [J]. Economic Geology, 105 (2): 339-349.

Yan D P, Zhou M F, Wang C Y, et al. 2006. Structural and geochronological constraints on the tectonic evolution of the Dulong-Song Chay tectonic dome in Yunnan province, SW China [J]. Journal of Asian Earth Sciences, 28 (4): 332-353.

Zhang S T, Zhang R Q, Lu J J, et al. 2019. Neoproterozoic tin mineralization in South China: geology and cassiterite U-Pb age of the Baotan tin deposit in northern Guangxi [J]. Mineralium Deposita, 54 (8): 1125-1142.